기계기사시리즈 ⑦

기계기사 및 공무원 시험대비

내연기관 문제해설

이주형 · 허원회 공저

일진사

책머리에

희망과 설렘으로 기다리던 대망의 21세기가 새롭게 시작되었다. 20세기가 학벌 위주의 사회였다면 새로운 21세기는 학벌보다는 개인 간의 경쟁을 통한 능력 위주의 사회가 될 것이다 라고 생각한다. 이 능력 위주의 사회에서 개개인이 가지고 있는 능력을 판단할 수 있는 기준이 되는 것이 바로 자격증이다. 갈수록 치열해져 가는 경쟁사회에서 남들보다 앞서 나갈 수 있는 조건을 만들어 나가는 것이 무엇보다도 중요하다.

내연기관 과목을 필기시험 과목으로 선정하고 있는 시험은 철도차량 기사·산업기사, 자동차정비 기사·산업기사, 자동차검사 기사·산업기사, 건설기계 기사·산업기사, 건설기계정비 기사·산업기사 등이 있다.

누구나 어떤 목표를 설정하고 계획을 세우곤 한다. 그러나 막상 실천하려고 하면 두려움이 앞서 포기할 때가 많다. 지금 누군가 망설이고 있다면 나는 그 사람에게 말하고 싶다. 망설이지 말고 지금 바로 시작하라고. 시작했다면 이미 반은 한 것이나 마찬가지기 때문이다.

이 책은 각 장마다 지금까지 출제되었던 기출문제를 분석하여 요점·해설하였기 때문에 이것을 먼저 읽고 시작한다면 무엇을 공부해야 할지 망막하기만 하는 여러분들에게 많은 도움이 되리라 생각한다. 또한, 출제기준에 맞춰 예상문제를 선정하고 문제를 풀어나가는데 어려움이 없도록 해설을 덧붙였다.

본의 아니게 미흡한 내용이 많을 것이라 생각하기 때문에 이후로 계속 내용을 수정·보완 할 것이며, 필자의 미진한 노력이 여러분들에게 도움이 된다면 그것만으로도 만족한다. 열심히 공부해서 1인 1기의 개인적 목표를 꼭 이루기 바라면서 여러분들의 건투를 빈다.

끝으로, 이 책이 출판되기까지 물심양면으로 도와주신 **일진사** 임직원 여러분들과 편집부 여러분들께 진심으로 감사의 뜻을 전한다.

저자 씀

차 례

 **내연기관의 기초원리**

1. 열 기 관 ·· 13
   1-1 열기관의 정의 ··· 13
   1-2 열기관의 분류 ··· 14
   1-3 내연기관의 분류 ·· 15
   1-4 내연기관의 장·단점 ·· 17

2. 왕복형 내연기관 ·· 17
   2-1 기관의 기본구조와 정의 ·· 17
   2-2 기본행정 및 작동원리 ··· 18

3. 석유 및 소구기관 ·· 23
   3-1 석유기관 ·· 23
   3-2 소구기관 ·· 24

4. 소기와 흡기 및 과급기 ··· 24
   4-1 소 기 ·· 24
   4-2 흡 기 ·· 26
   4-3 과급기 ··· 27

● 예상 문제 ·· 30

 내연기관의 열역학

1. 단 위 ··· 40
   1-1 단위의 구분 ·· 40
   1-2 단위의 정의 ·· 41
   1-3 단위계의 비교 ·· 43

2. 열역학적 기초 ·· 44
   2-1 계의 분류 ·· 44
   2-2 이상기체 ·· 44
   2-3 열역학 법칙 ·· 45

3. 열역학적 사이클 ·· 45
   3-1 오토 사이클(정적 연소)과 열효율 ·· 45
   3-2 디젤 사이클(정압 연소)과 열효율 ·· 47
   3-3 사바테 사이클과 열효율 ·· 48
   3-4 브레이톤 사이클과 열효율 ·· 48
   3-5 카르노 사이클과 열효율 ·· 49
   3-6 오토 사이클과 디젤 사이클의 비교 ·· 50

● 예상 문제 ··· 51

제3장 내연기관의 성능

1. $P-v$ 선도와 기관 성능 ·· 59
   1-1 $P-v$ 선도 ·· 59
   1-2 마 력 ·· 59
   1-3 일 ·· 61

1-4　평균 유효압력 …………………………………… 62
　　　1-5　열효율 ……………………………………………… 62
　　　1-6　기계효율 …………………………………………… 63
　　　1-7　연료소비율 ………………………………………… 63
　　　1-8　마력과 회전력과의 관계 ………………………… 64
　　　1-9　가솔린 기관의 성능 곡선도 …………………… 64

　2. 공기과잉률과 당량비 ……………………………………… 65
　　　2-1　공기연료비 ………………………………………… 65
　　　2-2　이론 공기연료비 ………………………………… 65
　　　2-3　연료공기비 ………………………………………… 66
　　　2-4　공기과잉률 ………………………………………… 66
　　　2-5　당량비 ……………………………………………… 66

　3. 압축비와 배기량 …………………………………………… 67
　　　3-1　압축비 ……………………………………………… 67
　　　3-2　실린더 체적(배기량) …………………………… 67
　　　3-3　평균 피스톤 속도 ………………………………… 67

　4. 기관 출력 성능 ……………………………………………… 68
　　　4-1　최대출력 …………………………………………… 68
　　　4-2　정격출력 …………………………………………… 68
　　　4-3　상용출력 …………………………………………… 68

　● 예상 문제 ……………………………………………………… 69

제4장　기관 본체 및 흡·배기 장치

　1. 기관 본체의 구조 …………………………………………… 79
　　　1-1　실린더 헤드 ……………………………………… 80

1-2 실린더 블록 및 실린더 ·· 80
1-3 실린더 라이너(혹은 슬리브) ·· 81
1-4 피스톤 ··· 81
1-5 커넥팅 로드 ··· 84
1-6 기관 베어링 ··· 85
1-7 크랭크축 ··· 86
1-8 플라이휠 ··· 87

2. 흡·배기 밸브장치 ··· 88
   2-1 밸브 ·· 89
   2-2 밸브 장치 ·· 91
   2-3 밸브 기구의 구동방식 ·· 93
   2-4 밸브의 간극 ·· 93

3. 흡·배기 장치 ·· 93
   3-1 흡·배기 장치의 개요 ··· 93
   3-2 공기청정기 ·· 94
   3-3 흡기 매니폴드 ·· 94
   3-4 배기 매니폴드 ·· 95
   3-5 소음기 ·· 95

● 예상 문제 ·· 96

제5장 윤활 및 냉각장치

1. 윤활장치 ··· 109
   1-1 윤활의 목적 ·· 109
   1-2 윤활유가 갖추어야 할 조건 ······································· 109
   1-3 윤활유의 기능 ·· 110

1-4 윤활의 종류 ·· *110*
  1-5 윤활방식 ·· *111*
  1-6 윤활유 첨가제 ·· *111*
  1-7 윤활유의 분류 ·· *112*
  1-8 윤활장치 ·· *113*
  1-9 기관 오일의 점검 ·· *117*

 2. 냉각장치 ··· *118*
  2-1 냉각장치의 목적 ·· *118*
  2-2 냉각방식 ·· *118*
  2-3 수랭식 냉각장치의 구성품 ·· *120*
  2-4 냉각수와 부동액 ·· *124*

 ● 예상 문제 ··· *125*

제6장 연료 및 연소

 1. 연료의 종류 및 성질 ··· *134*
  1-1 연료의 종류 ·· *134*
  1-2 연료의 성질 ·· *137*
  1-3 가솔린 기관의 연료 ·· *139*
  1-4 디젤 기관 연료와 그 성질 ······································ *140*

 2. 내연기관의 연소 ··· *141*
  2-1 가솔린 기관의 연소 ·· *141*
  2-2 디젤 기관의 연소 ·· *144*
  2-3 가솔린 노크와 디젤 노크의 차이 ···························· *146*

 3. 연소반응과 배기 정화대책 ··· *147*
  3-1 연소시의 반응식 ·· *147*

3-2 배기가스의 정화대책 ··· 149
3-3 가솔린 기관의 배기가스와 배기정화 대책 ············ 151
3-4 디젤 기관의 배기가스와 배기정화 대책 ··············· 153

● 예상 문제 ·· 155

제7장 가솔린 기관 및 디젤 기관

1. 가솔린 기관 ·· 165
   1-1 연소실 ·· 166
   1-2 기화기 ·· 167
   1-3 연료장치 ·· 169
   1-4 점화장치 ·· 171
   1-5 시동장치 ·· 174

2. 디젤 기관 ·· 174
   2-1 연료분무의 3대 조건 ·· 175
   2-2 연소실 ·· 176
   2-3 연료 장치 ·· 179

● 예상 문제 ·· 186

제8장 회전형 왕복기관

1. 가스터빈 기관 ·· 194
   1-1 열역학적 사이클에 의한 분류 ·························· 195

1-2 개방 사이클의 종류 ··· 196
1-3 가스터빈 구성요소 ··· 198
1-4 가스터빈 엔진의 연료 ·· 202
1-5 가스터빈과 타기관과의 비교 ·· 203

2. 로터리 기관 ·· 204
2-1 로터리 기관의 작동원리 ·· 204
2-2 로터리 기관의 압축비 ·· 205

● 예상 문제 ··· 206

◎ 부 록 : 과년도 출제 문제 ··· 215

제 1 장

내연기관의 기초원리

이 장은 다른 장에 비해서 출제빈도는 낮으나 다른 장을 공부하는데 기본지식이 되는 장이기 때문에 중요하다. 특히, 다음과 같은 사항에 유의하여 공부해야 할 것이다.

key point

(1) 내연기관과 외연기관의 종류 및 특징
(2) 가솔린 기관과 디젤 기관의 비교(열효율, 압축비, 점화방식, 흡입밸브를 통해 흡입하는 기체)
(3) 2사이클 기관과 4사이클 기관의 장, 단점
(4) 밸브 개폐시기와 관련된 오버랩(overlap), 래그(leg), 블로 다운(blow down)에 대한 정의
(5) 과급기의 설치목적과 소기방식
(6) 다기통 기관에서 점화순서에 따른 각 실린더의 행정

1. 열 기 관

1-1 열기관의 정의

기계는 모두 동력에 의하여 움직인다. 이 동력을 얻기 위해서 자연계에 존재하는 여러 형태의 에너지를 이용하여 사용하기에 편리한 형태인 기계적 에너지, 즉 동력으로 바꾸는 기계를 원동기라 한다.

원동기는 풍력, 수력, 화력, 원자력 등을 이용한 것이 있으나 이 중에서 열에너지를 기계적 일로 변환시키는 장치를 열기관(heat engine)이라고 한다.

열에너지는 보통 연료의 연소에 의하여 발생되지만 기타 여러 물질의 화학반응에 의한 열이나 태양력, 지열과 같은 자연계에 존재하는 열도 이용할 수 있고, 또 최근 사용하는 우라늄과 같은 핵 연료도 에너지원에 포함된다.

열기관에서 열을 일로 변환시키는데는 반드시 매개 역할을 하는 유체, 즉 작동유체가 필요하다.

1-2 열기관의 분류

열기관은 크게 작동유체에 열을 전달해주는 방법에 따라 내연기관과 외연기관으로 분류된다.

(1) 내연기관

연소에 의하여 발생된 열을 작동유체에 전달하며 이것이 팽창할 때의 일을 직접 이용하는 방식이며, 내연기관의 종류에는 피스톤식 왕복기관, 가스터빈, 로켓기관 등이 있다.

① 왕복형 내연기관
  (가) 가솔린 기관(otto) : 4행정기관, 2행정기관
  (나) 디젤 기관(diesel) : 4행정기관, 2행정기관

② 회전형 내연기관
  (가) 로터리 기관 : Wankle
  (나) 가스터빈
    • 개방 사이클(터보 프롭, 터보 팬, 터보 제트, 터보 샤프트)
    • 밀폐 사이클

③ 로켓기관

(2) 외연기관

보일러와 같이 열전달이 전열 벽을 통하여 열을 작동유체에 전달하는 방식이며, 이 외연기관의 종류에는 증기기관과 증기터빈이 있다. 1769년에 J.Watt가 왕복형 증기기관을 발명하였다.

1-3 내연기관의 분류

(1) 점화 (착화) 방식에 의한 분류

① 전기점화기관 (spark ignition engine) : 연소실 안에서 압축된 공기와 연료의 혼합물을 점화 플러그에 의해 전기점화시켜 연소시키는 기관으로 가솔린 기관이 여기에 속한다.

② 압축착화기관 (compression ignition engine) : 흡기밸브를 통해 공기만을 유입하고 연소실 안에서 연료분사 노즐을 통해 고압으로 연료를 연소실에 분사시켜 연소시키는 기관으로 디젤 기관이 여기에 속한다.

③ 소구기관 (hot bulb engine) : 실린더 헤드 내에 소옥 또는 화구라고 하는 가열개소를 설치하여 여기에 연료를 분사시켜 연소시키는 기관으로 그 종류로는 세미 디젤 엔진(semi-diesel engine)이 있다. 선박기관에 많이 사용한다.

④ 연료분사 전기점화기관 (fuel injection spark ignition engine) : 스파크를 통해 점화시키는 전기점화 장치와 자기착화로 연소시키는 압축착화의 중간형태로 그 종류에는 Hesselman engine이 있다.

(2) 사용되는 연료의 종류에 따른 분류

① 가스기관 : 연료로 LPG, LNG 등을 사용하는 전기점화기관
② 가솔린기관 : 연료로 가솔린(휘발유)을 사용하는 전기점화기관
③ 석유기관 : 시동시에는 가솔린을 사용하며 시동 후에는 등유, 경유 등을 사용하는 전기점화기관
④ 중유기관 : 연료로 중유를 사용하며 압축착화시켜 연소하는 디젤 기관

(3) 기관의 냉각방법에 따른 분류

① 공랭식 기관 : 실린더 주위에 냉각핀을 만들어 전열면적을 크게 하여 공기가 지나가면서 기관을 냉각시키는 방식
② 수랭식 기관 : 실린더 헤드 및 실린더 블록에 위치한 물 재킷에 냉각수를 보내어 기관을 냉각시키는 방식, 라디에이터, 냉각 팬, 물 펌프 등의 냉각장치가 필요하다.

(4) 실린더 배열에 따른 분류

① 직렬형 기관 : 실린더를 크랭크축 방향으로 일렬로 배치, 4-6기통 기관에 널리 사용
② V형 기관 : 크랭크 핀 1개에 2개의 실린더 연결, 8기통 이상의 다실린더 기관
③ 수평 대향형 기관 : 크랭크축을 중심으로 실린더를 서로 반대 방향에 설치, 4 또는 6 실린더 기관 일부에 사용하고, 기관 높이를 낮출 수 있다.
④ 방사형 기관 : 크랭크축을 중심으로 실린더를 서로 방사형으로 설치 자동차용으로 사용 안 하며, 기관 앞면 면적이 넓어진다.
⑤ 수평형 기관 : 직렬형을 옆으로 누운 것, 대형버스에서 차실 바닥에 설치한다.

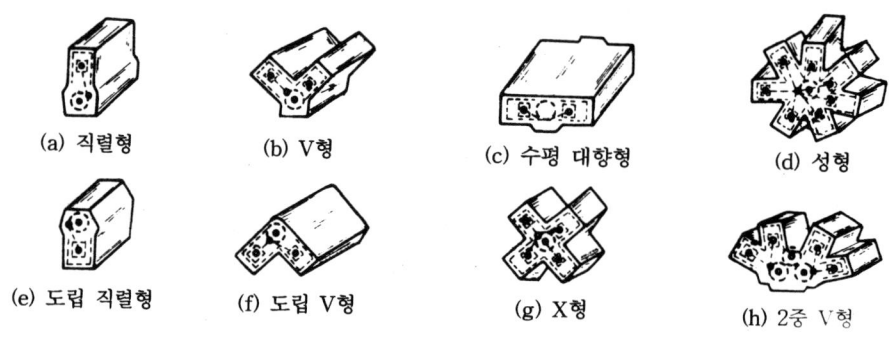

실린더 배열에 따른 분류

(5) 밸브의 설치위치에 따른 분류

흡입밸브 및 배기밸브가 실린더 블록 또는 실린더 헤드 어느 쪽에 위치하는가에 따른 분류

① L 헤드형 기관 : 실린더 블록에 일렬로 흡·배기밸브를 나란히 설치
② I 헤드형 기관 : 실린더 헤드에 흡·배기밸브를 모두 설치
③ F 헤드형 기관 : 실린더 헤드에 흡기밸브, 실린더 블록에 배기밸브 설치
④ T 헤드형 기관 : 실린더를 중심으로 흡·배기밸브를 양쪽에 설치한 형식

(6) 실린더 안지름(D)과 행정(L)의 비에 따른 분류

① 단행정기관 : $\frac{L}{D} < 1$, 즉 실린더 안지름(D)이 행정(L)보다 큰 기관
② 장행정기관 : $\frac{L}{D} > 1$, 즉 행정(L)이 실린더 안지름(D)보다 큰 기관

③ 정방행정기관 : $\frac{L}{D}$ = 1, 즉 실린더 안지름(D)과 행정(L)의 크기가 같은 기관

1-4 내연기관의 장·단점

(1) 장 점

① 소형, 경량으로 할 수 있으며 마력당 중량이 적다.
② 연료가 실린더 내에서 직접 연소하므로 열손실이 작고, 열효율이 높다.
③ 연료소모가 적으므로 경제적이다.
④ 기관의 시동, 정지 및 속도 조정이 용이하다. 또한, 시동 전과 후의 연료손실이 없다.

(2) 단 점

① 저속에 있어서 회전력이 약하며, 시동장치가 필요하다.
② 연소시 고온, 고압으로 인해 윤활과 냉각장치가 필요하다.
③ 피스톤 왕복기관은 압력변화가 커 충격과 진동이 심하고 비동력 행정시 회전력을 유지하기 위하여 큰 플라이휠이 필요하다.
④ 저급연료의 사용이 곤란하고 마모, 부식이 많다.

2. 왕복형 내연기관

2-1 기관의 기본구조와 정의

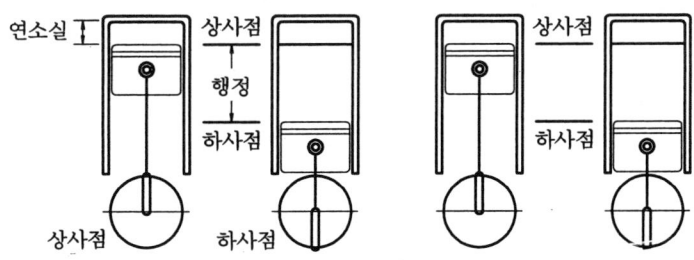

왕복형 내연기관의 기본구조

(1) **보어** (D): 실린더 안지름

(2) **행정** (L): 상사점과 하사점 사이의 거리

(3) **틈새체적** (V_c): 피스톤이 상사점에 있을 때 실린더 헤드까지의 공간체적

(4) **행정체적** (V_s): 상사점과 하사점 사이의 실린더 안체적

(5) **상사점** (TDC 혹은 TC): 피스톤이 맨 위에 올라갔을 때의 그 지점

(6) **하사점** (BDC 혹은 BC): 피스톤이 맨 아래로 내려왔을 때의 그 지점

(7) **압축비** $\varepsilon = \dfrac{V_s + V_c}{V_c}$

2-2 기본행정 및 작동원리

(1) 4행정기관

① 4행정기관의 작동원리

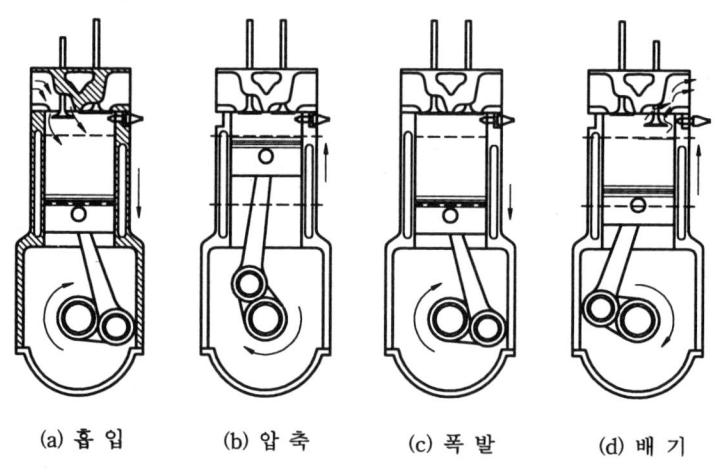

(a) 흡입　　(b) 압축　　(c) 폭발　　(d) 배기

4행정기관의 작동원리

㈎ 흡입행정: 흡입밸브가 열리고 피스톤은 하향운동을 한다. 이 경우 가솔린(스파크 점화) 기관의 경우는 실린더 안으로 공기와 연료의 혼합물이 흡입되고 디젤 기관 (압축착화 기관)인 경우는 공기만 연소실 안으로 흡입된다.

피스톤 행정은 상사점으로부터 하사점까지이지만 흡입질량을 증가시키기 위하여 **흡입밸브는 상사점 이전에서 열리고 하사점 이후에서 닫힌다.**

㈏ 압축행정 : 흡입밸브와 배기밸브는 모두 닫혀 있고 피스톤은 상향운동을 하며 가솔린 기관의 경우는 실린더 안의 혼합기는 압축된다. 피스톤이 상사점에 접근할 때 스파크 점화기관은 점화되며 디젤 기관의 경우는 연료분사가 시작되고 자기착화된다.

㈐ 폭발행정 (팽창 혹은 동력행정) : 연소는 온 가스에 전파되어 가스는 고온고압이 되고 피스톤에 힘을 가하여 피스톤은 하향운동, 크랭크는 회전하게 된다.

㈑ 배기행정 : 배기밸브는 계속 열려 있고 피스톤의 상향운동으로 실린더 안에 남아 있는 가스는 추출된다. 피스톤이 상사점에 도달하기 이전에 흡입밸브가 열려 다음 사이클의 흡입이 시작되며, 피스톤이 상사점을 약간 지난 시점에 배기밸브는 닫힌다.

② 4행정기관의 장·단점

㈎ 장 점
- 흡입, 압축, 폭발, 배기의 각 행정이 각각 단독으로 행하여지므로 작동이 확실하고 체적효율이 높다. 그러므로 평균 유효압력이 높다.
- 시동이 용이하고 저속 및 고속회전의 범위가 넓다.
- 2행정기관에 비하여 흡입손실이 적고 연료소비율이 적다.
- 기관이 과열될 염려도 없고 안정성이 좋다.

㈏ 단 점
- 폭발횟수의 부족으로 실린더수가 적을 때에는 원활한 운전이 어렵다.
- 밸브 장치가 복잡하고 부품수가 많아 조정이 어렵고 충격이나 기계적 소음이 많다.
- 동일 출력으로서는 2행정기관에 비해 기관 몸체가 커진다.

③ 4행정기관의 밸브 개폐선도

㈎ 흡입밸브가 열려 있는 시간 : 상사전점 10°+상사점에서 하사점까지 180°+하사점에서 상사점 45° 까지

㈏ 배기밸브가 열려 있는 시간 : 하사점 45°에서 열리고 +하사점에서 상사점까지 180°+상사점에서 하사점 이동시 10°

㈐ 오버랩(overlap) : 흡입밸브와 배기밸브가 다같이 열려 있는 기간

㈑ 래그 (lag) : 흡·배기밸브를 상사점 이전, 하사점 후에 닫아 주는 것

㈒ 리드 (lead) : 흡·배기밸브를 상사점 또는 하사점 전에 미리 열어 주는 것

㈏ 블로 다운(blow down) : 피스톤이 하사점에 도달하기 이전에 배기밸브를 열게 하여 배기가스는 배기압력까지 떨어진다.

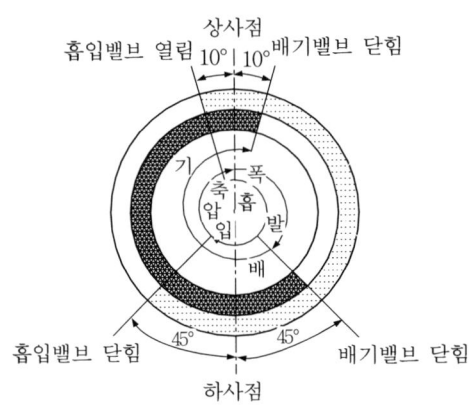

4행정기관의 밸브 개폐선도

④ 가솔린 기관과 디젤 기관의 비교

가솔린 기관과 디젤 기관의 비교

구 분	가솔린 기관	디젤 기관
사용 연료	가솔린, 옥탄가가 높다.	경유, 세탄가가 높다.
흡입 기체	공기와 연료의 혼합물	공 기
연료공급장치	기화기, 인젝터	분사 펌프
연료소비율	$230 \sim 300\,g/PS \cdot h$	$175 \sim 220\,g/PS \cdot h$
압 축 비	$8 \sim 10$	$15 \sim 22$
점화 방식	스파크 점화	연료 고압분사에 의한 자기착화
열 효 율	$25 \sim 30\,\%$	$32 \sim 38\,\%$
폭발 압력	$35 \sim 45\,kg/cm^2$	$55 \sim 65\,kg/cm^2$
압축 압력	$8 \sim 11\,kg/cm^2$	$25 \sim 35\,kg/cm^2$
출력의 제어	스로틀 밸브를 통한 혼합기의 양을 조정	연료분사량 조정

> **알아두세요**
>
> 디젤 기관의 작동원리는 4행정과정을 이루고 있다는 점에서 가솔린 기관과 동일하지만 흡입과정에서 연소실에 유입되는 기체는 가솔린 기관(공기와 연료의 혼합물)과는 달리 공기만이 유입되고 압축행정 말기에 연료분사 노즐에서 연료가 고압분사되어 연소실 내의 공기와 혼합하면서 연소조건이 형성되고 자기착화한다는 점이 다르다.
> 또, 압축행정시에 가솔린 기관의 압축비보다 높아야 자기착화에 유리하기 때문에 이 조건을 만들어 주기 위하여 흡입밸브와 배기밸브의 개·폐 시기가 가솔린 기관에 비해서 짧다는 것이 특징이다.

(2) 2행정기관

① **가솔린 2행정기관의 작동원리**: 2행정기관은 1880년 영국의 클러크에 의해 고안(클러크 사이클), 크랭크 1회전이 1사이클을 형성, 피스톤이 상승하여 배기구멍을 막으면 실린더 내의 가스는 압축된다.

피스톤이 더욱 상승하며 피스톤에 의해 막혀 있던 흡입구멍이 열리면 기화기에서 혼합기가 흡입구를 통해 들어오게 된다. 피스톤이 상사점에 이르면 점화, 연소되어 피스톤이 크랭크축을 회전하게 된다.

피스톤이 내려가기 시작하면 배기구멍이 열려 배기가 시작된다. 조금 더 내려가 소기구멍이 열리면 크랭크 케이스 내의 혼합기가 연소실 내에 들어와 연소가스를 밀어내면서 배기를 촉진시킨다. 다시 피스톤이 상승을 시작하면 소기구멍, 배기구멍의 순서로 닫아 압축이 시작된다.

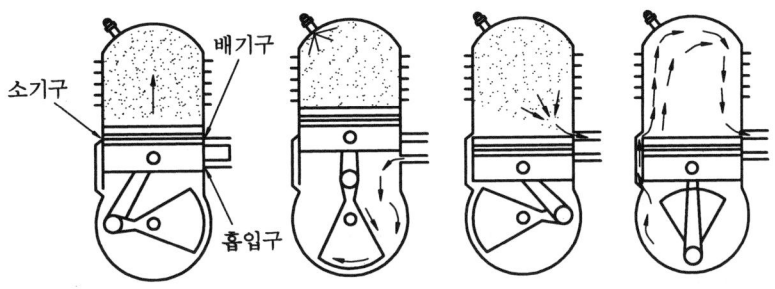

2행정기관의 작동원리

② **디젤 2행정기관의 작동원리**: 공기를 공급하는 별도의 장치가 필요하며 기관의 측면에 과급기가 설치되어 있다. 실린더의 흡입구는 4행정기관의 흡입밸브와 같으며 라이너의 주변에 구멍이 여러 개 뚫려 있다.

㈎ 소기 : 피스톤이 하강하여 실린더 라이너 주위에 뚫려 있는 소기구멍을 개방하면 과급기에서 압송하는 새로운 공기가 실린더 내에 들어가고 배기가스를 배출함과 동시에 다음 연소에 필요한 공기를 보강한다.

　이 소기공기는 피스톤이 하사점까지 하강하고 다시 피스톤이 상승하여 소기구멍을 막을 때까지 계속된다.

㈏ 압축 : 피스톤이 상승하여 소기구멍을 닫는 순간에 배기밸브도 닫힌다. 공기는 압축되고 상사점에서 온도는 연료의 착화온도 이상으로 고온이 된다.

㈐ 연소 : 피스톤이 상사점에 도달하기 전에 노즐에서 연료가 분사된다. 분사된 공기의 압축열에 의하여 착화연소하여 높은 연소압력이 발생한다. 이 연소압력에 의해 피스톤이 하강운동하면서 크랭크축을 회전운동으로 바꾸어 회전력을 발생시킨다.

㈑ 배기 : 피스톤은 하강하여 소기구멍을 열기 전에 배기밸브가 열려 자체의 압력으로 배기구멍을 통하여 대기로 배출된다.

③ 2행정기관의 장·단점

㈎ 장 점
- 매회전마다 폭발이 일어나므로 같은 크기의 실린더 용적으로 발생마력이 크다 (4행정기관에 비해 실제 1.7~1.8배 정도).
- 구조가 간단해 경량, 소형화할 수 있고, 값이 싸다.
- 크랭크축의 매회전마다 동력행정을 얻을 수 있어 회전력의 변동이 적고 플라이휠도 경량, 소형화할 수 있다.

㈏ 단 점
- 팽창행정에 있어서 유효 일량이 적고 효율이 낮다.
- 흡·배기의 교환이 불안정하기 때문에 혼합기가 연소하기 전에 그냥 빠져나가 버려 연료소비량이 많다.
- 단위시간 내의 폭발횟수가 4행정의 2배이므로 피스톤이나 실린더가 과열되기 쉽고 윤활유의 소비량도 많다.
- 소기 펌프가 기계 구동식인 경우에는 손실마력이 비교적 크고 그 구조도 복잡하다.
- 실린더 벽에 구멍이 있으므로 피스톤 링이 여기에 걸려 파손 또는 마모되기 쉽다.
- 저속 및 고속운전이 곤란하다.

(3) 2행정기관과 4행정기관의 비교

2행정기관과 4행정기관의 비교

비교 내용 \ 기관	2행정기관	4행정기관
출력	크랭크축 1회전에 1동력행정 엔진 크기가 같다면 4행정에 비해 2배 출력 발생, 실제로는 1.7배	크랭크 축 2회전에 1동력행정
구조	밸브 장치가 필요 없다.	흡기, 배기밸브 및 구동장치
회전속도	저속운전시 회전이 고르지 못하다.	저속운전 가능하다.
효율	흡입 및 배기가 원활하지 않아 효율이 좋지 못하다(불완전 연소). 연료소비가 많다.	흡입, 배기 행정이 확실하게 분리한다.
사용용도	소형 엔진(모형 항공기)	승용차, 버스, 트럭

※ 소기 : 실린더 내의 배기가스가 신기에 의하여 주출되는 작용(scavenge)

3. 석유 및 소구기관

3-1 석유기관

가솔린 기관과 모든 구조면에서 거의 같으나 석유를 연료로 사용하는 기관으로 연료의 기화를 촉진하기 위하여 배기가스로 기화기를 가열하며, 동시에 시동시에는 가솔린으로 시동하므로 2중 기화기를 사용한다.

(1) 석유기관의 특징

① 시동할 때는 가솔린을 사용하고 정상 운행시에는 석유로 바꾸어 운행한다.
② 조속기를 달아 일정한 회전속도를 유지한다.
③ 압축비가 가솔린 기관보다 낮으므로 동일 크기의 가솔린 기관보다 출력이 낮다.

3-2 소구기관

이 소구기관(hot bulb engine)은 일명 세미 디젤 기관(semi-diesel engine)이라도 부르며, 압축 점화기관의 압축압력은 $8 \sim 15\,kg/cm^2$이다. 압축열만으로는 점화가 불가능하여 실린더 헤드에 점화구($250 \sim 270°C$로 가열)를 부착하여 기관을 시동할 때 이것을 외부에서 가열하여 점화를 돕는다.

(1) 소구기관의 특징

① 구조가 간단하여 제작이나 보수가 용이하고 운전조작이 간단하다.
② 신속도가 높다.
③ 중압 저속이어서 수명이 길고 과부하에 대해서 내구력이 강하다.
④ 저질 연료의 사용이 가능하고 연료비를 절약할 수 있다.
⑤ 소형선의 추진기 회전수에 대하여 직결로 사용할 수 있다.
⑥ 조기 점화를 이용하여 기관 자신을 반전할 수 있으므로 역전장치가 필요하지 않다.
⑦ 공기 통로에 공기 댐퍼를 설치하여 장시간 무부하 저속운전을 할 수 있다.

4. 소기와 흡기 및 과급기

4-1 소 기

2행정기관에서 흡·배기는 밸브를 이용하지 않고 실린더 측면에 직접 구멍을 뚫어서 이를 흡·배기밸브 대신 사용한다. 크랭크실 내에 흡입한 신기를 소기구멍을 통하여 실린더 내로 유도하며 연소가스는 배기구멍을 통하여 신기에 의해 밀려 나간다.

이러한 작용을 소기작용이라 한다. 4행정기관에 비해 흡·배기 장치가 따로 필요 없다는 것이 장점이기는 하지만 기관이 저속시에는 불충분한 소기작용으로 기관의 성능이 4행정기관에 비해서 떨어진다.

(1) 소기의 종류

① 횡단 소기(cross scavenging) : 소기구멍과 배기구멍의 위치를 실린더의 반원주에 걸쳐 서로 맞은편에 설치한 과급기이며, 구조가 간단하여 많이 사용하였으나 실린더 상부에 연소가스가 남아 소기효율 및 급기효율이 낮다.

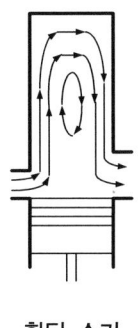

횡단 소기

② 루프 소기 (loop scavenging) : 소기구멍과 배기구멍을 실린더의 서로 같은 한쪽에 설치하여 실린더 내에서 소기를 완전히 1회 회전시켜 배출하는 방식이다.

그 종류로는 MAN형과 Schnurle형, List형이 있다. 소기의 유동은 실린더 위쪽에서 반전하여 연소가스를 몰아내는 효과가 있다.

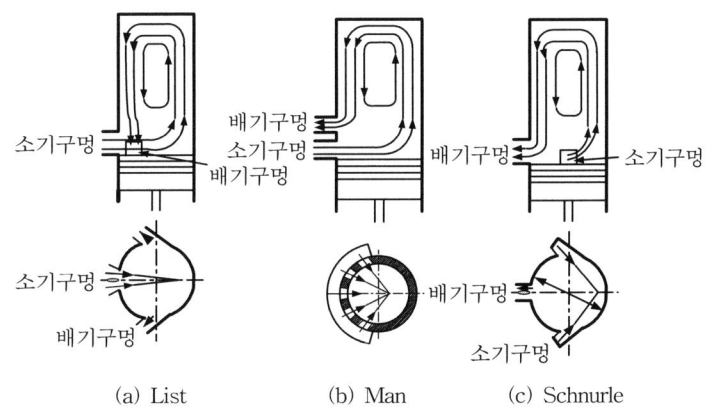

루프 소기법의 종류

③ 단류 소기 (uniflow scavenging) : 실린더 상부에는 배기구멍이 설치되어 있고, 하부에 소기구멍이 있어 아래로부터 위로 소기에 의하여 배기를 밀어내는 방식이며 소기효율이 우수하다.

그 종류로는 배기밸브와 소기구멍을 병용한 것과 음커스형, U 헤드형이 있다.

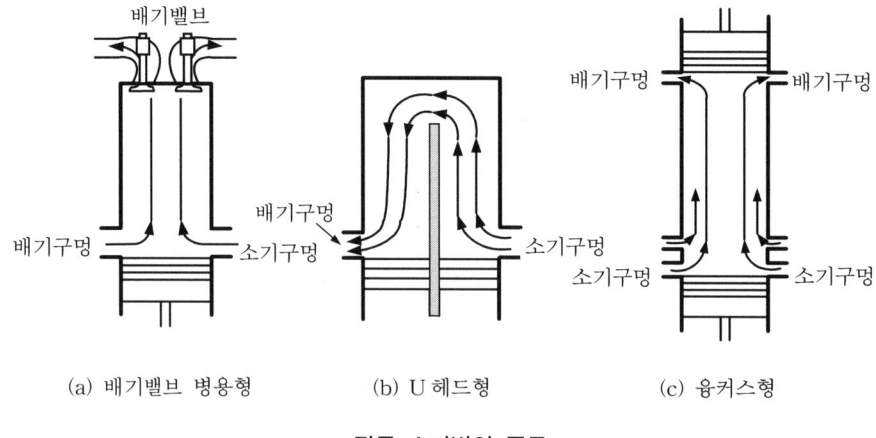

(a) 배기밸브 병용형 (b) U 헤드형 (c) 융커스형

단류 소기법의 종류

4-2 흡 기

신기가 흡기구멍을 통하여 연소실 안으로 유입되는 것을 흡기라 하며, 이 흡기방식에는 피스톤 밸브에 의한 흡기, 로터리 밸브에 의한 흡기, 리드 밸브에 의한 흡기가 있다. 소기와는 그 의미가 약간 다르므로 구분에 유의하기 바란다.

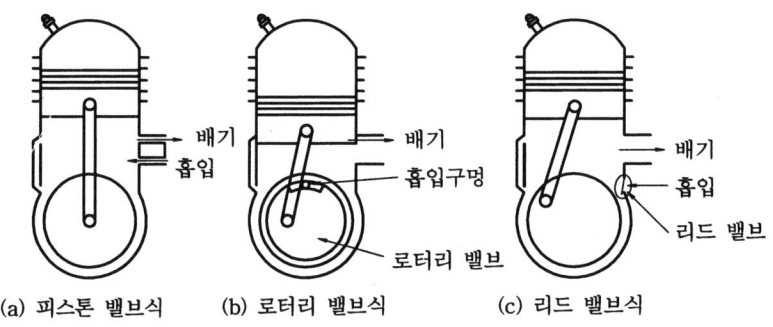

(a) 피스톤 밸브식 (b) 로터리 밸브식 (c) 리드 밸브식

흡기방식의 종류

(1) 피스톤 밸브

실린더 벽의 하단에 흡기구멍을 두고 이 구멍을 통하여 신기를 흡입하는 방식이며, 구조는 간단하지만 고속형으로 하기 위하여 흡기구멍의 열림각을 크게 하면 신기의 블로바이가 크게 되는 단점이 있다.

(2) 로터리 밸브

신기가 크랭크실 안으로 들어오는 흡기구멍을 크랭크축과 같이 회전하는 원판으로 개폐하는 방식이다. 구조는 복잡하지만 개폐시기가 비대칭이기 때문에 피스톤 밸브의 결점이 개량된다.

(3) 리드 밸브

신기가 크랭크실 안으로 들어오는 흡기구멍에 압력차에 의해 자유로이 개폐할 수 있는 막판식의 리드 밸브를 설치한다. 압력차에 의해 자유로이 개폐하기 때문에 이상적인 개폐시기가 얻어지지만 흡기통로 내에 밸브를 설치하기 때문에 이로 인한 흡기저항이 크게 되는 것이 단점이다.

4-3 과급기

연소실 내로 흡입되는 공기량을 증가시키고 실린더 체적당 출력을 크게 하기 위하여 공기가 흡입밸브를 통해 연소실 내로 들어오기 전에 설치하는 별도의 기계적 장치이다. 일반적으로 가솔린 기관에서는 과급기를 설치하지 않으며 디젤 기관에서 과급기를 많이 설치한다.

(1) 과급기의 종류

① 기계식 과급기 (super charger)

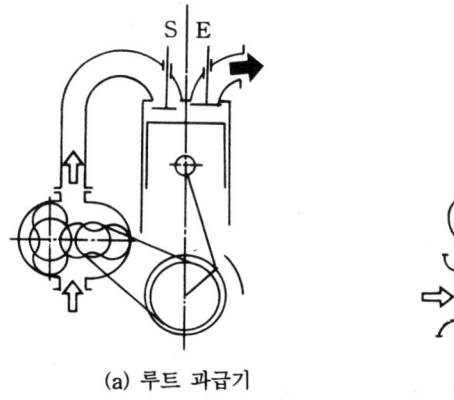

(a) 루트 과급기   (b) 원심 과급기

기계식 과급기의 종류

기관의 출력축으로부터 직접 벨트나 기어에 의하여 구동되며 출력축으로 구동하기 때문에 저회전속도에서도 과급할 수 있고, 저속 토크, 가속 응답성이 우수하다. 그러나 기계적 손실이 크고 터보 과급에 비해 효율이 떨어진다.

② 터보 과급기(turbo charger) : 배기밸브를 통하여 배출되는 배기가스의 에너지를 사용하여 과급기를 구동하는 방식이다. 압축기, 베어링부, 터빈으로 구성되어 있고 터빈은 800~900℃의 배기온도에 견딜 수 있는 내열합금으로 제작한다.

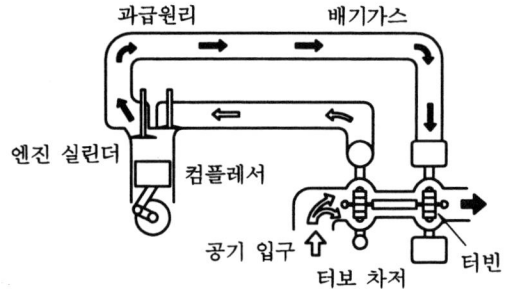

터보 과급기의 구성도

③ 복합식 과급기(complex charger) : 기관에 의하여 구동되는 블레이드가 부착된 로터 내에서 배기가스의 압력 에너지를 직접 흡기에 충돌시켜 흡기압력을 높이는 과급기이다.

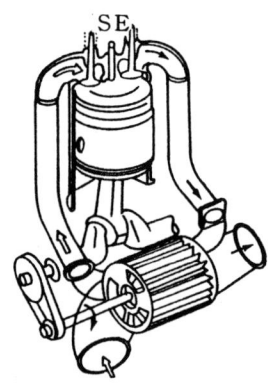

복합식 과급기

(2) 과급기가 성능에 미치는 영향

① 동일 배기량에서 제동 평균압력이 높아져 출력이 증가한다.
② 연소상태가 양호하기 때문에 질이 떨어지는 연료를 사용할 수 있다.
③ 연소상태가 개선되므로 압축, 온도, 상승에 따라 착화지연 시간이 짧아진다.
④ 냉각손실이 감소한다.
⑤ 연소상태가 개선되고 유입되는 공기유량이 증가하기 때문에 연료소비율이 향상된다.

(3) 급기의 냉각

과급기를 설치할 경우 압축기에 의해 가압된 급기의 온도는 보통 120~150℃ 정도이다. 급기의 밀도를 높이고 체적효율을 향상시켜 출력을 증가시키기 위하여 급기를 냉각시킨다. 냉각방법에는 공랭식과 수랭식이 있다.

① **공랭식** : 엔진 냉각용 라디에이터의 앞에 따로 설치된 쿨러에 의한 냉각과 엔진 냉각계와는 무관하게 설치한 쿨러에 의하여 냉각시키는 방법이 있다.

② **수랭식** : 엔진 냉각수를 이용하여 냉각하는 방법과 엔진 냉각과는 별도로 독립된 냉각수계에 의하여 냉각시키는 서킷(circuit)식이 있다.

예상문제

문제 1. 다음 중 열기관에 대한 설명으로 옳은 것은?
㉮ 열기관은 모두 회전운동을 한다.
㉯ 열기관의 작동 사이클은 모두 하나의 사이클이다.
㉰ 열기관은 열에너지를 기계적 일로 바꾸는 장치이다.
㉱ 열기관은 디젤 기관과 가솔린 기관으로 분류된다.
해설 열에너지를 기계적 일로 변환시키는 장치를 열기관(heat engine)이라고 한다.

문제 2. 다음 중 내연기관의 장점에 속하지 않는 것은?
㉮ 대형으로 할 수 있으며 마력당 중량이 크다.
㉯ 열손실이 작고, 열효율이 높다.
㉰ 연료소모가 적으므로 경제적이다.
㉱ 기관의 시동, 정지 및 속도조정이 용이하다.
해설 • 내연기관의 장점
① 소형, 경량으로 할 수 있으며 마력당 중량이 적다.
② 연료가 실린더 내에서 직접 연소하므로 열손실이 작고, 열효율이 높다.
③ 연료소모가 적으므로 경제적이다.
④ 기관의 시동, 정지 및 속도조정이 용이하며 시동 전과 후의 연료손실이 없다.

문제 3. 다음 중 내연기관의 단점에 속하지 않는 것은?
㉮ 저속시에 회전력이 강하다.
㉯ 시동장치가 필요하다.
㉰ 저급연료의 사용이 곤란하고 마모, 부식이 많다.
㉱ 연소시 고온, 고압으로 윤활과 냉각장치가 필요하다.
해설 • 내연기관의 단점
① 저속에 있어서 회전력이 약하며, 시동장치가 필요하다.
② 연소시 고온, 고압으로 인해 윤활과 냉각장치가 필요하다.
③ 피스톤 왕복기관은 압력변화가 커 충격과 진동이 심하고 비동력 행정시 회전력을 유지하기 위하여 큰 플라이휠이 필요하다.
④ 저급연료의 사용이 곤란하고 마모, 부식이 많다.

문제 4. 다음 중 내연기관의 종류에 속하지 않는 것은?
㉮ 가솔린 기관   ㉯ 가스터빈
㉰ 로터리 기관   ㉱ 증기터빈
해설 내연기관의 종류에는 왕복형 내연기관(가솔린 기관, 디젤 기관, 석유기관, 소구기관), 회전형 내연기관(가스터빈, 로터리 기관), 로켓 기관 등이 있다.

문제 5. 외연기관의 종류에 속하는 것은?
㉮ 가스터빈   ㉯ 증기터빈
㉰ 로터리 기관   ㉱ 로켓 기관
해설 외연기관의 종류에는 증기터빈과 증기기관이 있다.

해답 1. ㉰   2. ㉮   3. ㉮   4. ㉱   5. ㉯

문제 6. 다음 중 내연기관과 외연기관을 옳게 짝지은 것은?
㉮ 가솔린 기관 – 디젤 기관
㉯ 가솔린 기관 – 가스터빈
㉰ 가스터빈 – 증기터빈
㉱ 증기터빈 – 증기기관

문제 7. 다음 중 왕복형 내연기관과 회전형 내연기관을 옳게 짝지은 것은?
㉮ 가솔린 기관 – 디젤 기관
㉯ 디젤 기관 – 가스터빈
㉰ 가스터빈 – 로터리 기관
㉱ 가스터빈 – 로켓 기관
[해설] 왕복형 기관에는 디젤 기관, 가솔린 기관, 석유기관, 소구기관 등이 있다.

문제 8. 다음 중 회전형 내연기관에 속하지 않는 것은?
㉮ 디젤 기관   ㉯ 로터리 기관
㉰ 터보 제트   ㉱ 터보 샤프트
[해설] 회전형 내연기관에는 가스터빈과 로터리 기관이 있다. 그리고 가스터빈의 종류에는 터보 프롭, 터보 샤프트, 터보 팬, 터보 제트 등이 있다.

문제 9. 내연기관 중에서 가스터빈 기관에 속하지 않는 것은?
㉮ 디젤 기관   ㉯ 터보 프롭
㉰ 터보 제트   ㉱ 터보 샤프트

문제 10. 다음 중 작용과 반작용의 원리를 이용하는 내연기관은?
㉮ 디젤 기관   ㉯ 가솔린 기관
㉰ 로터리 기관   ㉱ 로켓 기관
[해설] 로켓 기관은 작용과 반작용의 원리를 이용한 기관이다.

문제 11. 상사점과 하사점 사이의 거리를 무엇이라 하는가?
㉮ 행정   ㉯ 보어
㉰ 압축비   ㉱ 행정체적
[해설] 상사점과 하사점 사이의 거리를 행정이라고 한다.

문제 12. 상사점과 하사점 사이의 실린더 안 체적을 무엇이라 하는가?
㉮ 보어   ㉯ 압축비
㉰ 행정체적   ㉱ 틈새체적
[해설] 행정체적은 상사점과 하사점 사이의 실린더 안체적이다.

문제 13. 피스톤이 맨 위에 올라갔을 때 그 지점을 무엇이라 하는가?
㉮ 행정   ㉯ 보어
㉰ 상사점   ㉱ 하사점

문제 14. 피스톤이 맨 아래로 내려왔을 때 그 지점을 무엇이라 하는가?
㉮ 행정   ㉯ 보어
㉰ 상사점   ㉱ 하사점

문제 15. 다음 중 압축비(ε)에 대한 정의로 옳은 것은? (단, 행정체적은 V_s, 틈새체적은 V_c)
㉮ $\varepsilon = \dfrac{V_s + V_c}{V_c}$ ㉯ $\varepsilon = \dfrac{V_s + V_c}{V_s}$
㉰ $\varepsilon = \dfrac{V_s}{V_c + V_s}$ ㉱ $\varepsilon = \dfrac{V_c}{V_c + V_s}$

[해설] 압축비(ε) = $\dfrac{\text{틈새체적} + \text{행정체적}}{\text{틈새체적}}$ 이라 하며, 이를 기호로 나타내면 $\varepsilon = \dfrac{V_c + V_s}{V_c}$ 이다.

문제 16. 가솔린 4행정기관의 행정체적(V_s)

[해답] 6. ㉰ 7. ㉯ 8. ㉮ 9. ㉮ 10. ㉱ 11. ㉮ 12. ㉰ 13. ㉰ 14. ㉱ 15. ㉮ 16. ㉰

이 120 cc이고, 틈새체적(V_c)이 30 cc인 경우 압축비(ε)는 얼마인가?

㉮ 3 ㉯ 4 ㉰ 5 ㉱ 6

[해설] $\varepsilon = \dfrac{V_s + V_c}{V_c}$ ∴ $\varepsilon = \dfrac{120 + 30}{30} = 5$

문제 17. 가솔린 4행정기관의 압축비(ε)는 8이고, 행정체적(V_s)이 160 cc인 경우 틈새체적(V_c)은 얼마인가?

㉮ 약 13.3 cc ㉯ 약 14.3 cc
㉰ 약 15.3 cc ㉱ 약 16.3 cc

[해설] $\varepsilon = \dfrac{V_s + V_c}{V_c}$, $V_c = \dfrac{V_s}{\varepsilon - 1} = \dfrac{160}{8 - 1} \fallingdotseq 22.86$

문제 18. 가솔린 4행정기관의 압축비(ε)는 10이고, 틈새체적(V_c)이 30 cc인 경우 행정체적(V_s)은 얼마인가?

㉮ 270 cc ㉯ 280 cc
㉰ 290 cc ㉱ 300 cc

[해설] $\varepsilon = \dfrac{V_s + V_c}{V_c}$

$V_s = V_c(\varepsilon - 1) = 30 \times (10 - 1) = 270$ cc

문제 19. 다음 용어들에 대한 설명 중 틀린 것은?

㉮ 행정(L) : 상사점과 하사점 사이의 거리
㉯ 보어(D) : 실린더 안지름
㉰ 상사점(TDC 혹은 TC) : 피스톤이 맨 위에 올라갔을 때의 그 지점
㉱ 행정체적(V_s) : 피스톤이 상사점에 있을 때 실린더 헤드까지의 공간체적

[해설] 행정체적은 상사점과 하사점 사이의 체적이다.

문제 20. 4행정기관의 작동시 피스톤이 상사점에서 하사점으로 이동하는 행정기간은 무엇인가?

㉮ 흡입, 압축행정 ㉯ 폭발, 배기행정
㉰ 흡입, 폭발행정 ㉱ 압축, 배기행정

[해설] 피스톤이 상사점에서 하사점으로 이동할 때의 행정기관은 흡입행정과 폭발행정이다.

문제 21. 4행정기관의 작동시 피스톤이 하사점에서 상사점으로 이동하는 행정기간은 무엇인가?

㉮ 흡입, 압축행정 ㉯ 폭발, 배기행정
㉰ 흡입, 폭발행정 ㉱ 압축, 배기행정

[해설] 위와는 반대로 피스톤이 하사점에서 상사점으로 이동하는 행정기관은 압축과 배기행정이다.

문제 22. 가솔린 4행정기관의 작동시 흡입밸브와 배기밸브가 동시에 열려 있는 행정기간은 무엇인가?

㉮ 흡입행정 ㉯ 압축행정
㉰ 폭발행정 ㉱ 배기행정

[해설] 흡입행정시에는 흡입밸브와 배기밸브가 동시에 열려 있으며 이를 오버랩(overlap)이라 한다.

문제 23. 가솔린 4행정기관의 작동시 흡입밸브가 열려 있지 않는 기간은 무엇인가?

㉮ 흡입행정 ㉯ 압축행정
㉰ 폭발행정 ㉱ 배기행정

[해설] 폭발행정에서는 흡입밸브가 열려 있지 않다.

문제 24. 가솔린 4행정기관의 작동시 점화 플러그의 방전에 의해 공기와 연료가 연소를 시작하는 기간은 무엇인가?

㉮ 흡입행정 ㉯ 압축행정
㉰ 폭발행정 ㉱ 배기행정

[해설] 압축행정의 말기에 점화 플러그에서 스파크가 튀겨 혼합물의 연소가 시작된다.

[해답] 17. 답없음 18. ㉮ 19. ㉱ 20. ㉰ 21. ㉱ 22. ㉮ 23. ㉰ 24. ㉯

문제 25. 가솔린 4행정기관에서 압축비는 약 얼마인가?
㉮ 3~5 ㉯ 8~10
㉰ 15~22 ㉱ 55~65

[해설] 가솔린 기관의 4행정기관에서 압축비는 8~10 정도이다. 디젤 기관은 자기착화를 시키기 때문에 가솔린 기관보다는 압축비가 높다.

문제 26. 다음 중 가솔린 기관의 특징에 해당하지 않는 것은?
㉮ 연료는 옥탄가가 높은 가솔린을 사용한다.
㉯ 흡입밸브를 통하여 공기가 유입된다.
㉰ 공기와 연료가 혼합은 기화기에서 이루어진다.
㉱ 압축비는 약 8~10이다.

[해설] 가솔린 기관은 옥탄가가 높은 가솔린을 사용하며 흡입밸브를 통해 공기와 연료의 혼합물이 유입되며 공기와 연료의 혼합은 기화기에서 이루어지고 압축비는 약 8~10이다.

문제 27. 다음 설명 중 디젤 기관의 특징에 해당하지 않는 것은?
㉮ 흡입밸브를 통하여 공기가 유입된다.
㉯ 압축비는 약 15~22이다.
㉰ 점화 플러그에서 스파크를 튀겨 연소한다.
㉱ 연료는 세탄가가 높은 경유를 사용한다.

[해설] 디젤 기관은 흡입밸브를 통하여 공기만 유입하고, 압축비는 가솔린 기관보다 높은 약 15~22이며, 분사노즐을 통하여 연료가 고압으로 분사되면서 연소실에서 공기와 혼합하여 연소한다. 연료는 세탄가가 높은 경유를 사용한다.

문제 28. 가솔린 4행정기관에서 폭발행정시 폭발압력은 얼마인가?
㉮ 8~10 kg/cm² ㉯ 20~25 kg/cm²
㉰ 35~45 kg/cm² ㉱ 55~65 kg/cm²

[해설] 가솔린 기관의 압축행정시 압축압력은 8~11 kg/cm²이고, 폭발행정시 폭발압력은 35~45 kg/cm²이다.

문제 29. 디젤 4행정기관에서 압축비는 약 얼마인가?
㉮ 3~5 ㉯ 8~10
㉰ 15~22 ㉱ 55~65

[해설] 디젤 기관의 압축비는 15~22이다.

문제 30. 디젤 4행정기관에서 폭발행정시 폭발압력은 얼마인가?
㉮ 8~10 kg/cm² ㉯ 20~25 kg/cm²
㉰ 35~45 kg/cm² ㉱ 55~65 kg/cm²

[해설] 디젤 기관의 압축행정시 압축압력은 25~35 kg/cm²이고, 폭발행정시 폭발압력은 55~65 kg/cm²이다.

문제 31. 디젤 4행정기관의 작동시 연료분사 노즐에서 고압으로 연료가 분사되어 연소를 시작하는 기간은 무엇인가?
㉮ 흡입행정 ㉯ 압축행정
㉰ 폭발행정 ㉱ 배기행정

문제 32. 다음 설명 중 디젤 기관의 특징에 해당되지 않는 것은?
㉮ 분사노즐을 통해 고압으로 분사된 연료가 연소실 안에서 공기와 혼합되어 자기착화된다.
㉯ 출력의 제어는 연료분사량을 조절하여 이루어진다.
㉰ 폭발행정시 폭발압력은 35~45 kg/cm²이다.

라 열효율이 약 32~38 %이다.
해설 디젤 기관의 폭발행정시의 폭발압력은 55~65 kg/cm²이다.

문제 33. 4행정기관의 흡·배기 과정에서 흡·배기 밸브를 상사점 이전, 하사점 이후에 닫아주는 것을 무엇이라 하는가?
가 블로 다운 나 오버랩
다 리드 라 래그

문제 34. 다음 중 가솔린 기관에 대한 설명에 해당되지 않는 것은?
가 혼합물의 연소가 점화 플러그에 의한 전기 스파크에 의하여 이루어진다.
나 출력의 제어는 연료분사량으로 조절된다.
다 열효율이 약 25~30 % 정도이다.
라 폭발행정시 폭발압력은 약 35~45 kg/cm²이다.

문제 35. 4행정기관의 흡·배기 과정에서 흡·배기 밸브를 상사점 또는 하사점 전에 미리 열어주는 것을 무엇이라 하는가?
가 블로 다운 나 오버랩
다 리드 라 래그
해설 흡·배기밸브를 상사점 또는 하사점 전에 미리 열어주는 것을 리드라고 하고, 상사점 이전, 하사점 이후에 닫아주는 것을 래그라고 한다.

문제 36. 4행정기관의 흡·배기 과정에서 흡입밸브와 배기밸브가 동시에 열려 있는 기간을 무엇이라 하는가?
가 블로 다운 나 오버랩
다 리드 라 래그

문제 37. 4행정기관의 기본행정 중에서 크랭크축을 돌리는 동력을 발생하는 기간은?
가 흡입행정 나 압축행정
다 폭발행정 라 배기행정
해설 4행정기관에서 실제 연소에 의해 동력을 발생하는 행정은 폭발행정이고, 나머지 행정은 이 때 발생한 동력을 플라이휠에 저장하여 관성으로 움직이게 된다.

문제 38. 다음 중 4행정기관의 기본행정이 아닌 것은?
가 소기행정 나 압축행정
다 폭발행정 라 배기행정
해설 4행정기관의 기본 4행정은 흡입, 압축, 폭발, 배기이다.

문제 39. 2행정기관은 크랭크축 몇 회전에 1번 폭발하는가?
가 1회전 나 2회전
다 3회전 라 4회전

문제 40. 4행정기관은 크랭크축 2회전에 몇 번 폭발하는가?
가 1번 나 2번 다 3번 라 4번

문제 41. 2행정기관에서 실린더 내의 배기가스가 신기에 의하여 추출되는 작용을 무엇이라 하는가?
가 흡입 나 소기 다 급기 라 배기
해설 2행정기관에서 실린더 내의 배기가스가 신기에 의하여 추출되는 작용을 소기작용이라고 한다.

문제 42. 이론상으로 2행정기관은 4행정기관에 비하여 출력이 몇 배인가?
가 같다. 나 2배 다 3배 라 4배
해설 이론상 2행정기관은 크랭크 축 1회전에 1번 폭발과정이 있기 때문에 4행정기관(크랭크축 2회전에 1번 폭발)보다 출력이 2배이다.

해답 33. 라 34. 나 35. 다 36. 나 37. 다 38. 가 39. 가 40. 가 41. 나 42. 나

문제 43. 다음 중 4행정기관의 특징이 아닌 것은 어느 것인가?
㉮ 크랭크 축 2회전에 1동력행정이 있다.
㉯ 흡입, 배기행정이 확실하게 분리되어 있다.
㉰ 저속운전 가능이 가능하다.
㉱ 밸브 장치가 필요 없다.
[해설] 4행정기관의 흡입과 배기 과정은 밸브의 개·폐에 의하여 이루어진다.

문제 44. 다음 중 2행정기관의 특징이 아닌 것은?
㉮ 크랭크 축 1회전에 1동력행정이 있다.
㉯ 밸브 장치가 필요 없다.
㉰ 흡입 및 배기가 원활하지 않아 효율이 좋지 못하다.
㉱ 흡입, 배기행정이 확실하게 분리되어 있다.
[해설] 2행정기관에서의 흡·배기 과정은 실린더 벽면에 설치된 흡·배기구멍에 의해서 이루어지므로 실린더 내에 소기구멍을 통해 연소실 안으로 들어온 신기가 연소가스를 밀어내면서 배기하기 때문에 흡입 및 배기 과정이 확실하게 분리되어 있지 않아서 효율이 좋지 못하다.

문제 45. 다음 중 가솔린 기관과 디젤 기관을 비교한 것이다. 옳지 않은 것은?
㉮ 압축비는 가솔린 기관이 디젤 기관보다 낮다.
㉯ 열효율은 가솔린 기관보다 디젤 기관이 높다.
㉰ 연료소비율은 디젤 기관이 크다.
㉱ 폭발압력은 디젤 기관이 높다.
[해설] 가솔린 기관의 연료소비율은 230~300 g/PS-h이고, 디젤 기관의 연료소비율은 175~220 g/PS-h이다.

문제 46. 점화순서가 1-2-4-3인 가솔린 엔진에서 3번 실린더가 압축행정일 때 1번 실린더는 무슨 행정인가?
㉮ 흡입행정   ㉯ 압축행정
㉰ 폭발행정   ㉱ 배기행정
[해설] 1번은 폭발행정, 2번은 배기행정, 4번은 흡입행정, 3번이 압축행정이다.

문제 47. 다음은 소구기관의 특징이다. 관계가 없는 것은?
㉮ 구조가 간단하고 제작이 용이하다.
㉯ 어선 및 소형 화물선 등에 많이 사용한다.
㉰ 저질연료의 사용이 가능하다.
㉱ 연료소비율이 낮고 단위 마력당 중량이 크다.
[해설] 소구기관은 세미 디젤 기관(semi-diesel engine)이라도 하며, 시동을 하려면 소구(hot bulb)라 하는 부분을 250~270℃ 정도 가열 후 시동해야 하며 연료소비율이 높고 마력당 중량이 크다.

문제 48. 행정 안지름비가 1보다 큰 경우를 무엇이라고 부르는가?
㉮ 단행정기관   ㉯ 장행정기관
㉰ 정방행정기관   ㉱ 오버 스퀘어기관
[해설] ① $\frac{L}{D} > 1$: 장행정기관(long square 기관)
② $\frac{L}{D} < 1$: 단행정기관(over square 기관)
③ $\frac{L}{D} = 1$: 정방행정기관

문제 49. 다음은 2사이클 기관에 대한 설명이다. 옳지 않은 것은?
㉮ 기관의 중량이 가볍고 구조가 간단하다.
㉯ 연료소비율이 높고 실린더가 과열되기 쉽다.

[해답] 43. ㉱ 44. ㉱ 45. ㉯ 46. ㉰ 47. ㉱ 48. ㉯ 49. ㉱

㈐ 혼합기의 일부가 소기시 배출된다.
㈑ 점화 플러그의 수명이 길다.
[해설] 폭발횟수가 많으므로 실린더가 과열되기 쉬워 점화 플러그의 수명이 짧다.

문제 50. 다음은 2사이클 기관에 대한 설명이다. 옳지 않은 것은?
㈎ 배기중 NO_X의 배출이 작다.
㈏ 실린더가 과열되기 쉽다.
㈐ 밸브기구가 없거나 있어도 간단하다.
㈑ 연료소비율이 4행정기관보다 작다.
[해설] 2사이클 기관은 매행정마다 폭발하므로 4사이클에 비해 연료소비율이 높다.

문제 51. 소기, 배기구멍이 실린더의 같은 쪽에 상하로 배열된 것은?
㈎ 크로스 소기법   ㈏ 융커스 소기법
㈐ 유니폴로 소기법 ㈑ M.A.N형 소기법
[해설] M.A.N형 소기법은 반전형(loop) 소기법으로 흡·배기 구멍이 같은 쪽으로 설치되어 있다.

문제 52. 다음 중 출력이 가장 큰 기관은?
㈎ 단동식 기관   ㈏ 복동식 기관
㈐ 연동식 기관   ㈑ 대향식 기관
[해설] 복동식 기관은 피스톤의 양면에 가스 압력이 작용하는 기관으로 출력은 이론상 단동식 기관의 2배가 된다.

문제 53. 4사이클 기관에서 1회의 폭발을 한다면 캠축은 몇 회전하는가?
㈎ 1회전   ㈏ 2회전
㈐ 4회전   ㈑ 8회전

문제 54. 다음 중 2사이클에 관한 사항에서 부적당한 것은?
㈎ 실린더, 실린더 헤드가 과열되기 쉽다.
㈏ 기관의 마력당 중량이 크다.
㈐ 연료소비율이 크다.
㈑ 윤활유 소비량이 크다.
[해설] 기관 마력당 중량이 4사이클 기관에 비하여 작다.

문제 55. 다음 2사이클 기관에 대한 것이다. 맞는 것은?
㈎ 2사이클 엔진에서 소기작용이라는 것은 연소가스를 강제적으로 배출시키는 작용을 말한다.
㈏ 2사이클 엔진의 연소실로는 일반적으로 예연소실의 연소실이 사용된다.
㈐ 2사이클 엔진의 압축 개시점이 4사이클 엔진의 경우보다 조금 빠르다.
㈑ 소기 펌프에 의해 압입되는 공기의 압력은 $20\,kg/cm^2$ 정도이다.
[해설] 소기 펌프에 의해 압입되는 공기의 압력은 $1.5\,kg/cm^2$ 정도이다.

문제 56. 4사이클 가솔린 기관에서 최대 압력이 발생되는 시기는?
㈎ 동력행정이 막 일어나는 순간
㈏ 피스톤이 TDC에 이르렀을 때
㈐ 동력행정에서 TDC 후 10~15° 사이
㈑ 동력행정이 반쯤 진행되었을 때
[해설] TDC 후 10~15°에서 최대 압력이 얻어질 때 엔진의 효율이 좋다.

문제 57. 다음 사항 중 틀린 것은?
㈎ 실린더 내의 체적이 최소가 될 때의 피스톤 위치를 상사점이라고 한다.
㈏ 실린더 전체적과 연소실 체적과의 비를 압축비라 한다.
㈐ 2사이클 기관은 크랭크축 2회전에 1번의 폭발이 이루어진다.

[해답] 50. ㈑ 51. ㈑ 52. ㈏ 53. ㈎ 54. ㈏ 55. ㈑ 56. ㈐ 57. ㈐

라 디젤 기관의 압축비는 15~20 정도이다.

문제 58. 다음은 2사이클 기관의 장점에 속하지 않는 것은?
  가 구조가 간단하다.
  나 연료소비율이 높다.
  다 저속회전이 용이하다.
  라 같은 치수의 기관이면 출력이 크다.

문제 59. V형 엔진이 직렬형 엔진과 비교하여 장점이 되지 않는 것은?
  가 엔진의 길이가 짧아서 객실을 넓게 할 수 있다.
  나 크랭크축의 길이가 짧게 되어 견고하다.
  다 회전부분이 짧고 작으므로 진동 소음이 적다.
  라 실린더 벽과 피스톤이 고르게 마멸된다.

문제 60. 어떤 4사이클 엔진의 밸브 개폐시기 중 흡기행정 기관과 오버랩은 각각 몇 도인가? (단, 흡기밸브 열림 : 상사점 전 18°, 흡기밸브 닫힘 : 하사점 후 48°, 배기밸브 열림 : 하사점 전 48°, 배기밸브 닫힘 : 상사점 후 13°)
  가 246°, 31°
  나 246°, 18°
  다 180°, 31°
  라 241°, 48°
  해설 ① 흡기행정 기간 : $18° + 180° + 48° = 246°$
  ② 밸브 오버랩 : $18° + 13° = 31°$

문제 61. 2사이클 기관의 소기에서 블로 바이(blow bye)와 같은 뜻을 가지고 있는 것은?
  가 유니플로
  나 소트
  다 블로 다운
  라 역류 (back flow)

해설 소트란 신기가 급기기간 중에 실린더에 머물지 않고 배기 포트로 빠져나가는 현상을 말하는데 블로 바이(blow bye)라고도 한다.

문제 62. 밸브가 사점을 지나서 개폐하는 것을 무엇이라고 하는가?
  가 래그
  나 리드
  다 캠각
  라 오버랩
  해설 밸브가 사점 전에 개폐하는 것을 리드라 하며, 후에 개폐하는 것을 래그라고 한다.

문제 63. 석유기관의 배기열에 의한 연료의 가열방법 중 적당하지 않는 것은?
  가 흡입 공기를 가열하는 방법
  나 기화기의 주위를 가열하는 방법
  다 연료관을 가열하는 방법
  라 흡입관을 가열하는 방법

문제 64. 소형 석유기관에 히트링을 부착하는 이유를 든 것이다. 올바른 것은?
  가 시동이 용이하도록 한다.
  나 연소효과를 높이기 위한 것
  다 압축비를 높이기 위한 것
  라 시동용 가솔린을 쓰지 않기 위한 것
  해설 링 모양의 개스킷을 실린더와 헤드 사이에 취부하여 기화되지 않는 연료가 연소실로 진입함을 막는 동시에 고온의 링에서 기화되어 연소효과를 높인다.

문제 65. 내연기관의 기계적 과급으로 열효율이 증가되는 이유 중 옳지 않은 것은?
  가 동일 회전속도에서 기계효율이 증가
  나 더 많은 연료가 공급되어 이론평균 유효압력이 증가
  다 잔류가스의 압출량 만큼 신기가 대치
  라 동일온도 범위에서 냉각손실이 적음

해답 58. 다 59. 라 60. 가 61. 나 62. 가 63. 다 64. 나 65. 나

[해설] 기계 과급에서 펌프 일을 빼고 생각하면 공기 과잉률, 압축비가 일정하면 이론 열효율은 압축비에만 관계하므로 무과급의 경우나 다를 바 없다. 그리하여 이론평균 유효압력이 증가하여도 열효율은 증가되지 않는다.

[문제] 66. 다음은 대형 디젤 기관의 과급요령을 설명한 것이다. 다음 중 옳지 않은 것은 어느 것인가?
㉮ 흡기압력은 증가시키되 압축비는 변화시키지 않는 방법
㉯ 흡기압력을 증가시킴과 동시에 압축비는 감소시키는 방법
㉰ 압축비는 내리고 압축압력은 높이지 않고 복합 사이클로 작동하게 하여 최고 압력을 높이는 방법
㉱ 흡기압력과 압축비를 증가시키는 방법
[해설] 흡기압력과 압축비를 증가시키면 열부하 및 고압으로 무리가 간다.

[문제] 67. 루프 소기형에 속하지 않는 것은?
㉮ MAN형   ㉯ 융커스형
㉰ Schnurle형   ㉱ List형
[해설] 루프 소기방식에는 MAN형, Schnurle형, List형이 있다.

[문제] 68. 소기구멍과 배기구멍의 위치를 실린더의 반원주에 걸쳐 서로 맞은편에 설치한 소기방식은?
㉮ 횡단 소기법   ㉯ 루프 소기법
㉰ 단류 소기법   ㉱ 복합식

[해설] • 소기법의 종류와 형식
① 횡단 소기(cross scavenging) : 소기구멍과 배기구멍의 위치를 실린더의 반원주에 걸쳐 서로 맞은편에 설치한 형식이다.
② 루프 소기(loop scavenging) : 소기구멍과 배기구멍을 실린더의 서로 같은 한쪽에 설치하여 실린더 내에서 소기를 완전히 1회 회전시켜 배출하는 방식이며, 종류에는 MAN형과 Schnurle형, List형이 있다.
③ 단류 소기(uniflow scavenging) : 실린더 상부에는 배기구멍이 설치되어 있고 하부에 소기구멍이 있어 아래로부터 위로 소기에 의하여 배기를 밀어내는 방식이며, 종류에는 배기밸브와 소기구멍을 병용한 것과 융커스형, U 헤드형이 있다.

[문제] 69. 융커스형은 어느 소기법에 속하나?
㉮ 횡단 소기법   ㉯ 루프 소기법
㉰ 단류 소기법   ㉱ 복합식

[문제] 70. 흡기방식에 속하지 않는 것은?
㉮ 피스톤 밸브식   ㉯ 로터리 밸브식
㉰ 리드 밸브식   ㉱ 체크 밸브식
[해설] • 흡기방식
① 피스톤 밸브 : 실린더 벽의 하단에 흡기구멍을 두고 이 구멍을 통하여 신기를 흡입하는 방식
② 로터리 밸브 : 신기가 크랭크실 안으로 들어오는 흡기구멍을 크랭크축과 같이 회전하는 원판으로 개폐하는 방식
③ 리드 밸브 : 신기가 크랭크실 안으로 들어오는 흡기구멍에 압력차에 의해 자유로이 개폐할 수 있는 막판식의 리드 밸브를 설치한 방식

제 2 장 내연기관의 열역학

이 장은 내연기관에서 많이 사용하는 단위와 열역학 기본 및 열역학적 사이클에 대한 내용으로 이루어져 있다. 단위는 모든 학문의 기본이기 때문에 개념을 잘 알고 있어야 한다.

특히, 압력, 힘, 일과 에너지, 동력, 토크 등의 단위로는 무엇이 주로 사용되는지, 개념이 어떻게 다르고 서로가 어떤 관계를 맺고 있는지 확실히 알아야 한다. 그래야만 내연기관에서 출제빈도가 가장 많은 다음 장(내연기관의 성능)을 이해하는데 도움이 될 것이다. 그리고 열역학적 사이클에 대한 내용은 아주 중요하다.

key point

(1) 오토 사이클에서 압축비를 주고 효율을 구하는 문제나 효율을 주고 압축비를 구하는 문제, 혹은 효율을 구하는 공식에 대한 문제가 많이 출제된다.

(2) 디젤 사이클에서 압축비와 단절비를 주고 효율을 구하는 문제와 디젤 효율에 대한 설명(단절비가 크고, 압축비가 작을수록 효율이 좋다.)

(3) 사바테 사이클이 사용되는 용도(고속기관에 적합)와 효율 구하는 공식

(4) 카르노 사이클의 효율을 구하는 문제

(5) 압축비가 동일한 경우 이론 열효율을 비교하는 문제

등이 중요하다.

1. 단 위

1-1 단위의 구분

단위에 대한 구분을 하기 전에 잠시 우리는 질량과 중량(무게)의 개념 차이에 대해서 확실히 해두어야 한다. 종종 실생활에서 이 둘의 정의가 혼동될 우려가 있기 때문이다.

- 질량(mass) : 지구상에서 위도, 고도에 관계없이 항상 일정한 크기를 가진다.
- 중량(weight) : 위치에 따라서 변하게 된다. 중량은 힘의 단위이며, 질량과 중력가속도와 곱의 의미를 갖는다. 중력가속도는 다 알다시피 지구상에서 위도와 고도의 변화에 따라서 변하는 값이다. 그러므로 질량과 중력가속도의 곱인 중량은 자연히 위치에 따라서 변하는 값이 된다.

그래서 우리가 사용하는 단위는 크게 지구 위에서 위치에 따라 변하지 않는 값들을 단위의 기본으로 사용하는 절대 단위계와 위치에 따라 변하는 값인 중량을 기본단위로 사용하는 중력계로 나뉘게 된다.

(1) 영국 단위계

① 영국 중력 단위계 : 힘(pound), 길이(feet), 시간(s), 온도(R)를 기본적인 단위로 하고 있으며 힘(pound)의 단위는 어떤 표준질량의 무게로 정의된다. 따라서, 무게는 중력작용에 좌우되어 장소에 따라 변하기 때문에 중력계라 불린다.

② 영국 공학 단위계 : 힘의 단위는 1bf(pound force), 질량의 단위는 1bm(pound mass), 길이의 단위(feet), 시간(sec), 온도(R)를 기본단위로 쓰고 있다.

(2) 국제 단위계 (SI : system international)

① SI 절대 단위계 : 질량(kg), 길이(m), 시간(sec), 온도(K)를 기본적인 양으로 하고 있으며, 측정하는 장소에 무관하기 때문에 절대계라고 한다.

② SI 중력 단위계(공학 단위) : 주로 공학을 실생활에 응용하고 현장에서 많이 쓰이는 단위로 힘(kg), 길이(m), 시간(sec), 온도(K)를 기본단위로 하고 있다. 질량의 단위는 유도된 단위이기 때문에 다음과 같은 과정을 거치면서 유도된다.

$$m = \frac{F}{a} \quad (\text{여기서, 질량에 대한 공학단위} : kg \cdot s^2/m)$$

1-2 단위의 정의

(1) 압력

① 표준 대기압(1기압 또는 1 atm에 대한 정의) : 물리학에서 0℃의 수은주 760 mm(중력가속도 9.8 m/s², 수은의 밀도 13.5951 g/cm³)의 무게에 해당되는 압력이며 이것을 표준 대기압으로 정하고 있다.

㈎ 1 Aq : 압력을 수주(물기둥의 높이)로 나타낸 것(단위로는 mAq 또는 mAq의 1/1000인 mmAq), 대기압하에서 물기둥은 10.33 m까지 올라간다.

㈏ 1atm = 1.0332 kg/cm²(공학단위) = 760 mmHg = 10.33 mAq = 1.01325 bar = 1013.25 mbar = 101325 N/m² = 101325 Pa

여기서, $1\,bar = 10^3\,mbar = 10^5\,N/m^2$

$1\,Pa = 1\,N/m^2 = 1\,kg/m^2$ (공학단위)

$1\,kg/m^2$(공학단위) $= 9.8\,N/m^2$

② 공학기압(ata) : 1ata = 1kg/cm²(공학단위) = 735.6 mmHg = 10 mAq = 0.9807 bar = 98070 mbar = 0.9679 atm

참고 부 압 : 대기압 보다 낮은 압력을 진공압 또는 부압이라 한다.

(2) 온 도

물체를 구성하는 분자가 운동하므로 생기는 운동 에너지의 활동 정도를 수치적으로 표시하는 물리량으로 그 분자의 활동 정도에 따라 뜨겁고 차게 느껴지는 것이다. 이렇게 물체가 뜨겁다 또는 차다고 하는 정도를 온도라 하며, 이것을 수량적으로 측정하는 게이지를 온도계라 한다.

① 섭씨온도 : 섭씨온도(℃)를 제정한 사람은 스웨덴의 천문학자 Ander Celsius이다. 1℃(섭씨온도)는 표준 대기압(760 mmHg)하에서 순수한 물의 빙점을 0으로 하고 물이 비등하여 생기는 비등점을 100으로 하여 그 사이를 100분한 것으로 주로 미터 단위계에서 사용한다.

② 화씨온도 : 1℉라는 화씨온도를 만든 사람은 독일의 Daniel Fahrenheit로 1℉(화씨온도)는 빙점을 32로, 비등점을 212로 정하고 이를 180등분하여 1℉라 하였다. 이는 미국, 영국 등에서 채용하고 있다. 이들 상호간의 관계는 다음과 같다.

$$t_c = \frac{5}{9}(t_F - 32)$$

$$t_F = \frac{9}{5}t_c + 32$$

섭씨온도(℃)와 화씨온도(°F)와의 관계

구 분	빙 점	증 기 점	등 분
섭 씨	0℃	100℃	100
화 씨	32°F	212°F	180

③ 절대온도 : 수소나 산소와 같이 완전가스(perfect gas)로 취급되는 기체의 체적은 일정 압력하에서 온도변화에 따라 거의 일정하게 변화하는 것으로 알려져 있다. 이러한 성질을 이용하여 이론적으로 모든 물질의 종류에 무관한 열역학적 절대온도(Kelvin의 절대온도)를 정하였다.

즉, 완전가스는 일정한 체적하에서 온도 1℃ 상승할 때마다 0℃일 때 압력의 1/273.15 만큼 증가된다. 절대온도 0도는 온도가 -273.15℃ 이하로 내려가면 분자운동이 정지하기 때문에 가스의 분자가 용기 벽에 충돌하지 않으므로 가스의 압력은 0이 된다. 이 때의 온도는 최저 극한온도이므로 절대 영도라고 한다. 절대온도와 섭씨와 화씨와의 관계는 다음 식과 같다.

$$T = (t_c + 273.15)\text{K}$$

$$T_F = (t_F + 459.67)\text{R}$$

(3) 힘

중량(힘의 단위)을 나타내는 기호는 F이고, 이 중량의 의미 자체가 힘의 개념을 나타내고 있기 때문에 $F = mg$ 의 의미로서 사용된다.

이 단위를 줄여서 1kg 혹은 kg_f 이다. 그러므로 질량의 또 다른 단위로의 표현은 kg·s^2/m 혹은 $kg_f \cdot s^2$/m 가 사용된다.

① 1kg (공학단위) 혹은 1kg_f : 공학적인 단위계에서 질량 1kg인 물체가 표준 중력가속도(g_0)를 받을 때의 힘

② 1 dyne : 물리 절대 단위계에서 질량 1g인 물체가 가속도 1cm/s^2로 작용할 때의 힘

③ 1 kp (kilopound) : 질량($1kg_m$)의 물체가 표준 중력가속도(g_0)를 받을 때의 힘

(4) 일 또는 에너지

SI 단위계에서의 일의 단위는 다음과 같다.

$$1 \text{ Joule} : 1\text{N의 힘으로 물체를 1m 이동시켰을 때의 일}$$
$$1 \text{ Joule} = 1\text{N} \cdot \text{m} = 10^7 \text{dyne} \cdot \text{cm} = 10^7 \text{erg} \ (\text{erg} = \text{dyne} \cdot \text{cm})$$
$$1 \text{ kJ} = 1000 \text{ J} = 1000 \text{ kg} \cdot \text{m}^2/\text{s}^2 = 100 \text{ kg} \cdot \text{m} \ (\text{공학단위})$$

일과 열은 본질적으로 에너지이기 때문에 열역학 제1법칙에 의하여 서로 전환할 수 있다. 이들 관계는 일정한 수치적 관계를 가지며 Joule의 실험에 의하여 다음과 같은 정밀한 값을 얻었다.

$$1 \text{ kg} \cdot \text{m} = \frac{1}{427} \text{ kcal} = 9.8 \text{ Joule} \ (\text{SI 국제 표준단위})$$
$$\text{(공학단위)}$$
$$1 \text{ kcal} = 427 \text{ kg} \cdot \text{m} \ (\text{공학단위})$$

(5) 동력 (power)

동력이란 단위 시간당 한 일의 양을 말한다.

① SI 절대 단위계 : J/s 혹은 W를 사용
② SI 중력 단위계 : PS, HP, kcal/s, kW

1-3 단위계의 비교

각 단위계의 비교

양	공학 단위	국제 단위(SI)
질 량	$\text{kg} \cdot \text{s}^2/\text{m}$	kg
길 이	m, cm	m, cm
시 간	sec	sec
힘	kg	N, dyne
온 도	K, °C	K
응력, 압력	kg/m^2	$\text{N/m}^2 = \text{Pa}$
열량, 에너지, 일	kg/cm^2	$\text{J (Joule)} = 1\text{N} \cdot \text{m}$
동 력	PS, HP, kcal/s, kW	$W = 1\text{J/s}$

2. 열역학적 기초

2-1 계의 분류

(1) 고립계
계의 경계를 통과하는 질량과 에너지가 없다. 지구상에서 존재하지 않는다.

(2) 밀폐계
계의 경계를 통해 에너지의 전달은 있지만 질량의 전달은 없다. 밀폐된 실린더 안을 피스톤으로 압축하는 경우

(3) 개방계
계의 경계를 통하여 질량과 에너지 둘다 전달이 가능하다.

2-2 이상기체

절대압력, 절대온도 및 비체적 사이의 관계가 다음 방정식을 만족하는 기체이며 낮은 압력상태에 있고 증기상의 순수물질인 실제 기체의 거동모델이 된다.

(1) 이상기체 상태 방정식 (ideal-gas equation of state)

$$Pv = RT$$

공식의 변환에 사용되는 공식에 대하여

① v (비체적) $= V/m$ (체적/질량) $= 1/\rho$
② R (기체상수) $= \overline{R}/M$ (일반 기체상수/분자량)
③ m (질량) $= M \times n$ (분자량 × 몰수)

이를 기반으로 한 이상기체 상태 방정식의 5가지 변환공식

① $P = \rho RT$ ② $PV = mRT$
③ $PV = n\overline{R}T$ ④ $Pv = \overline{R}T/M$
⑤ $Pv = n\overline{R}T/m$

2-3 열역학 법칙

(1) 열역학 제 0 법칙 (온도계의 원리)

온도가 서로 다른 물체를 접촉시키면 높은 온도를 지닌 물체의 온도는 내려가고 (열량을 방출), 낮은 온도의 물체는 온도가 올라가서 (열량을 흡입), 두 물체의 온도차는 없어진다. 이 때 두 물체는 열평형이 되었다고 한다. 이와 같은 열평형이 된 상태를 열역학 제 0 법칙이라고 한다.

(2) 열역학 제 1 법칙 (에너지 보존 법칙)

에너지는 보존되는 성질이다. 그것은 창조될 수도 없고 파괴될 수도 없다. 오직 그 형태만 한 에너지 형태에서 다른 에너지 형태로 바뀔 수 있을 뿐이다.

(3) 열역학 제 2 법칙 (엔트로피 증가의 법칙)

열전달의 방향성을 제시(열은 높은 곳에서 낮은 곳으로 전달된다.)

$$ds \geq 0$$

3. 열역학적 사이클

내연기관의 열역학적 사이클은 $P-v$ 선도와 $T-S$ 선도로 많이 나타낸다. 4사이클 기관에서 흡입, 압축, 폭발, 배기의 4행정을 수행했을 때 1사이클이라고 한다.

3-1 오토 사이클 (정적연소) 과 열효율

(1) 정적연소

공기와 연료의 혼합물이 폭발행정 말기에 점화 플러그에 의해 점화가 되면 연소는 거의 순간적으로 일어나며 이 때 연소하는 과정에서의 실린더 내의 체적은 거의 일정하다고 보기 때문에 정적연소라고 한다.

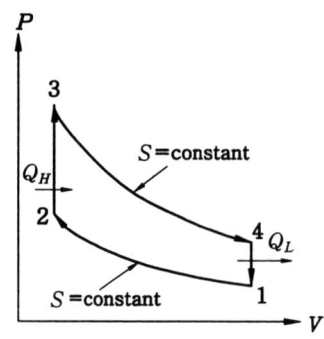 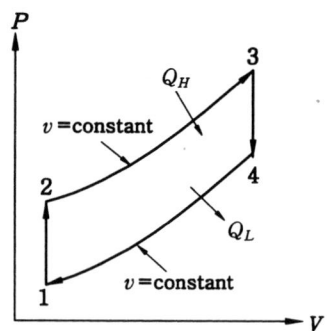

오토 사이클

열효율은 그 기관에 투입된 열량이 얼마만큼의 일을 하는데 소모되었나 하는 것이다. 만일 투입된 열량이 전부 일을 하는데 소모되었다면 효율은 1이 되고, 투입된 열량이 일을 하는데 전혀 소모되지 않았다면 효율은 0이다.

$$Q_H = mc_v(T_4 - T_1)$$
$$Q_L = mc_v(T_4 - T_1)$$

열효율
$$\eta_o = \frac{W_{net}}{Q_{in}} = \frac{Q_H - Q_L}{Q_H} = 1 - \frac{Q_L}{Q_H}$$
$$= 1 - \frac{mc_v(T_4 - T_1)}{mc_v(T_3 - T_2)}$$
$$= 1 - \frac{(T_4 - T_1)}{(T_3 - T_2)}$$

다음은 등엔트로피식을 이용하여 이 식들을 계속 변환시켜 나가면 결국에는 다음과 같은 식으로 줄어든다.

$$\eta_o = 1 - \left(\frac{1}{\varepsilon}\right)^{k-1}$$

여기서, $k = \dfrac{c_p}{c_v}$ (비열비), $\dfrac{v_1}{v_2} = \varepsilon$ (압축비)

결국 오토 사이클의 효율은 압축비와 관계를 맺게 된다. 이 식은 너무나 중요하다. 유도되는 과정은 모른다고 치더라도 이 마지막 최종식은 꼭 외워서라도 기억해 두는 것이 좋다.

오토 사이클(otto cycle)의 이론적 열효율은 압축비(ε)만의 함수로서 압축비가 증가할수록 효율은 좋아지나 노킹 현상 때문에 일반적으로 5~12 정도로 제한된다.

3-2 디젤 사이클(정압연소)과 열효율

(1) 정압연소

공기가 실린더 내로 들어오고 폭발행정 말기에 연료가 연료분사 노즐을 통해서 고압으로 분사될 때 분사되는 연소실 내의 압력은 연료의 분출 고압력으로 거의 일정한 조건에서 순간적으로 일어나기 때문에 정압연소라고 한다.

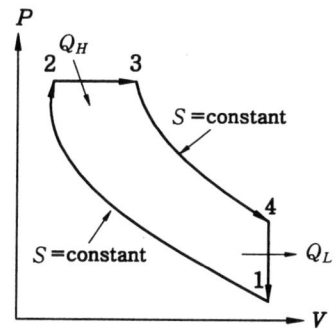 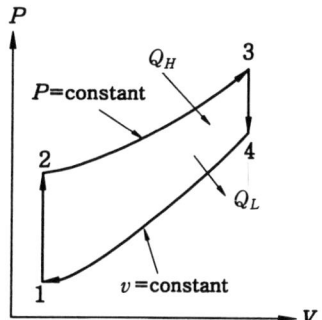

디젤 사이클

역시 위에서 유도된 것과 마찬가지로 하면 된다. 그리고 이 디젤 사이클의 $P-v$ 선도를 잘 보면 연소시에 압력은 일정하지만 체적은 연소 후에 더 증가하게 된다는 것을 알 수 있다.

그래서 오토 사이클에서는 필요하지 않았던 연소시의 체적변화에 대한 정의가 필요하게 된다. 그래서 생겨난 것이 차단비(cut off ratio)이다.

$$차단비\ (\sigma) = \frac{v_3}{v_2}$$

오토 사이클과는 달리 디젤 사이클의 열효율은 이 차단비와 압축비의 관계로 나타난다는 것을 명심하기 바란다.

$$\eta_d = 1 \cdot \left(\frac{1}{\varepsilon}\right)^{1-k} \cdot \frac{\sigma^k - 1}{k(\sigma - 1)}$$

디젤 사이클(diesel cycle)의 이론적 열효율은 압축비(ε)가 증가하고 차단비(σ)가 감소할수록 이론열효율은 증가된다.

3-3 사바테 사이클과 열효율

사바테 사이클은 다음 그림처럼 오토 사이클과 디젤 사이클을 합쳐 놓은 것이다.

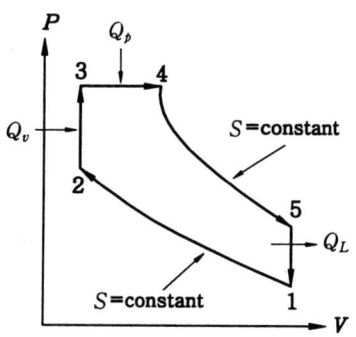 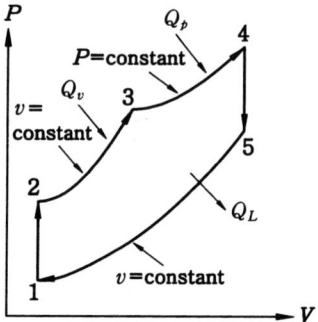

사바테 사이클

$$\eta_s = 1 - \frac{T_5 - T_1}{T_3 - T_2 + k(T_4 - T_3)}$$

$$\eta_s = 1 - \frac{Q_H}{Q_L} = 1 - \left(\frac{1}{\varepsilon}\right)^{k-1} \times \left(\frac{\rho\sigma^k - 1}{(\rho - 1) + k\rho(\rho - 1)}\right)$$

여기서, 폭발비 ρ (explosion ratio) $= \dfrac{P_3}{P_2}$

사바테 사이클은 압축비(ε), 폭발비(ρ)가 클수록, 또는 차단비(σ)가 1에 가까울수록 이론 열효율은 증가한다.

3-4 브레이톤 사이클과 열효율

가스터빈 엔진의 이상 사이클이며 2개의 등압과정과 2개의 단열과정으로 구성되어 있다.

$$\text{공급열량}(Q_H) = mc_p(T_3 - T_2)$$
$$\text{방출열량}(Q_L) = mc_p(T_4 - T_1)$$
$$\text{열효율}(\eta_b) = 1 - (Q_H / Q_L) = 1 - \left(\frac{1}{r}\right)^{\frac{k-1}{k}}$$

여기서, 압력비 r (pressure ratio) $= \dfrac{P_2}{P_1}$ 이고, k는 비열비다.

브레이톤 사이클은 압력비(r)만의 함수로서 압력비(r)가 클수록 효율은 증가한다.

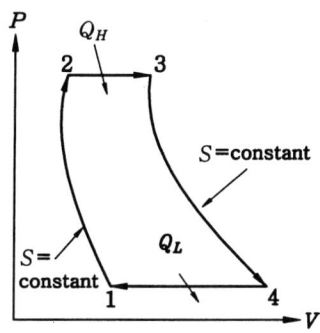 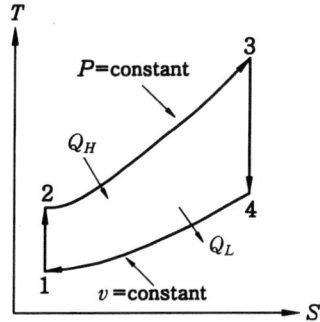

브레이톤 사이클

3-5 카르노 사이클과 열효율

전체가 가역적 사이클이므로 카르노 사이클의 열효율은 단지 고온열원과 저온열원의 온도의 함수이다. 가장 열효율이 높은 사이클이다.

$$\eta_c = \frac{W_{net}}{Q_{in}} = \frac{Q_H - Q_L}{Q_H}$$
$$= 1 - \frac{Q_L}{Q_H} = 1 - \left(\frac{T_L}{T_H}\right)$$

카르노 사이클은 고온열원과 저온열원의 온도차가 클수록 효율은 증가한다.

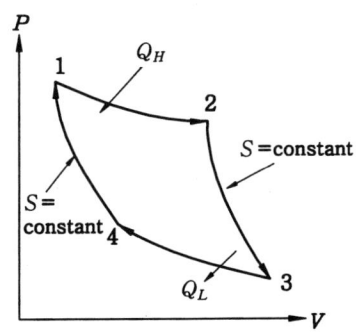 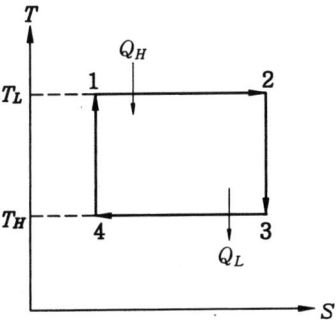

카르노 사이클

3-6 오토 사이클과 디젤 사이클의 비교

(1) 수열량 (투입된 열량), 압축비, 최저온도가 일정한 경우

$$\eta_{otto} > \eta_s > \eta_d$$

(2) 수열량 (투입된 열량), 최고압력, 최저온도가 일정한 경우

$$\eta_d > \eta_s > \eta_{otto}$$

> **알아두세요**
>
> 위와 같은 조건이 주어진 경우 각 사이클의 효율 크기 문제는 종종 나오는 문제이니 과정이야 어떠하던지 그냥 외워두면 좋다. 사바테 사이클은 항상 중간이고 디젤(diesel)과 오토(otto)의 위치만 바뀐다.

예상문제

문제 1. 용어에 대한 설명 중 틀린 것은?
㉮ 질량은 위치에 상관없이 항상 일정한 값을 갖는다.
㉯ 무게는 위치에 따라 크기가 변한다.
㉰ 질량에 중력가속도를 곱하면 무게가 된다.
㉱ 질량은 무게를 나타내는 단위이다.
[해설] ① 질량 (mass) : 지구상에서 위도, 고도에 관계없이 항상 일정한 크기를 가진다.
② 중량 (weight) : 중량은 힘의 단위이며, 질량과 중력가속도와 곱의 의미를 갖는다. 중력가속도는 위치에 따라서 변하는 값이므로 질량과 중력가속도의 곱인 중량은 자연히 위치에 따라서 변하는 값이 된다.

문제 2. 위치에 따라 그 크기가 변하는 것은 어느 것인가?
㉮ 길이 ㉯ 무게 ㉰ 질량 ㉱ 시간
[해설] 길이, 질량, 시간은 지구상 위치에 관계없이 항상 일정한 값이므로 이를 절대 단위라고 한다.

문제 3. 영국 중력 단위계에서 기본 단위가 아닌 것은?
㉮ 시간 ㉯ 온도 ㉰ 힘 ㉱ 질량
[해설] 중력 단위계에서는 보통 힘을 기본 단위로 하고, 질량은 뉴턴의 식에 의해 유도된 유도 단위이다.
$F = ma$ 에서 질량 $m = \dfrac{F}{a}$ 에서 F는 힘의 단위로 pound를 쓰고, a는 가속도의 단위로 ft/s^2을 쓴다. 그러므로 질량 m의 단위는 $lb \cdot s^2 / ft$이다.

문제 4. SI 절대 단위계에서 기본 단위가 아닌 것은?
㉮ 질량 ㉯ 길이 ㉰ 힘 ㉱ 온도
[해설] SI 절대 단위계에서는 위치에 따라 변하지 않는 값들을 기본 단위로 정하고 있으므로 위치에 따라 변하는 값인 무게는 SI 절대 단위계에서 기본 단위가 아니고 $F = ma$ 식에서 유도된 유도 단위이다.

문제 5. SI 공학 단위계(중력 단위계)에서 기본 단위가 아닌 것은?
㉮ 질량 ㉯ 길이 ㉰ 힘 ㉱ 온도
[해설] SI 공학 단위계 혹은 중력 단위계에서는 힘을 기본 단위로 하고, 질량은 유도된 유도 단위이다.

문제 6. 다음 중 압력의 단위가 아닌 것은?
㉮ N/m^2 ㉯ mbar
㉰ mmHg ㉱ $N \cdot m$
[해설] $N \cdot m$는 일 또는 에너지의 단위이다.

문제 7. 다음 중 SI 중력 단위계에서 압력 단위인 1ata와 그 값이 같지 않은 것은 어느 것인가?
㉮ $1 \, kg/cm^2$ ㉯ 760 mmHg
㉰ 10 mAq ㉱ 0.9679 atm
[해설] 1ata는 SI 중력 단위계에서 1기압을 나타내는 단위이다.
$1 ata = kg/cm^2 = 735.6 \, mmHg = 10 \, mAq$
$= 0.9807 \, bar = 98070 \, mbar = 0.9676 \, atm$

[해답] 1. ㉱ 2. ㉯ 3. ㉱ 4. ㉰ 5. ㉮ 6. ㉱ 7. ㉯

문제 8. 대기압보다 낮은 압력을 무엇이라 하는가?

㉮ 증기압 ㉯ 부압
㉰ 수중압 ㉱ 계기압

[해설] · 부압 : 대기압보다 낮은 압력

문제 9. 다음 중 온도(temperature)의 단위가 아닌 것은?

㉮ °F ㉯ ℃ ㉰ K ㉱ T

[해설] T는 온도의 단위가 아니라 온도를 나타내는 기호이다.

문제 10. 화씨온도(°F)는 물의 빙점과 비등점 사이를 몇 등분하였는가?

㉮ 100 ㉯ 180 ㉰ 273.15 ㉱ 300

[해설] 화씨온도(°F)는 물의 빙점과 비등점 사이를 180등분하여 1/180에 해당되는 온도를 1°F로 정하였다.

문제 11. 완전기체는 일정한 체적하에서 온도 1℃ 상승할 때마다 0℃일 때의 압력의 얼마만큼 증가하는가?

㉮ 1/100 ㉯ 1/180
㉰ 1/273.15 ㉱ 1/300

[해설] 완전기체는 일정한 체적하에서 온도 1℃ 상승할 때마다 0℃일 때의 압력의 1/273.15 만큼 증가한다.

문제 12. 다음 중 섭씨온도와 화씨온도와의 관계를 올바르게 나타낸 것은?

㉮ $t_c = \frac{5}{9}(t_F - 32)$

㉯ $t_c = \frac{9}{5}(t_F - 32)$

㉰ $t_F = \frac{5}{9}(t_c - 32)$

㉱ $t_F = \frac{5}{9}(t_c + 32)$

[해설] $t_c = \frac{5}{9}(t_F - 32)$, $t_F = \frac{9}{5}t_c + 32$

문제 13. 섭씨 20℃는 화씨 몇 도에 해당하는가?

㉮ 58°F ㉯ 68°F
㉰ 78°F ㉱ 88°F

[해설] $t_F = \frac{5}{9}t_c + 32 = \frac{9}{5} \times 20 + 32 = 68°F$

문제 14. 다음 중 물의 빙점을 32, 비등점을 212로 하여 1/180 등분을 1°F라고 정한 온도는?

㉮ 섭씨 ㉯ 화씨
㉰ 절대온도 ㉱ 절대 0도

[해설] 화씨는 물의 빙점을 32, 비등점을 212로 하여 1/180 등분을 1°F로 정하였다.

문제 15. 절대온도와 섭씨온도와의 관계를 올바르게 나타낸 것은?

㉮ $T[K] = t_c + 273.15$

㉯ $T[K] = t_F + 273.15$

㉰ $T[K] = t_c + 459.67$

㉱ $T[K] = t_F + 273.15$

[해설] $T[K] = (t_c + 273.15)$
$T[R] = (t_F + 459.67)$

문제 16. 다음 중 힘의 단위가 아닌 것은 어느 것인가?

㉮ kg_f ㉯ N
㉰ dyne ㉱ kg/cm^2

[해설] kg/cm^2는 1기압을 나타내는 압력의 단위이다.

문제 17. 다음 중 일 또는 에너지의 단위가 아닌 것은?

㉮ J ㉯ erg ㉰ kcal ㉱ Aq

[해답] 8. ㉯ 9. ㉱ 10. ㉯ 11. ㉰ 12. ㉮ 13. ㉯ 14. ㉯ 15. ㉮ 16. ㉱ 17. ㉱

해설 Aq는 압력을 나타내는 압력의 단위이다.

문제 18. 10 kJ은 몇 kg·m에 해당하는가?
㉮ 1000 kg·m ㉯ 1020 kg·m
㉰ 10000 kg·m ㉱ 100000 kg·m

해설 kJ은 SI 절대 단위계에서 일을 나타내는 단위이고, kg·m는 SI 중력 단위계에서 일을 나타내는 단위이다.
　이 두 단위의 차이는 어디에 있는가부터 알아야 한다. 우선 힘의 단위를 보면 SI 절대 단위계에서 질량이 기본 단위이고, 힘은 유도된 유도 단위이다. 그리고 SI 중력 단위계에서 힘은 기본 단위이고, 이 크기는 질량×중력 가속도이다.
　따라서, SI 중력 단위계에서 힘의 단위인 1kg, 또는 1kgf는 1N×9.8 m/s²에 해당된다. 이제 일의 단위를 보면 SI 절대 단위계에서는 힘(N)×거리(m)이고, SI 중력 단위계에서 일은 힘(kg 혹은 kgf)×거리(m)이다. 여기서 N·m를 J이라고도 한다. 이러한 차이를 알면 이제 10 kJ은 몇 kg·m인지에 대한 감이 올 것이다.
　10 kJ = (10000÷9.8) kg·m
　∴ 1020 kg·m

문제 19. 1 kg·m와 같지 않은 것은?
㉮ 9.8 J ㉯ 427 kcal
㉰ 9.8 N·m ㉱ 0.0098 kJ

해설 1kg·m = (1/427) kcal

문제 20. 다음 중 동력 단위가 될 수 없는 것은 어느 것인가?
㉮ PS ㉯ kW
㉰ kg·m/s ㉱ kWh

해설 1kWh = 860 kcal, 일 또는 에너지 단위

문제 21. 1PSh는 몇 kcal인가?
㉮ 427 ㉯ 860 ㉰ 632 ㉱ 102

해설 1PS = 75 kg·m/s, 1kcal = 427 kg·m

문제 22. 엔진의 압축압력이 10 ata이고, 대기압이 740 mmHg이면 실린더 내의 절대압력은 얼마인가?
㉮ 11 ㉯ 12 ㉰ 13 ㉱ 14

해설 $P_a = P_o + P_g = 1.033 \times \dfrac{740}{760} + 10 = 11$ ata

문제 23. 에너지의 단위가 아닌 것은?
㉮ kg·m ㉯ kJ
㉰ kcal ㉱ N

문제 24. 다음 중 온도계의 원리에 이용되는 법칙은?
㉮ 질량보존법칙 ㉯ 열역학 제 0 법칙
㉰ 열역학 제 1 법칙 ㉱ 열역학 제 2 법칙

해설 온도계의 원리에 이용되는 법칙은 열역학 제 0 법칙이다.

문제 25. 열과 일 사이의 에너지 보존법칙을 표현한 것은?
㉮ 열역학 제 2 법칙
㉯ 열역학 제 1 법칙
㉰ Boyle-charle의 법칙
㉱ 열역학 제 0 법칙

문제 26. 다음 중 "에너지는 보존되는 성질이며 창조될 수도 없고 파괴될 수도 없다"는 법칙은 열역학 제 몇 법칙인가?
㉮ 질량보존법칙 ㉯ 열역학 제 0 법칙
㉰ 열역학 제 1 법칙 ㉱ 열역학 제 2 법칙

문제 27. 다음 중 엔트로피는 항상 0보다 크거나 같다는 것은 열역학 제 몇 법칙에 해당하는가?
㉮ 열역학 제 0 법칙 ㉯ 열역학 제 1 법칙
㉰ 열역학 제 2 법칙 ㉱ 질량보존법칙

해답 18. ㉯ 19. ㉯ 20. ㉱ 21. ㉰ 22. ㉮ 23. ㉱ 24. ㉯ 25. ㉯ 26. ㉰ 27. ㉰

문제 28. 다음 중 내연기관의 성능을 나타내는 선도 중 압력과 비체적과의 관계를 나타내는 선도는 어느 것인가?
㉮ $p-v$ 선도　㉯ $p-s$ 선도
㉰ $T-v$ 선도　㉱ $T-S$ 선도
[해설] 압력, 비체적과의 관계를 나타내는 선도는 p(pressure) $-v$(specific volume) 선도이다.

문제 29. 이상기체 상태방정식에 대한 표현 중에서 올바르지 못한 것은? (단, P: 압력, ρ: 밀도, V: 체적, v: 비체적, m: 질량, R: 기체상수, T: 절대온도, $\overline{R}$: 일반기체상수, n: 양(mol), M: 분자량이다.)
㉮ $P=\rho RT$　㉯ $PV=mRT$
㉰ $PV=n\overline{R}T$　㉱ $Pv=RT/M$
[해설] 이상기체 상태방정식에 대한 표현은 다음과 같다.
① $P=\rho RT$,　② $PV=mRT$
③ $PV=n\overline{R}T$,　④ $Pv=\overline{R}T/M$
⑤ $Pv=n\overline{R}T/m$

문제 30. 다음 중 내연기관의 성능을 나타내는 선도 중 온도와 엔트로피와의 관계를 나타내는 선도는 어느 것인가?
㉮ $p-v$ 선도　㉯ $p-s$ 선도
㉰ $T-v$ 선도　㉱ $T-S$ 선도
[해설] 온도와 엔트로피 관계를 나타내는 선도는 T(temperature) $-S$(entropy) 선도이다.

문제 31. 내연기관의 각 사이클에서 수열량, 최고압력, 최고온도를 일정하게 할 경우 열효율이 가장 높은 것은?
㉮ 디젤 사이클　㉯ 오토 사이클
㉰ 사바테 사이클　㉱ 모두 똑같다.

문제 32. 피스톤 왕복기관의 열효율은?
㉮ 압축비가 클수록 감소한다.
㉯ 압축비가 클수록 증가한다.
㉰ 압축비가 적을수록 증가한다.
㉱ 압축비에 관계가 없다.

문제 33. 내연기관 사이클 중에서 차단비가 1에 접근할수록 열효율이 좋아지는 것은?
㉮ 오토 사이클　㉯ 디젤 사이클
㉰ 사바테 사이클　㉱ 모두 똑같다.

문제 34. 다음은 가솔린 기관에 대한 디젤 기관의 장점을 든 것이다. 틀린 것은?
㉮ 열효율이 높다.
㉯ 운전이 정숙하여 소음도 크지 않다.
㉰ 실린더 지름이 크기에 제한을 받지 않는다.
㉱ 배기가스가 가솔린 기관에 비해 유독하지 않다.

문제 35. 실린더 안지름 78 mm, 피스톤 행정 68 mm인 4사이클 가솔린 기관에서 연소실 체적이 55 cm³이라면 압축비는 얼마인가?
㉮ 6.19　㉯ 6.91　㉰ 5.19　㉱ 5.91
[해설] · 4행정체적 $v_s = \dfrac{\pi}{4} \times (7.8)^2 \times 6.8 = 324.8\,\text{cm}^3$
· 압축비 $\varepsilon = \dfrac{v_s + v_c}{v_c} = \dfrac{324.8 + 55}{55} = 6.91$

문제 36. 다음 중 오토 사이클의 열효율(η_o)을 나타낸 식 중 옳지 않은 것은?
㉮ $\dfrac{W_{net}}{Q_{in}}$　㉯ $\dfrac{Q_{in}-Q_{out}}{Q_{in}}$
㉰ $1-\dfrac{Q_{out}}{Q_{in}}$　㉱ $1-(\varepsilon)^{k-1}$
[해설] $\eta_o = 1-\left(\dfrac{1}{\varepsilon}\right)^{k-1}$

문제 37. 가솔린 기관에서 압축비 ε, 비열비

[해답] 28. ㉮　29. ㉱　30. ㉱　31. ㉮　32. ㉯　33. ㉰　34. ㉯　35. ㉯　36. ㉱　37. ㉯

k 라 할 때, 오토 사이클의 열효율 η_o를 구하는 식은 어느 것인가?

㉮ $\eta_o = 1 - \left(\dfrac{1}{\varepsilon}\right)^k$

㉯ $\eta_o = 1 - \left(\dfrac{1}{\varepsilon}\right)^{k-1}$

㉰ $\eta_o = 1 - \left(\dfrac{1}{\varepsilon}\right)^{\frac{1}{k}}$

㉱ $\eta_o = 1 - \left(\dfrac{1}{\varepsilon}\right)^{1-k}$

[해설] 오토 사이클의 열효율을 나타내는 식은 $\eta_o = 1 - \left(\dfrac{1}{\varepsilon}\right)^{k-1}$ 이다.

문제 38. 다음 오토 사이클의 $P-v$ 선도에서 압축비(ε)를 바르게 표시한 것은 어느 것인가?

㉮ $\varepsilon = \dfrac{v_2}{v_1}$ ㉯ $\varepsilon = \dfrac{v_1}{v_2}$

㉰ $\varepsilon = \dfrac{v_4}{v_1}$ ㉱ $\varepsilon = \dfrac{v_1}{v_3}$

문제 39. 디젤 기관에서 차단비를 σ, 압축비 ε, 비열비 k 라 할 때 열효율 η_d를 구하는 식은?

㉮ $\eta_d = 1 - \left(\dfrac{1}{\varepsilon}\right)^{k-1} \times \dfrac{\sigma^{k-1}-1}{k(\sigma-1)}$

㉯ $\eta_d = 1 - \left(\dfrac{1}{\varepsilon}\right)^{k-1} \times \dfrac{\sigma^k-1}{k(\sigma-1)}$

㉰ $\eta_d = 1 - \varepsilon^{k-1} \times \dfrac{\sigma^k-1}{\sigma(k-1)}$

㉱ $\eta_d = 1 - \left(\dfrac{1}{\varepsilon}\right)^{k-1} \times \dfrac{\sigma^{k-1}-1}{\sigma(k-1)}$

[해설] 디젤 기관의 열효율을 나타내는 식은 $\eta_d = 1 - \left(\dfrac{1}{\varepsilon}\right)^{k-1} \times \dfrac{\sigma^k-1}{k(\sigma-1)}$ 이다.

문제 40. 다음 중 사바테 사이클의 열효율 (η_d) 을 구하는 식으로 옳은 것은? (단, 차단비 σ, 압축비 ε, 폭발비 ρ, 비열비 k 이다.)

㉮ $\eta_s = 1 - \left(\dfrac{1}{\varepsilon}\right)^{k-1} \times \left(\dfrac{\rho\sigma^k-1}{(\rho-1)+k\rho(\sigma-1)}\right)$

㉯ $\eta_s = 1 - (\varepsilon) - \left(\dfrac{\rho\sigma^k-1}{(\rho-1)+k\rho(\rho-1)}\right)$

㉰ $\eta_s = 1 - \left(\dfrac{1}{\varepsilon}\right) - \left(\dfrac{\rho\sigma^k-1}{\rho+k\rho(\rho-1)}\right)$

㉱ $\eta_s = 1 - \left(\dfrac{1}{\varepsilon}\right) - \left(\dfrac{\sigma-1}{(\rho-1)+k\rho(\rho-1)}\right)$

[해설] • 사바테 사이클의 열효율(η_d)

$\eta_s = 1 - \left(\dfrac{1}{\varepsilon}\right)^{k-1} \times \left(\dfrac{\rho\sigma^k-1}{(\rho-1)+k\rho(\sigma-1)}\right)$

문제 41. 다음 중 브레이톤 사이클의 열효율 (η_b) 을 구하는 식으로 옳은 것은? (단, 압력비 r, 비열비 k 이다.)

㉮ $\eta_b = 1 - (r)^{\frac{k-1}{k}}$

㉯ $\eta_b = 1 - \left(\dfrac{1}{r}\right)^{\frac{k-1}{k}}$

㉰ $\eta_b = 1 - \left(\dfrac{1}{r}\right)^{\frac{k}{k-1}}$

㉱ $\eta_b = 1 - \left(\dfrac{1}{r}\right)^{\frac{1}{k}}$

[해설] • 브레이톤 사이클의 열효율(η_b)

$\eta_b = 1 - \left(\dfrac{1}{r}\right)^{\frac{k-1}{k}}$

문제 42. 다음 중 카르노 사이클의 열효율 (η_c)을 구하는 식으로 옳은 것은?

㉮ $\eta_c = 1 - \left(\dfrac{T_L}{T_H}\right)^{k-1}$

㉯ $\eta_c = 1 - \left(\dfrac{T_H}{T_L}\right)$

㉰ $\eta_c = 1 - \left(\dfrac{T_L}{T_H}\right)^{\frac{k}{k-1}}$

[해답] 38. ㉯ 39. ㉯ 40. ㉮ 41. ㉯ 42. ㉱

라 $\eta_c = 1 - \left(\dfrac{T_L}{T_H}\right)$

해설 • 카르노 사이클의 열효율 (η_c)

$\eta_c = 1 - \left(\dfrac{T_L}{T_H}\right)$

문제 **43.** 저속 디젤 기관의 기본 사이클은 어느 것인가?

가 오토 사이클 나 디젤 사이클
다 사바테 사이클 라 브레이톤 사이클

문제 **44.** 전체가 가역적인 과정으로 이루어진 사이클로 열효열이 단지 고온열원과 저온열원의 온도만의 함수인 사이클은?

가 카르노 사이클 나 오토 사이클
다 디젤 사이클 라 사바테 사이클

문제 **45.** 카르노 사이클에서 고온열원의 온도가 302℃이고, 저온열원의 온도가 25℃인 경우 열효율은 얼마인가?

가 35.2 % 나 40.5 %
다 48.2 % 라 550 %

해설 $\eta_{car} = 1 - \left(\dfrac{T_L}{T_H}\right) = 1 - \left(\dfrac{298K}{575K}\right)$
$= 48.2\%$

문제 **46.** 압축비(ε)가 8인 오토 사이클(정적 사이클)의 열효율은? (단, $k = 1.4$ 이다.)

가 $\eta_o = 0.465$ 나 $\eta_o = 0.564$
다 $\eta_o = 0.621$ 라 $\eta_o = 0.654$

해설 $\eta_o = 1 - \left(\dfrac{1}{\varepsilon}\right)^{k-1} = 1 - \left(\dfrac{1}{8}\right)^{1.4-1}$

문제 **47.** 디젤 사이클의 압축비(ε)가 15, 차단비(σ)가 1.8일 때 열효율은? (단, $k=1.4$ 이다.)

가 $\eta_d = 0.614$ 나 $\eta_d = 0.416$
다 $\eta_d = 0.720$ 라 $\eta_d = 0.384$

해설 $\eta_d = 1 - \left(\varepsilon^{k-1} \times \dfrac{\sigma^k - 1}{k(\sigma - 1)}\right)$
$= 1 - \left(15^{1.4-1} \times \dfrac{(1.8^{1.4}) - 1}{1.4(1.8-1)}\right) = 0.614$

문제 **48.** 오토 사이클에서 열효율(η_o)을 60%인 경우 압축비(ε)는 얼마인가? (단, $k = 1.4$ 이다.)

가 $\varepsilon = 5.542$ 나 $\varepsilon = 6.253$
다 $\varepsilon = 7.652$ 라 $\varepsilon = 9.891$

해설 $\varepsilon = \dfrac{1}{(1-\eta_o)^{\frac{1}{k-1}}} = \dfrac{1}{(1-0.6)^{\frac{1}{1.4-1}}}$
$= 9.891$

문제 **49.** 사바테 사이클에서 폭발비(ρ)가 1.2, 압축비(ε)가 12, 차단비(σ)가 2.0이면 열효율 η_s는 얼마인가? (단, $k=1.4$이다.)

가 0.375 나 0.464
다 0.644 라 0.573

해설 $\eta_s = 1 - \left(\dfrac{1}{12}\right)^{1.4-1} \times \dfrac{(2^{1.4} \times 1.2) - 1}{(1.2-1) + (1.4 \times 1.2)(2-1)}$
$= 1 - 0.427 = 0.573$

문제 **50.** 공기를 작동유체로 하는 디젤 사이클의 온도범위가 20~2300℃일 경우 압축비는 얼마인가? (단, 사이클의 최고 압력은 50 kg/cm² 이다.)

가 $\varepsilon = 16.4$ 나 $\varepsilon = 14.6$
다 $\varepsilon = 15.8$ 라 $\varepsilon = 17.2$

해설 $T_1 = 20 + 273 = 293°K$
$T_3 = 2300 + 273 = 2573°K$
$T_2 = \left(\dfrac{P_2}{P_1}\right)^{\frac{k-1}{k}} \times T_1 = \left(\dfrac{50}{1}\right)^{\frac{0.4}{1.4}} \times 293$
$= 897°K$

해답 43. 나 44. 가 45. 다 46. 나 47. 가 48. 라 49. 라 50. 가

$$\varepsilon = \left(\frac{T_2}{T_1}\right)^{\frac{1}{k-1}} = \left(\frac{897}{293}\right)^{\frac{1}{0.4}} = 16.4$$

문제 51. 다음 중 고속 디젤용 사이클은 어느 것인가?

㉮ 정압 사이클   ㉯ 정적 사이클
㉰ 합성 사이클   ㉱ 브레이톤 사이클

해설 ① 정압 사이클 : 디젤 사이클, 저속 디젤 기관
② 정적 사이클 : 오토 사이클, 가솔린 기관
③ 합성 사이클 : 사바테 사이클, 고속 디젤 기관
④ 브레이톤 사이클 : 가스터빈의 이상 사이클

문제 52. 압축비 $\varepsilon = 4.5$의 가솔린 기관 오토 사이클(otto cycle)의 열효율은 몇 %인가?

㉮ 45.21 %   ㉯ 87.91 %
㉰ 56.7 %   ㉱ 90.7 %

해설 $\eta_{tho} = 1 - \left(\frac{1}{\varepsilon}\right)^{k-1} = 1 - \left(\frac{1}{4.5}\right)^{1.4-1} = 0.452$

문제 53. 압축비 $\varepsilon = 18$, 차단비 $\sigma = 2$인 경우 디젤 사이클의 열효율은 몇 %인가? (단, $k = 1.35$이다.)

㉮ 47.2 %   ㉯ 58.3 %
㉰ 63.6 %   ㉱ 94.4 %

해설 $\eta_d = 1 - \left(\frac{1}{\varepsilon}\right)^{k-1} \frac{\sigma^k - 1}{k(\sigma - 1)}$
$= 1 - \left(\frac{1}{18}\right)^{1.35-1} \frac{2^{1.35} - 1}{1.35(2-1)} = 0.583$

문제 54. 압축비(ε)=16, 차단비(σ)=2, 폭발비(ρ)=1.5인 사바테 사이클의 열효율은 몇 %인가? (단, $k = 1.4$이다.)

㉮ 60.4 %   ㉯ 61.4 %
㉰ 62.4 %   ㉱ 64.4 %

해설 $\eta_{ths} = 1 - \left(\frac{1}{\varepsilon}\right)^{k-1} \frac{\rho \sigma^k - 1}{(\rho - 1) + k\rho(\sigma - 1)}$
$= 1 - \left(\frac{1}{16}\right)^{1.4-1} \times \frac{(1.5 \times 2^{1.4}) - 1}{(1.5 - 1) + (1.4 \times 1.5) \times (2 - 1)}$
$= 0.624$

문제 55. 가솔린 기관에서 열효율이 50 %인 경우 압축비는 얼마인가?

㉮ 4.64   ㉯ 4.76
㉰ 5.66   ㉱ 15.6

해설 $\eta_{tho} = 1 - \left(\frac{1}{\varepsilon}\right)^{k-1}$ 에서

$\varepsilon = \frac{1}{(1-\eta_o)^{\frac{1}{k-1}}} = \frac{1}{(1-0.5)^{\frac{1}{1.4-1}}}$
$= 5.66$

문제 56. 각 사이클에 대한 설명 중 틀린 것은 어느 것인가?

㉮ 카르노 사이클의 효율은 온도만의 함수이다.
㉯ 오토 사이클의 효율은 압축비가 증가할수록 감소한다.
㉰ 디젤 사이클의 효율은 차단비가 감소할수록 증가한다.
㉱ 사바테 사이클의 효율은 차단비가 1에 가까울수록 증가한다.

해설 오토 사이클, 디젤 사이클, 사바테 사이클은 압축비가 증가할수록 효율은 증가한다.

문제 57. 디젤 기관에서 열효율을 60 %라고 하면 압축비는? (단, $k = 1.4$로 한다.)

㉮ 7.82   ㉯ 10.82
㉰ 11.82   ㉱ 13.72

해설 $\varepsilon = \left(\frac{\sigma^{k-1}}{k(1-\eta)(\sigma-1)}\right)^{\frac{1}{k-1}} \left(\frac{1.8^{1.4} - 1}{1.4(1-0.6)(1.8-1)}\right)^{\frac{1}{1.4-1}}$
$= 13.72$

해답 51. ㉰   52. ㉮   53. ㉯   54. ㉰   55. ㉰   56. ㉯   57. ㉱

제 3 장 내연기관의 성능

내연기관의 성능에 대한 내용을 주로 서술하는 이 장은 언뜻 보면 전부 수식밖에 보이지 않아 회피하려고 하는 사람들이 많다. 그러나 안타깝게도 이런 복잡한 마음을 읽기나 한 듯이 내연기관 과목에서 가장 출제 빈도가 높고 비중이 높은 장이다.

절대로 피해서는 안되며 먼저 대충 개념을 이해하고 나서 지금까지 배운 지식을 총동원하여 수식을 이해하면 아마 생각했던 것보다는 별개 아니구나 하는 것을 느낄 것이다.

그리고 반드시 이 장의 끝에 있는 예상문제들의 유형을 익히고 많이 풀어 보아야 한다.

key point

(1) 제동마력, 실린더 지름, 행정길이, 회전수, 몇 기통?, 몇 행정기관?, 등을 주고 제동평균 유효압력을 구하는 문제(혹은 제동마력을 구하는 문제)

(2) 도시마력, 실린더 지름, 행정길이, 회전수, 몇 기통?, 몇 행정기관?, 기계효율을 주고 제동평균 유효압력을 구하는 문제(혹은 제동마력을 구하는 문제)

(3) 제동마력(혹은 도시마력), 연료소비량, 저발열량을 주고 제동 열효율(혹은 도시 열효율)을 구하는 문제

(4) 제동 연료 소비량과 제동마력을 주고 제동 연료 소비율을 구하는 문제

(5) 회전수가 주어질 때 1/600초 동안에 회전한 각도를 구하는 문제

1. $P-v$ 선도와 기관 성능

1-1 $P-v$ 선도

4행정기관의 1사이클당의 압력과 비체적의 변화를 나타내는 선도이다.

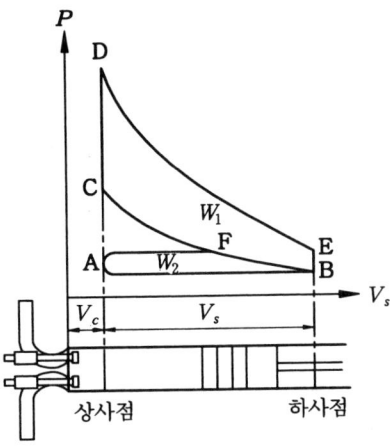

여기서, W_1 : 피스톤 행정에 의한 일, W_2 : 펌프 손실, 흡·배기로 인한 손실
   A – B : 흡입행정,   B – C : 압축행정
   C – D : 폭발행정,   D – E : 팽창행정
   E – A : 배기행정,
   V_c : 틈새체적, V_s : 행정체적

1-2 마 력

단위 시간당 한 일 (일률의 단위다.)

(1) 도시마력 (지시마력, IPS ; indicated pferde starke)

실린더 내부에서 실제 발생한 마력이며, 지압계 선도상에 나타난 압력에 의한 마력(펌프에 의한 손실을 뺀 값이다.)

행정체적 V_s, 회전수 N[rpm], 실린더 단면적 A, 행정 L, 실린더 기통수 Z, 도시평균 유효압력을 P_{mi} 라고 하면

① 4행정기관인 경우

$$\text{도시마력}(N_i) = \frac{W_i}{75} = \frac{P_{mi} \cdot A \cdot L \cdot N \cdot Z}{2 \times 60 \times 75} = \frac{P_{mi} \cdot V_s \cdot N \cdot Z}{9000} \text{[PS]}$$

② 2행정기관인 경우

$$\text{도시마력}(N_i) = \frac{P_{mi} \cdot A \cdot L \cdot N \cdot Z}{60 \times 75} = \frac{P_{mi} \cdot V_s \cdot N \cdot Z}{4500} \text{[PS]}$$

(2) 제동마력 (정미마력, BPS ; brake pferde starke)

실린더 내에서 발생한 도시마력에서 기계적 손실을 뺀 마력을 말한다. 동력계를 사용하여 실제로 측정한다.

① 4행정기관인 경우

$$\text{제동마력}(N_b) = \frac{W_b}{75} = \frac{P_{mb} \cdot A \cdot L \cdot N \cdot Z}{2 \times 60 \times 75} = \frac{P_{mb} \cdot V_s \cdot N \cdot Z}{9000} \text{[PS]}$$

② 2행정기관인 경우

$$\text{제동마력}(N_b) = \frac{P_{mb} \cdot V_s \cdot N \cdot Z}{4500} = \frac{P_{mb} \cdot A \cdot L \cdot N \cdot Z}{60 \times 75} \text{[PS]}$$

> **알아두세요**
>
> ▶ 기계적 손실의 종류
> 1. 피스톤링 및 피스톤에 의한 마찰손실
> 2. 각종 베어링, 크랭크핀, 피스톤핀 등에 의한 마찰손실
> 3. 냉각 팬, 냉각수 펌프, 윤활유 펌프 등 각종 부속장치의 구동에 요하는 손실

(3) 마찰동력 (N_f) : 손실동력의 합

$$\text{BPS (제동마력)} = \text{IPS (도시마력)} - \text{FPS (마찰마력)}$$
$$N_b = N_i - N_f$$

(4) SAE 마력

SAE 마력은 공칭마력, 과세마력이라고 부르며, 실린더 지름 d, 실린더 수 Z라 하면 다음과 같은 식을 구한다.

$$\text{SAE 마력} = \frac{d^2 \times Z}{1613} \text{[PS]}$$

여기서, d : 실린더 안지름 (mm)
Z : 실린더 수

단위를 inch계로 사용하면 SAE 마력은 다음과 같다.

$$\text{SAE 마력} = \frac{d^2 \times Z}{2.5}$$

여기서, d : 실린더 안지름 (inch)
Z : 실린더 수

1-3 일

(1) 도시일 (W_i)

$P-v$ 선도상에서 도시일 $W_i = W_1 - W_2$이다. 여기서, W_2는 펌프일(W_p)에 해당된다.

① 사이클에 대한 총 도시일 W_{ig} : 압축과 팽창 동안에 피스톤에 이루어지는 일

② 사이클에 대한 정미 도시일 W_{in} : 완전한 4사이클 동안에 가스가 피스톤에 한 일

③ 펌프일 W_p : 흡입과 배기행정 동안에 가스와 피스톤 사이에 일어나는 일 전달. 이 펌프일은 흡입행정 동안의 압력이 배기행정 동안의 압력보다 낮은 경우는 피스톤이 가스에 일을 하며 이것은 자연흡입 기관에서 나타난다.
  배기행정의 압력이 흡입행정의 압력보다 낮은 경우는 가스가 피스톤에 일을 해준다. 이런 경우는 과급기로 압력을 가하여 공기를 흡입하는 경우가 이에 속한다.

(2) 제동일 (W_b)

제동일은 도시일에서 기계적 손실로 인해 발생하는 마찰일을 뺀 일이다.

$$\text{제동일}(W_b) = \text{도시일}(W_i) - \text{마찰일}(W_f)$$

(3) 마찰일 (W_f)

마찰동력과 그 발생원인이 같다.

$$\text{마찰일}(W_f) = \text{도시일}(W_i) - \text{제동일}(W_b)$$

1-4 평균 유효압력 (1 사이클의 일을 행정체적으로 나눈 값)

(1) 도시평균 유효압력 (imep)

단위 행정체적에 대하여 이루어진 도시일의 크기

$$\frac{\text{사이클당 도시일}}{\text{행정체적}} = \frac{W_i}{V_d}$$

사이클당 도시일은 압축행정과 팽창행정에서 정의 도시일로부터 **흡입행정과 배기행정**에서의 부의 도시일을 뺀, 즉 펌프 손실일을 감한 것이다.

(2) 제동평균 유효압력 (bmep)

$$\frac{\text{사이클당 제동일}}{\text{행정체적}} = \frac{W_b}{V_d}$$

1-5 열효율

일로 전환된 열량과 기관에 공급된 총열량(연료의 연소에 의해 발생한 열량)과의 비 다음과 같은 종류가 있다.

(1) 이론 열효율 (η_{th})

이론적 사이클에 의하여 일로 변하여 얻은 열량과 그 사이클에 공급된 열량과의 비

$$\eta_{th} = \frac{\text{이론일}}{\text{공급 열량}} = \frac{A \cdot W_{th}}{Q_H}$$

(2) 도시 열효율 (η_i)

실린더 내에서 작동가스가 피스톤에 한 (열량) 일과 공급된 열량과의 비

$$\eta_i = \frac{\text{도시일}}{\text{공급 열량}} = \frac{A \cdot W_i}{Q_H}$$

(3) 제동 열효율 (η_b)

기관 크랭크축이 하는 일, 즉 제동일로 변환된 열량과 총 공급된 열량의 비

$$\eta_b = \frac{\text{제동일}}{\text{공급 열량}} = \frac{A \cdot W_b}{Q_H}$$

(4) 제동 연료소비율 (f_b)

연료의 저위 발열량을 H_l [kcal/kg], 연료소비량을 B [kg/h], 제동마력이 N_b [PS] 라고 하면 1PSh = 632 kcal 이므로

$$\eta_b = \frac{632 \cdot N_b}{H_l \cdot B} = \frac{632}{H_l \cdot f_b} \times 1000$$

따라서,

$$f_b = \frac{632}{H_l \cdot \eta_b} \times 1000 \, [\text{g/PS} \cdot \text{h}]$$

(5) 선도계수 (η_d)

기관의 열효율의 성능 향상의 가능성을 판단하는데 사용하며, 보통 선도계수값은 70~80 %이다.

$$\eta_d = \frac{\text{도시일}}{\text{이론일}} = \frac{W_i}{W_{th}} = \frac{\eta_i}{\eta_{th}}$$

1-6 기계효율

제동일과 도시일과의 비이다.

$$\eta_m = \frac{\eta_e}{\eta_i} = \frac{N_b}{N_i} = 1 - \frac{N_f}{N_i}$$

1-7 연료소비율 (sfc)

기관이 일을 했을 때 어느 정도의 연료를 소비하는가를 표시한다. 단위는 1마력이 1시간당 소비한 연료량을 g으로 표시한다. 그 종류는 다음과 같다.

(1) 도시 연료소비율 (isfc : indicated specific fuel consumption)

(2) 제동 연료소비율 (bsfc : brake specific fuel consumption)

$$\text{연료소비율 (sfc)} = \frac{\dot{m}_f}{N}$$

여기서, 분모에 있는 마력이 N_i이면 isfc가 되고, N_b이면 bsfc가 된다.

1-8 마력과 회전력과의 관계

$$회전력\,(T) = \frac{60 \cdot 75 \cdot N_b}{2 \cdot \pi \cdot N} = \frac{716 \cdot N_b}{N}\ [\text{kg-m}]$$

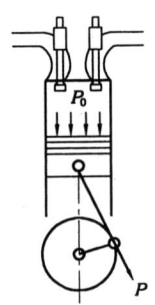

> **알아두세요**
>
> 1 PS = 75 kg·m/s = 632.3 kcal/h = 0.7355 kW
> 1 HP = 76 kg·m/s = 0.7461 kW = 641.6 kcal/h
> 1 kW = 102 kg·m/s = 1.36 PS = 1 kJ/s
> 제동마력은 크랭크축의 회전력에 의해 단위 시간에 한 일

1-9 가솔린 기관의 성능 곡선도

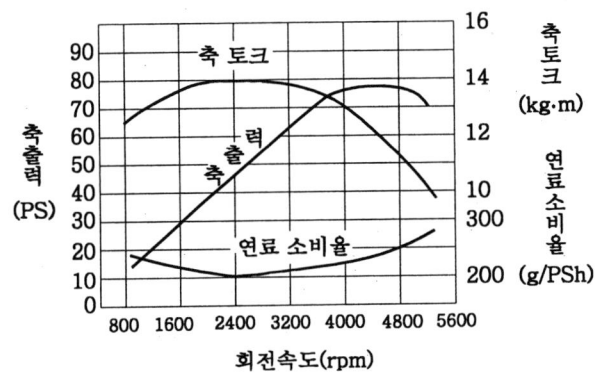

가솔린 기관의 성능 곡선도

(1) 축출력

회전속도가 저속에서 고속으로 갈수록 축출력은 증가하다가 4300 rpm을 기점으로 하여 다시 감소한다.

(2) 축토크 (회전력)

저속에서 rpm이 증가함에 따라 증가하다가 중속(약 2600 rpm에서)에서 최고가 되고 고속으로 갈수록 다시 떨어진다.

(3) 연료소비율

저속에서는 연료 소비가 많지만 중속으로 갈수록 작아지다가 회전력이 가장 큰 약 2600 rpm에서 연료 소비가 최소가 되고 이를 기점으로 고속으로 갈수록 다시 증가한다.

2. 공기과잉률과 당량비

2-1 공기연료비 (공기 대 연료의 비)

(1) **가솔린 기관의 공연비** $(A/F) = \dfrac{\dot{m}_a}{\dot{m}_f} = \dfrac{공기의\ 중량}{연료의\ 중량}$

가솔린 기관의 공연비는 15 : 1 정도이다.

(2) **디젤 기관의 공연비** $(A/F) = \dfrac{\dot{m}_a}{\dot{m}_f} = \dfrac{공기의\ 중량}{연료의\ 중량}$

디젤 기관의 공연비는 대략 14.2 : 1 정도이다.

2-2 이론 공기연료비

(1) **이론 공기량**

연료 1kg을 완전연소시키는데 필요한 이론 공기 질량유동률 $\dot{m}_{as}$

(2) **이론 공기연료비**

이론 공기량과 연료의 질량 유동률과의 비

$$(A/F)_s = \dfrac{\dot{m}_{as}}{\dot{m}_f}$$

(3) **이론 연료공기비**

연료의 질량 유동률과 이론 공기량과의 비

$$(F/A)_s = \dfrac{\dot{m}_f}{\dot{m}_{as}}$$

2-3 연료공기비

연료 대 공기의 비 (공연비의 역수)

(1) 가솔린 기관의 공연비 (F / A) $= \dfrac{\dot{m}_f}{\dot{m}_a}$

(2) 디젤 기관의 공연비 (F / A) $= \dfrac{\dot{m}_f}{\dot{m}_a}$

2-4 공기과잉률(λ)

연소에 필요한 이론적 공기연료비에 대한 공급된 실제 공기연료의 비

$$\lambda = \dfrac{A/F}{(A/F)_s} = \dfrac{\text{흡입한 새로운 공기용적}}{\text{연소에 필요한 공기용적}}$$

λ의 크기에 따라 연소는 다음과 같이 구분된다.

(1) 희박 혼합기

$\lambda > 1$: 완전연소

(2) 이론 혼합기

$\lambda = 1$: 완전연소

(3) 농후 혼합기

$\lambda < 1$: 불완전연소

2-5 당량비 (ϕ)

공기 과잉률의 역수

$$\phi = \dfrac{F/A}{(F/A)_s}$$

3. 압축비와 배기량

3-1 압축비

피스톤이 하사점에 있을 때의 실린더의 총체적($V_s + V_c$)과 상사점에 있을 때의 체적 (V_c)과의 비를 말하며 식으로 나타내면 다음과 같다.

$$압축비\,(\varepsilon) = \frac{V_s + V_c}{V_c}$$

여기서, V_c : 틈새체적, V_s : 행정체적

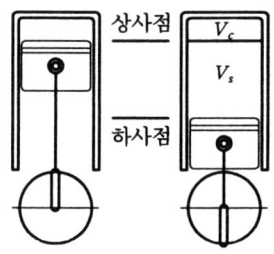

3-2 실린더 체적 (배기량)

상사점에서 하사점까지 피스톤이 움직일 때 행정체적에 실린더의 기통수를 곱한 총 체적이다. 총 배기량은 아래의 식에 의해서 계산되며 보통 cc 또는 l 로 나타낸다.

$$배기량\ V_T = \frac{\pi}{4} D^2 L Z$$

여기서, D : 실린더 지름, L : 행정길이, Z : 실린더 수

3-3 평균 피스톤 속도

피스톤이 상사점에서 하사점까지 움직일 때의 속도를 평균한 속도

$$V = \frac{2 \times L \times N}{60}$$

4. 기관 출력 성능

4-1 최대출력

(1) **최대출력** : 그 기관이 낼 수 있는 최대의 출력

(2) **연속 최대출력 (정격 최대출력)** : 장시간 연속적으로 낼 수 있는 최대출력, 선박용 기관에서 사용되는 출력

4-2 정격출력

(1) **정격출력**

일정한 속도로 정속 운전하는 기관에 사용하는 출력으로 정해진 회전속도로 연속적인 운전이 가능한 출력

(2) **1시간 정격출력**

일정한 회전속도로 1시간 연속적으로 낼 수 있는 출력

(3) **연속 정격출력**

정격 회전속도 1시간 정격출력의 85%로 오랜 시간 고장 없이 연속적으로 낼 수 있는 마력

(4) **과부하 정격출력**

① 증기용 기관 : 정격출력에서 10% 증가한 출력
② 선박용 기관 : 연속최대 출력이 10% 증가

4-3 상용출력

선박용 기관에 사용되는 출력으로 선박이 정해진 순항속도, 즉 경제속도로 항해하는 데 필요한 출력

예상문제

문제 1. 피스톤형 기관에서는 고속회전과 저속회전의 어느 편이 더 체적효율의 저하가 큰가?

㉮ 고속회전
㉯ 저속회전
㉰ 공회전
㉱ 회전의 고저와 무관하다.

[해설] 고속회전의 경우는 가스의 유동이 빨라지고 저항에 의한 에너지 손실이 커진다. 이로써 압력저하가 크게 일어난다. 따라서, 체적효율이 더 저하된다.

문제 2. 2사이클 기관의 성능에 가장 크게 영향을 주는 것은 어느 것인가?

㉮ 열효율   ㉯ 체적효율
㉰ 기계효율 ㉱ 소기효율

[해설] 소기가 2사이클 기관의 성능에 가장 큰 영향을 미친다. 소기가 잘 이루어지지 않으면 실린더 내에 잔류가스가 남고 그만큼 신기의 양이 적어져 성능이 떨어진다.

문제 3. 표준 대기압하에서 운전되는 기관의 체적효율(η_v)와 충전효율(η_c)과의 관계를 바르게 표시하고 있는 것은?

㉮ $\eta_c = 0.5\,\eta_v$ ㉯ $\eta_c = \eta_v$
㉰ $\eta_c = 1.5\,\eta_v$ ㉱ $\eta_c = 2\,\eta_v$

[해설] 표준 대기압하에서 $\eta_c = \eta_v$

문제 4. 다음은 4사이클 가솔린 기관의 도시 평균 유효압력에 영향을 주는 인자들이다. 틀린 것은 어느 것인가?

㉮ 배압이 낮을수록
㉯ 압축비가 높을수록
㉰ 흡입관 온도가 높을수록
㉱ 브스터 압력이 클수록

[해설] ① 배압은 배기밸브 직후의 압력으로 이것이 높으면 잔유가스의 양이 증가된다. 따라서, P_{mi}는 저하된다.
② 압축비가 크면 행정체적에 대한 극간체적이 작아져서 잔류가스량이 감소된다. 즉, 신기량이 많아지고 열효율도 향상되어서 P_{mi}도 커진다.
③ 흡입관 온도(흡입밸브 직전의 온도)가 높으면 흡기의 비중량은 이 온도에 역비례한다. 즉, 온도가 높으면 P_{mi}는 저하한다.
④ 브스터 압력은 흡입관의 압력이다. 이것이 크면 공기의 비중량이 증가하므로 일정한 실린더 내에 흡입되는 공기의 중량이 커진다.

문제 5. 고속에서 회전력이 저하되는 이유는 무엇인가?

㉮ 점화시기가 진각되기 때문이다.
㉯ 혼합기가 너무 진하기 때문이다.
㉰ 환기가 너무 잘 되기 때문이다.
㉱ 체적효율이 낮아지기 때문이다.

[해설] 회전력이 크기는 주로 체적효율에 관계되며 체적효율은 중속에서 가장 좋다. 저속에서는 기체의 관성이 피스톤의 상하운동에 따르지 못하고 고속에서는 흡입에 필요한 시간도 충분히 가질 수 없어 효율이 낮아진다.

문제 6. 엔진의 회전력이 가장 클 때는 언제

[해답] 1. ㉮ 2. ㉱ 3. ㉯ 4. ㉱ 5. ㉱ 6. ㉯

인가?
㉮ 고속 ㉯ 중속
㉰ 저속 ㉱ 어디서나 같다.

문제 7. 엔진의 기계효율을 가장 잘 정의한 것은 어느 것인가?
㉮ 열효율을 체적효율로 나눈 값
㉯ 열효율에 체적효율을 곱한 값
㉰ 도시마력을 제동마력으로 나눈 값
㉱ 제동마력을 도시마력으로 나눈 값

문제 8. 엔진에 공급한 연료의 저위 발열량을 100%로 하고, 유효한 일을 한 양과 각각의 손실을 백분율로 나타낸 것을 무엇이라 하는가?
㉮ 기계효율 ㉯ 열분배
㉰ 열효율 ㉱ 열감정

문제 9. 엔진의 공칭마력 계산은 무엇에 기초를 두고 있는가?
㉮ 실린더 안지름과 실린더 수
㉯ 엔진 회전속도와 회전력
㉰ 제동마력과 도시마력
㉱ 도시마력과 마찰마력

[해설] 일명 과세마력이라고 하며 관청에서 과세, 취급자 자격결정, 가격결정 등 대소로서 정의한다.

$$공칭마력 = \frac{d^2 \times Z}{2.5}$$

여기서, d : 실린더 안지름, Z : 실린더 수

문제 10. 고속 회전을 목적으로 하는 가솔린 기관에서는 흡기밸브와 배기밸브 중 어느 것이 더 크게 만들어져야 하는가?
㉮ 흡기밸브
㉯ 배기밸브
㉰ 양 밸브의 치수는 동일
㉱ 제 1 번 배기밸브

[해설] 흡입밸브가 더 크게 만들어져야 한다. 흡입행정에서 흡기밸브 부근의 흡기속도가 지나치게 커지는 것을 방지하여 흡기의 압력강하를 적게 하고 체적효율이 저하되지 않도록 하기 위한 것이다.

문제 11. 임의상태(P_s, T_s)에서 흡입한 신기의 중량과 표준상태(P_o, T_o)에 행정체적을 점유한 신기의 중량과의 비는 어느 것인가?
㉮ 충전효율 ㉯ 체적효율
㉰ 급기효율 ㉱ 소기효율

문제 12. 소기효율 η_s 를 바르게 나타낸 것은?

㉮ $\eta_s = \dfrac{소기완료 후 실린더 내에 남아있는 급기의 중량}{소기완료 후 실린더 내의 전 가스중량}$

㉯ $\eta_s = \dfrac{공급된 전 급기의 중량}{소기완료 후 실린더 내에 남아있는 급기의 중량}$

㉰ $\eta_s = \dfrac{소기완료 후 실린더 내에 남아있는 급기의 중량}{공급된 전 급기의 중량}$

㉱ $\eta_s = \dfrac{소기완료 후 실린더 내의 전 가스중량}{소기완료 후 실린더 내에 남아있는 신기의 중량}$

문제 13. 다음 중 도시열효율(η_i)을 바르게 나타낸 것은?

㉮ $\eta_i = \dfrac{총 공급열량}{도시일}$

㉯ $\eta_i = \dfrac{유효일}{총 공급열량}$

㉰ $\eta_i = \dfrac{도시일}{총 공급열량}$

㉱ $\eta_i = \dfrac{총 공급열량}{유효일}$

문제 14. 지금 도시일(W_i), 이론일(W_{th}), 도시 열효율(η_i), 이론 열효율(η_{th}), 제동일

[해답] 7. ㉱ 8. ㉱ 9. ㉮ 10. ㉮ 11. ㉮ 12. ㉮ 13. ㉰ 14. ㉯

(η_b)라 할 때 선도계수(η_d)를 구하는 식은?

㉮ $\eta_d = \dfrac{W_{th}}{W_i}$ ㉯ $\eta_d = \dfrac{W_i}{W_{th}}$

㉰ $\eta_d = \dfrac{\eta_{th}}{\eta_i}$ ㉱ $\eta_d = \dfrac{\eta_{th}\eta_b}{\eta_t}$

문제 15. 실제 기관에서 선도계수(η_d)의 값을 표현한 것 중 옳은 것은?

㉮ $\eta_d = 50 \sim 60\%$ ㉯ $\eta_d = 60 \sim 70\%$
㉰ $\eta_d = 70 \sim 80\%$ ㉱ $\eta_d = 40 \sim 50\%$

해설 η_d는 보통 70~80% 정도이다.

문제 16. 기계효율(η_m), 도시 열효율(η_i), 제동 열효율(η_b), 선도계수(η_d), 이론열효율(η_{th})라 할 때 바르게 나타낸 식은?

㉮ $\eta_b = \eta_d \times \eta_m$
㉯ $\eta_b = \eta_{th} \times \eta_d \times \eta_m$
㉰ $\eta_b = \eta_{th} \times \eta_i$
㉱ $\eta_b = \eta_i \times \eta_d$

문제 17. 가솔린 기관에서 진정일로 쓰이는 열량은 연료의 열량(100%) 중에서 몇 %나 되는가?

㉮ 약 28% ㉯ 약 35%
㉰ 약 10% ㉱ 약 30%

해설 가솔린 기관에서 진정일 이외 냉각손실(28.5%), 배기손실(34%), 기계손실 및 방열손실(9.5%) 등 손실 때에 진정일로 쓰이는 것은 약 28% 정도이다.

문제 18. 자동차의 가속성능과 다음 중 관계가 없는 것은?

㉮ 구동력과 주행저항의 차이에 의하여 생기는 가속력에 비례한다.
㉯ 엔진의 실린더 체적, 제동평균 유효압력, 총 감속비에 비례한다.
㉰ 자동차의 중량 및 타이어의 유효반지름에 반비례한다.
㉱ 엔진의 여유마력에 반비례한다.

해설 가속성능은 엔진의 여유마력에도 비례한다.

문제 19. 디젤 사이클에 대한 설명 중 틀린 것은?

㉮ 저, 중속 디젤 기관의 표준이론 사이클이다.
㉯ 정적하에서 열이 방출된다.
㉰ 정압하에서 열이 흡수된다.
㉱ 열효율은 압축비만의 함수이다.

문제 20. 공기과잉률을 바르게 나타낸 것은?

㉮ 연소에 필요한 이론적 공기량과 실제로 드는 연료량과의 비
㉯ 연소에 필요한 이론 공기량과 실린더 수와의 비
㉰ 연소에 필요한 이론 공기량과 실제로 드는 공기량과의 비
㉱ 연소에 필요한 이론 공기량과 연료비중과의 비

해설 디젤 엔진의 공기과잉률은 전부하 운전에서 약 2배, 무부하 운전에서는 약 15배 정도이다. 가솔린 엔진에서는 최대한 1.5배 정도이다.

문제 21. 연료의 저위 발열량을 H_l[kcal/kg], 연료 소비량을 B[kg/h], 제동마력을 N_b[PS]라 할 때, 제동열효율을 표현한 식은?

㉮ $\eta_b = \dfrac{H_l \times B}{632 \times N_b}$

해답 15. ㉰ 16. ㉯ 17. ㉮ 18. ㉱ 19. ㉱ 20. ㉰ 21. ㉰

㉯ $\eta_b = \dfrac{632 \times B}{H_l \times N_b}$

㉰ $\eta_b = \dfrac{632 \times N_b}{H_l \times B}$

㉱ $\eta_b = \dfrac{N_b \times H_l}{632 \times B}$

[해설] $\eta_b = \dfrac{632 \times N_b}{H_l \times B} = \dfrac{632}{H_l \times f_b} \times 1000$ 이다.

여기서, f_b는 제동 연료소비율이다.

문제 22. 3만 kW의 디젤 발전소에서 기관을 전 개방 운전하면 1일의 연료 소비량은 얼마인가? (단, 연료 저위 발열량은 10200 kcal / kg, 효율은 60%이다.)

㉮ 1011 ton ㉯ 1001 ton
㉰ 101.1 ton ㉱ 100.1 ton

[해설] $\eta_b = \dfrac{632 \times N_b}{H_l \times B}$, 1 kW = 1.36 PS,

$B = \dfrac{632 \times N_b}{H_l \times \eta_b} = \dfrac{632 \times 30000 \times 1.36}{10200 \times 0.6}$

$= 4213 \text{ kg/h}$

1일은 24시간이므로 $4213 \times 24 = 101112$ kg 약 101.1 ton이 필요하다.

문제 23. 2사이클 기관 오토바이의 실린더 지름이 40 mm, 행정 90 mm, 회전수 4000 rpm에서 최대 출력을 낼 경우 출력은 얼마인가? (단, 제동평균 유효압력은 10 kg/cm², 실린더 수는 4이다.)

㉮ $N_b = 40.2 \text{ PS}$ ㉯ $N_b = 38.2 \text{ PS}$
㉰ $N_b = 42.2 \text{ PS}$ ㉱ $N_b = 36.2 \text{ PS}$

[해설] $N_b = \dfrac{P_{mb} \times a \times L \times n \times Z}{60 \times 75}$

$= \dfrac{10 \times (3.14/4) \times 4^2 \times 0.09 \times 4000 \times 4}{60 \times 75}$

$= 40.2 \text{ PS}$

문제 24. 제동마력 N_b는 40.2 PS, 회전수는 4000 rpm인 기관의 축 회전력(토크)는 얼마인가?

㉮ 8.2 kg · m ㉯ 5.2 kg · m
㉰ 6.2 kg · m ㉱ 7.2 kg · m

[해설] $T = \dfrac{716 \times N_b}{n} = \dfrac{716 \times 40.2}{4000} = 7.2 \text{ kg · m}$

문제 25. 가솔린 기관에서 크랭크축의 회전수와 점화 진각과의 관계는?

㉮ 회전수가 감소할수록 진각은 커진다.
㉯ 회전수가 증가할수록 진각은 커진다.
㉰ 회전수와는 관계없다.
㉱ 회전수에 관계없이 일정하다.

문제 26. 어느 기관의 제동평균 유효압력이 8.51 kg/cm², 기계효율이 87%일 때 도시평균 유효압력은 얼마인가?

㉮ 8.97 kg/cm² ㉯ 8.79 kg/cm²
㉰ 9.79 kg/cm² ㉱ 9.97 kg/cm²

[해설] $P_{mb} = P_{mi} \times \eta_m$ $P_{mi} = \dfrac{P_{mb}}{\eta_m}$

$= \dfrac{8.51}{0.87} = 9.79 \text{ kg/cm}^2$

문제 27. 4사이클 디젤 기관에서 실린더 지름이 110 mm이고, 행정이 140 mm, 실린더 수가 6일 경우 총 배기량은 얼마인가?

㉮ 7.89 l ㉯ 8.98 l
㉰ 8.89 l ㉱ 7.98 l

[해설] $V_T = V_s \cdot Z = \dfrac{\pi}{4} \times d^2 \times L \times Z$

$= \dfrac{3.14}{4} \times 11^2 \times 14 \times 6 = 7978.74 \text{ cm}^3$

$= 7.98 \, l$

문제 28. 어느 4사이클, 4실린더 스퀘어 엔진의 실제 흡입 공기량이 1978 cc이다. 체적효율은 얼마인가? (단, 실린더의 지름은

[해답] 22. ㉰ 23. ㉮ 24. ㉱ 25. ㉯ 26. ㉰ 27. ㉱ 28. ㉮

100 mm이다.)

㉮ 63 % ㉯ 65 %
㉰ 61 % ㉱ 71 %

해설 스퀘어 엔진이므로 실린더 지름과 행정은 같다. 따라서, 행정체적(V_s)

$$V_s = \frac{\pi}{4} \times d^2 \times L \times Z = \frac{1978}{3140}$$

$$\frac{3.14}{4} \times 10^2 \times 10 \times 4 = 3140 \text{ cc}$$

$$\therefore \eta_v ≒ 0.63 = 63\%$$

문제 29. 흡입공기의 비중량 γ_a [kg/m³], 피스톤 행정 L [m], 실린더 단면적 A [cm²], 실린더 수 Z, 체적효율 η_v인 4행정기관의 실제 흡입공기 용량 G'[kg/min]을 구하는 식은?

㉮ $G' = \gamma_a A L n Z \eta_v \times \dfrac{1}{10000}$

㉯ $G' = \gamma_a A L \left(\dfrac{n}{2}\right) Z \eta_v \times \dfrac{1}{10000}$

㉰ $G' = \gamma_a A L \left(\dfrac{\eta_v}{2}\right) Z \times \dfrac{1}{10000}$

㉱ $G' = \gamma_a A L \left(\dfrac{n}{2}\right) \eta_v Z \times \dfrac{1}{10000}$

문제 30. 기관의 축 회전력(토크) T [kg-m], 회전수 n [rpm], 출력 N_b [PS]라 할 때 T를 구하는 식은?

㉮ $T = 716.56 \times \dfrac{N_b}{n}$

㉯ $T = 7165.6 \times \dfrac{N_b}{n}$

㉰ $T = 762.52 \times \dfrac{N_b}{n}$

㉱ $T = 716.56 \times \dfrac{n}{N_b}$

문제 31. 프로니 브레이크에 의하여 4사이클 가솔린 기관의 출력을 측정한 결과 브레이크 하중값이 5.25 kg, 회전계 750 rpm이다. 이 때의 출력(kW)은? (단, 동력계 암의 길이는 1 m, 기관의 출력이 가할 때 동력계 암의 무게는 1.15 kg이다.)

㉮ 3.61 kW ㉯ 4.61 kW
㉰ 3.16 kW ㉱ 4.16 kW

해설 $T = \dfrac{60 \times 75 \times N_b}{2\pi n}$

$T = l(W - W_o) = 1 \times (5.2 - 1.15)$

$N_b = \dfrac{2 \times \pi \times 1 \times (5.25 - 1.15) \times 750}{60 \times 75}$

$= 4.29 \text{ PS} = 4.29 \times 0.736 = 3.16 \text{ kW}$

문제 32. 다음 중 연료소비율의 단위를 바르게 표시하고 있는 식은?

㉮ g / PS · h   ㉯ g / PS · min
㉰ g / PS · l ㉱ l / PS · h

문제 33. 내연기관에서 보통 축 회전력(T)이 최대로 되는 경우는 어느 때인가?

㉮ 최대회전일 때   ㉯ 저속회전일 때
㉰ 중속일 때   ㉱ 고속회전일 때

문제 34. 다음 설명 중 틀린 것은 어느 것인가?

㉮ 엔진의 축마력이 일정할 때, 기계 손실이 없다고 하면 추진력의 회전속도와 회전력(T)를 곱한 것은 일정하다.

㉯ 순 열효율은 엔진 순마력을 열량으로 환산한 것과 그 동력을 얻기 위해 소비한 연료의 발열량과의 비이다.

㉰ 실린더 보링한 후의 압축압력의 측정은 길들이기 운전을 한 다음에 측정한다.

㉱ 흡기 다기관의 진공도는 엔진을 기동 전동기로 회전시키면서 측정한다.

해답 29. ㉯ 30. ㉮ 31. ㉰ 32. ㉮ 33. ㉰ 34. ㉱

문제 35. 각종 급기형식의 급기비에 대한 소기효율 관계는 급기비 0.6 이하에서 완전 혼합 급기에 가까운 방식은 어느 것인가?
  ㉮ 단류식   ㉯ 루프식
  ㉰ 융커스식 ㉱ 횡단식

문제 36. 다음 중 소기효율에 크게 영향을 미치지 않는 것은?
  ㉮ 소기압력   ㉯ 기관 회전속도
  ㉰ 대기압력   ㉱ 행정 안지름비

[해설] 대기압력에는 무관하며 소기압력이 증가하면 급기의 교환으로 소기효율은 감소하고 기관속도가 증가하면 소기 압력차가 커서 급기 교환으로 소기효율은 저하된다. 또, 행정 안지름비가 커지면 단류식은 약간 증가하나 루프식과 횡단식은 오히려 감소한다.

문제 37. 다음 소기펌프 중 압축효율, 체적 효율, 토출 특성이 좋아 저속기관에 주로 쓰이는 펌프는?
  ㉮ 루츠펌프   ㉯ 왕복펌프
  ㉰ 베인펌프   ㉱ 원심펌프

[해설] 왕복펌프는 압축효율, 체적효율, 및 토출 특성이 좋으므로 저속기관에 쓰이나 형이 커지고 고속이 됨에 따라 체적효율이 저하되므로 고속기관에는 부적당하다.

문제 38. 엔진의 성능 선도에 주로 표시되는 것은?
  ㉮ 회전속도, 출력, 회전력, 연료소비율
  ㉯ 회전속도, 출력, 열효율
  ㉰ 회전속도, 출력, 회전력, 피스톤 속도
  ㉱ 회전속도, 출력, 연료의 발열량

문제 39. 왕복식 내연기관의 효율 개선책이 아닌 것은?
  ㉮ 연소가스의 온도를 높인다.
  ㉯ 연소기간을 단축한다.
  ㉰ 피스톤을 단행정으로 한다.
  ㉱ 압축비를 높인다.

문제 40. 실린더의 지름×행정이 100 mm×100 mm일 때 압축비가 17 : 1이라면 연소실의 체적은 얼마인가?
  ㉮ 약 44 cc   ㉯ 약 46 cc
  ㉰ 약 49 cc   ㉱ 약 80 cc

[해설] $\varepsilon = 1 + \dfrac{V_s}{V_c}$ 에서 $V_c = 1 + \dfrac{V_s}{\varepsilon - 1}$

행정체적 $(V_s) = \dfrac{\pi d^2}{4} \times L = \dfrac{\pi \times 100^2}{4 \times 100} \times 100$
$= 785 \text{ cc}$

$\therefore V_c = \dfrac{V_s}{\varepsilon - 1} = \dfrac{785}{17 - 1} = 49.06 \text{ cc}$

문제 41. 실린더 안지름 78 mm, 행정 78 mm 인 6실린더 기관의 총 배기량은 몇 cm^3인가?
  ㉮ 1492 cm^3 ㉯ 2235 cm^3
  ㉰ 2351 cm^3 ㉱ 2836 cm^3

[해설] $V_T = V_s \cdot Z = \dfrac{\pi d^2}{4} \times L \times z$
$= \dfrac{\pi \times 78^2 \times 78 \times 6}{4 \times 4000} ≒ 2235 \text{ cm}^3$

문제 42. 압축비가 8.3 피스톤 행정이 78 mm 인 4행정 4실린더 기관이 있다. 연소실 체적을 62 cm^3라 할 때 실린더 안지름은 몇 mm인가?
  ㉮ 85.98 ㉯ 859.8 ㉰ 970.4 ㉱ 97.04

[해설] $\varepsilon = 1 + \dfrac{V_s}{V_c}$ 에서
$V_s = (\varepsilon - 1) \times V_c = (8.3 - 1) \times 62$
$= 452.6 \text{ cm}^2$
$V_s = \dfrac{\pi d^2}{4} \times d = \sqrt{\dfrac{4 \times 1000 \times 452.6}{\pi \times s}}$
$= 85.98 \text{ mm}$

[해답] 35. ㉯ 36. ㉰ 37. ㉯ 38. ㉮ 39. ㉰ 40. ㉰ 41. ㉯ 42. ㉮

문제 43. 연소실 체적과 피스톤이 하사점 (B.D.C)에 있을 때의 체적을 알고 있다면?
㉮ 지시마력을 구할 수 있다.
㉯ 제동마력을 구할 수 있다.
㉰ 용적효율을 구할 수 있다.
㉱ 압축비를 구할 수 있다.

[해설] 압축비 $= \dfrac{\text{실린더 체적}}{\text{연소실 체적}}$
$= \dfrac{\text{연소실 체적} + \text{행정 체적}}{\text{연소실 체적}}$

문제 44. 기계효율을 잘 정의한 것은?
㉮ 열효율에 체적효율을 곱한 값
㉯ 지시마력을 제동마력으로 나눈 값
㉰ 제동마력을 지시마력으로 나눈 값
㉱ 제동마력에 지시마력을 곱한 값

[해설] 기계효율 $(\eta_m) = \dfrac{\text{제동마력}(BHP)}{\text{도시마력}(IHP)}$

문제 45. 총 배기량이 3680 cc인 8기통 가솔린 엔진의 압축비가 6일 때 기관의 연소실 체적은 몇 cc인가?
㉮ 78 cc ㉯ 84 cc
㉰ 92 cc ㉱ 100 cc

[해설] $\varepsilon = 1 + \dfrac{V_s}{V_c}$
$\therefore V_c = \dfrac{V_s}{\varepsilon - 1} = \dfrac{460}{6-1} = 92$ cc

문제 46. $k = 1.3$이고, $\varepsilon = 6$인 가솔린 기관에서 압축 초 압력이 $1.03 \, \text{kg/cm}^2$이고, 최고 압력이 $32 \, \text{kg/cm}^2$일 경우의 평균 유효압력은 몇 kg/cm^2인가?
㉮ $3.42 \, \text{kg/cm}^2$ ㉯ $5.92 \, \text{kg/cm}^2$
㉰ $6.62 \, \text{kg/cm}^2$ ㉱ $7.36 \, \text{kg/cm}^2$

[해설] $P_2 = P_1 \left(\dfrac{V_1}{V_2}\right)^k = 1.03 \times 6^{1.3}$
$= 10.58 \, \text{kg/cm}^2$

$\rho = \dfrac{P_3}{P_2} = \dfrac{32}{10.58} = 3.02$

$P_m = P_1 \times \dfrac{(\rho-1)(\varepsilon^k - \varepsilon)}{(k-1)(\varepsilon-1)}$
$= 1.03 \times \dfrac{(3.02-1)(6^{1.3}-6)}{(1.3-1)(6-1)}$
$= 5.92 \, \text{kg/cm}^2$

문제 47. 피스톤 행정체적 $V_s = 1800$ cc, 제동마력 70 PS, 회전수 5000 rpm인 4사이클 기관의 제동평균 유효압력은 얼마인가?
㉮ $6.5 \, \text{kg/cm}^2$ ㉯ $8.6 \, \text{kg/cm}^2$
㉰ $6.0 \, \text{kg/cm}^2$ ㉱ $7.0 \, \text{kg/cm}^2$

[해설] 제동마력 $N_b = \dfrac{P_{mb} \times A \times L \times Z \times a}{75 \times 60 \times 100}$

$P_{mb} = \dfrac{75 \times 60 \times 100 \times N_b}{A \times L \times n \times Z \times a}$
$= \dfrac{75 \times 60 \times 100 \times 70}{1800 \times 5000 \times (1/2)}$
$= 7.0 \, \text{kg/cm}^2$

문제 48. 어떤 4행정 가솔린 기관의 실린더 지름이 10 cm, 행정이 10 cm, 회전수가 1000 rpm, 도시평균 유효압력이 $6 \, \text{kg/cm}^2$일 때 제동마력(PS)은? (단, $\eta_m = 80 \, \%$이며, 단기통이다.)
㉮ 8.4 PS ㉯ 9.8 PS
㉰ 11.0 PS ㉱ 12.4 PS

[해설] 제동마력 $N_b = \dfrac{P_{mb} \times A \times L \times Z \times a}{75 \times 60 \times 100}$

$\eta_m = \dfrac{P_{me}}{P_{mi}}$ 이므로

$N_b = \dfrac{P_{mi} \times A \times L \times n \times Z \times a}{75 \times 60 \times 100} \times \eta_m$

$= \dfrac{6 \times \frac{\pi}{4} \times 10^2 \times 10 \times 1000}{75 \times 60 \times 100} \times 0.8$
$= 8.378$
$\fallingdotseq 8.4$ PS

[해답] 43. ㉱ 44. ㉰ 45. ㉰ 46. ㉯ 47. ㉱ 48. ㉮

문제 49. 다음 중 기계효율 η_m을 잘못 나타낸 것은?

㉮ $\eta_m = \dfrac{\text{제동마력}}{\text{도시마력}}$

㉯ $\eta_m = \dfrac{\text{제동일}}{\text{도시일}}$

㉰ $\eta_m = \dfrac{\text{제동평균 유효압력}}{\text{도시평균 유효압력}}$

㉱ $\eta_m = \dfrac{\text{제동 연료소비율}}{\text{도시 연료소비율}}$

[해설] $\eta_m = \dfrac{W_b}{W_i} = \dfrac{P_{mb}}{P_{mi}} = \dfrac{\eta_b}{\eta_i} = \dfrac{N_b}{N_i} = \dfrac{f_i}{f_b}$

문제 50. 제동마력이 100 PS, 마찰마력이 35 PS인 차량용 기관의 도시마력이 130 PS라면 기계효율은 얼마인가?

㉮ 67% ㉯ 73% ㉰ 79% ㉱ 85%

[해설] $N_i = N_b + N_f$

∴ $N_b = N_i - N_f = 130 - 35 = 95$ PS

$\eta_m = \dfrac{N_b}{N_i} = \dfrac{95}{130} = 0.7308 \fallingdotseq 73\%$

문제 51. 다음 설명 중 옳지 않은 것은?

㉮ 축마력 : 실제 크랭크축으로부터 구한 마력

㉯ 연료소비율 : 단위시간 단위 마력당 연료 소비량

㉰ 도시마력 : 지압 선도로부터 구한 마력

㉱ 기계효율 : 도시 평균압력과 이론 평균압력과의 비

[해설] $\eta_m = \dfrac{W_b}{W_i} = \dfrac{P_{mb}}{P_{mi}} = \dfrac{\eta_b}{\eta_i} = \dfrac{N_b}{N_i} = \dfrac{f_i}{f_b}$

문제 52. 행정체적이 500 cm³인 단기통 엔진이 2500 rpm으로 운전할 때 흡입공기의 유량은? (단, 체적효율은 0.8, 흡입공기 비중량은 1.15 kg/m³)

㉮ 0.75 kg/s ㉯ 0.95 kg/s
㉰ 1.15 kg/s ㉱ 1.35 kg/s

[해설] · 흡입공기량

$G = \eta_v V \gamma n Z a = 0.8 \times 500 \times 10^{-6} \times 1.15 \times 2500$
$= 1.15$ kg/s

문제 53. 브레이크 암 0.6 m의 전기 동력계를 시험 사용하였더니 3500 rpm에서 40 kg의 제동력이 걸렸다. 이 기관의 제동마력은?

㉮ 98.6 kg ㉯ 106.8 kg
㉰ 117.3 PS ㉱ 125.4 PS

[해설] $N_b = \dfrac{2\pi n T}{75 \times 60} = \dfrac{2\pi n W_b l}{75 \times 60}$

$= \dfrac{2\pi \times 3500 \times 40 \times 0.6}{75 \times 60} = 117.3$ PS

문제 54. 어느 기관을 성능시험하였더니 70 PS에서 1분간 300 g의 가솔린을 소비하였다. 연료소비율은 몇 g/PS·h인가?

㉮ 236 g/PS·h ㉯ 248 g/PS·h
㉰ 257 g/PS·h ㉱ 272 g/PS·h

[해설] 연료소비율 $f_b = \dfrac{B \times 10^3}{N_b}$ g/PS·h

여기서, 연료소비량이 0.3 kg/min이므로

$f_b = \dfrac{0.3 \times 60 \times 10^3}{70} = 257.148$ g/PS·h

문제 55. 제동마력이 80 PS일 때 기계효율을 0.8이라고 하면 도시마력은 얼마인가?

㉮ 80 PS ㉯ 100 PS
㉰ 120 PS ㉱ 160 PS

[해설] 기계효율 $(\eta_m) = \dfrac{\text{제동마력}}{\text{도시마력}}$

도시마력 $= \dfrac{\text{제동마력}}{\eta_m} = \dfrac{80}{0.8} = 100$ PS

문제 56. 4사이클 엔진에서 도시평균 유효압

[해답] 49. ㉱ 50. ㉯ 51. ㉱ 52. ㉰ 53. ㉰ 54. ㉰ 55. ㉯ 56. ㉯

력 6.5 kg/cm², 행정체적 1500 cc, 2000 rpm 이다. 도시마력은 얼마인가?

㉮ 15 PS   ㉯ 21.7 PS
㉰ 35.6 PS   ㉱ 43 PS

[해설] 도시마력 $= \dfrac{P_{mi} \times V_s \times n}{75 \times 60 \times 100}$

$= \dfrac{6.5 \times 1500 \times 2000}{75 \times 60 \times 100} = 21.7\,PS$

문제 57. 이론평균 유효압력 P_{mth}, 도시평균 유효압력 P_{mi}, 도시 열효율 η_i, 이론 열효율 η_{th} 라 할 때 선도계수 η_d 는?

㉮ $\eta_d = \dfrac{P_{mth}}{P_{mi}}$ ㉯ $\eta_d = \dfrac{P_{mi}}{P_{mth}}$

㉰ $\eta_d = \dfrac{P_{mth}}{P_{mi}} \times \eta_{th}$ ㉱ $\eta_d = \dfrac{P_{mi}}{P_{mth}} \times \eta_{th}$

[해설] $\eta_d = \dfrac{\eta_i}{\eta_{th}} = \dfrac{P_{mi}}{P_{mth}} = \dfrac{\eta_b}{\eta_{th}\eta_m}$

문제 58. 자동차용 가솔린 기관의 성능시험에서 출력이 10.56 PS일 때 2.55 kg/h 의 연료소비량이 나왔다. 이 때의 제동 열효율은 얼마인가? (단, 사용 가솔린의 저발열량은 10500 kcal/kg이다.)

㉮ 20.8 %   ㉯ 24.9 %
㉰ 25.2 %   ㉱ 26.1 %

[해설] 연료소비율 $f_b = \dfrac{B \times 10^3}{N_b}$ [g/PS·h]

여기서, 연료소비량이 2.55 kg/min 이므로

$f_b = \dfrac{2.55 \times 10^3}{10.56} = 241.5\,g/PS \cdot h$

$\therefore \eta_b = \dfrac{632.5 \times 1000}{f_b \times H_l} = \dfrac{632.5 \times 1000}{241.5 \times 10500}$

$= 0.249$

문제 59. 다음 중 공연비를 옳게 나타낸 것은?

㉮ 공급된 공기량 = 실린더 용적 = 공기 과잉률

㉯ 공급된 공기량 = 공기 과잉률 × 이론 공기량

㉰ 공급된 공기량 = 공기 과잉률 × 이론 연료비

㉱ 공급된 공기량 = 이론 열효율 × 실린더 체적

[해설] · 공기 과잉률 (excess air ratio)

$= \dfrac{공급된\ 공기량}{이론\ 공기량}$

문제 60. 압축비가 4.2인 가솔린 기관에서 선도계수 75 %, 기계효율 80 %로 할 경우 정미 열효율은 몇 % 정도인가? (단, $k = 1.4$이다.)

㉮ 약 25.2 %   ㉯ 약 26.2 %
㉰ 약 28.2 %   ㉱ 약 29.2 %

[해설] · 가솔린 기관의 열효율 (η_{tho})

$\eta_{tho} = 1 - \dfrac{1}{\varepsilon^{k-1}} = \dfrac{1}{4.2^{1.4-1}} = 0.437$

선도계수 $\eta_d = \dfrac{\eta_i}{\eta_{tho}}$ 에서

$\eta_i = \eta_{tho} \times \eta_d = 0.437 \times 0.75 = 0.3275$

정미열효율 (η_b) $= \eta_i \times \eta_m = 0.3275 \times 0.8$
$= 0.262,\quad \therefore 26.2\,\%$

문제 61. 지름 85 mm × 행정 90 mm의 4기통 기관의 SAE 마력은 약 몇 마력인가?

㉮ 17.9 PS   ㉯ 23.3 PS
㉰ 25.6 PS   ㉱ 30.3 PS

[해설] SAE 마력 $= \dfrac{d^2 \times Z}{1613} = \dfrac{85^2 \times 4}{1613}$
$= 17.9\,PS$

문제 62. 피스톤의 평균속도가 15 m/s이고, 엔진이 4500 rpm으로 회전할 때 피스톤 행정은 몇 mm인가?

[해답] 57. ㉯   58. ㉯   59. ㉯   60. ㉯   61. ㉮   62. ㉯

㉮ 10 mm   ㉯ 100 mm
㉰ 150 mm   ㉱ 200 mm

[해설] $L = \dfrac{60 \times V_m}{2 \times n} = \dfrac{60 \times 15}{2 \times 4500} = 0.1 \text{m}$

문제 63. 행정체적이 482 cm³인 2사이클 단기통 기관이 2200 rpm으로 운전할 때 흡입공기의 중량은 몇 kg/s인가?(단, 체적효율은 0.85, 흡입공기의 비중량은 1.15 kg/m³이다.)

㉮ 0.173 kg/s   ㉯ 0.0173 kg/s
㉰ 0.241 kg/s   ㉱ 0.274 kg/s

[해설] 흡입공기량 $G = \dfrac{\eta_v V_s \gamma_a n}{60}$
$= \dfrac{0.85 \times 482 \times 10^{-6} \times 1.15 \times 2200}{60}$
$= 0.017275 \text{ kg/s}$

문제 64. 실린더의 지름이 78 mm, 행정이 72 mm인 4사이클 4실린더 기관의 SAE 마력을 구한 것 중 옳은 것은?

㉮ 15.087 PS   ㉯ 18.087 PS
㉰ 19.09 PS   ㉱ 20.09 PS

[해설] SAE 마력은 공칭마력, 과세마력이라고 부르며 실린더 지름 d, 실린더 수 Z라 하면 다음과 같이 구한다.

SAE 마력 $= \dfrac{d^2 \times Z}{1613} = \dfrac{78^2 \times 4}{1613}$
$= 15.087 \text{ PS}$

단위를 inch계로 사용하면 공칭마력은 다음과 같다.

SAE 마력 $= \dfrac{d^2 \times Z}{2.5}$ 의 공식을 사용하면 된다.

문제 65. 발열량 10500 kcal/kg이 중유를 사용하여 연료소비율 185 g/PS·h로서 운전하는 디젤 기관의 열효율은 몇 %인가?

㉮ 45.5%   ㉯ 25.5%
㉰ 32.5%   ㉱ 40.5%

[해설] $427 \times 10500 \times 0.185 \times \dfrac{1}{3600} \times \dfrac{1}{75}$
$= 3.08 \text{ PS}$
$\therefore \eta = \dfrac{100}{3.08} = 32.5\%$

문제 66. 어느 연료 1kg의 발열량이 6800 kcal이다. 이 연료가 1시간마다 35 kg이 소비된다고 할 때 발생하는 동력은?

㉮ 367 PS   ㉯ 467 PS
㉰ 476 PS   ㉱ 376 PS

[해설] $H = \dfrac{427 \times 6800 \times 35}{75 \times 3600} = 376 \text{ PS}$

문제 67. 95 PS의 가솔린 기관이 1시간당 25.1 kg의 연료를 소비하였다면 그 열효율은 얼마인가?(단, 발열량은 10400 kcal/kg이다.)

㉮ 23%   ㉯ 32%
㉰ 25%   ㉱ 35%

[해설] $\dfrac{95 \times 75}{427} = \eta \times \dfrac{25.1 \times 10400}{3600 \times 100}$
$\therefore \eta = 23\%$

문제 68. 압축비를 올바르게 나타낸 것은?

㉮ $\varepsilon = \dfrac{\text{실린더 전체적}}{\text{연소실 체적}}$

㉯ $\varepsilon = \dfrac{\text{연소실 체적}}{\text{실린더 전체적}}$

㉰ $\varepsilon = \dfrac{\text{행정 체적}}{\text{연소실 체적}}$

㉱ $\varepsilon = \dfrac{\text{연소실 체적}}{\text{행정 체적}}$

[해설] $\varepsilon = \dfrac{\text{행정체적} + \text{연소실 체적}}{\text{연소실 체적}}$
$= \dfrac{\text{실린더 전체적}}{\text{연소실 체적}}$

[해답] 63. ㉯ 64. ㉮ 65. ㉰ 66. ㉮ 67. ㉮ 68. ㉮

제 4 장
기관 본체 및 흡·배기 밸브

이 장은 기관 본체를 이루고 있는 구성품과 흡·배기 장치에 대한 내용으로 이루어져 있다. 엄밀히 말하자면 내연기관 중에서 왕복형 내연기관의 구조라고 보면 된다. 현재 가장 일상생활에서 가장 많이 사용하고 있는 것이 왕복형 내연기관(주로 자동차 엔진) 이기 때문에 이를 주로 다루었다.

이 장에서는 각 구성품의 역할과 종류 및 특징에 대해 살펴보자.

key point

(1) 피스톤의 구조
(2) 밸브의 설치에 따른 분류
(3) 크랭크축의 구성과 점화순서
(4) 캠의 구조, 플라이휠의 역할

1. 기관 본체의 구조

◆ **기관의 동력을 발생하는 부분**

실린더 헤드, 실린더 블록, 실린더, 피스톤, 커넥팅 로드, 크랭크축, 플라이휠, 기관 베어링, 밸브 및 밸브 기구들로 구성한다.

1-1 실린더 헤드

실린더 헤드 개스킷을 사이에 두고 실린더 블록에 몇 개의 볼트로 고정한다. 재질은 주철이나 알루미늄 합금을 사용한다.

(1) 실린더 헤드의 형식

I 헤드 형식, L 헤드 형식, F 헤드 형식(별로 사용 안 한다.)

(2) 실린더 헤드 개스킷

기밀유지, 냉각수나 엔진오일의 누수방지, 재질은 고온, 고압에 견딜 수 있는 얇은 구리판이나 강철판에 석면을 싸서 제작한다. 두께는 1.2~2 mm 정도이다.

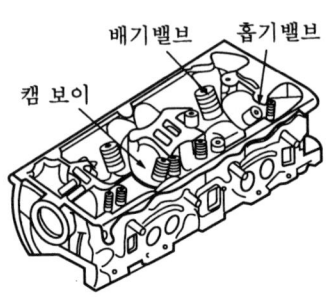

실린더 헤드의 구조

1-2 실린더 블록 및 실린더

(1) 실린더 블록

① 실린더 블록 재질 : 특수 주철(규소, 망간, 니켈, 크롬)
② 실린더 슬리브를 사용할 경우 : 보통 주철이나 알루미늄 합금

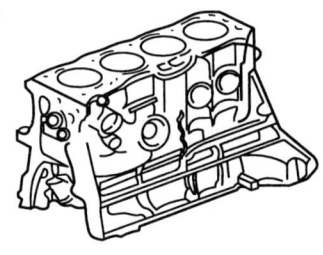

실린더 블록의 형상

(2) 실린더

피스톤이 기밀을 유지하면서 왕복운동을 하는 부분으로 진원통형이며, 그 길이는 피스톤 행정의 2배이다.

① 실린더의 역할
　(가) 2000도 (평균 1000도) 의 연소열을 받고 30 kg/cm² 정도의 고압을 받는다.
　(나) 피스톤이나 피스톤 링과 10~12 m/s의 속도로 섭동, 압축 및 동력행정에서 측압을 받아 마찰열을 발생한다.

② 실린더 재질 : 고온, 고압 및 마멸에 잘 견디고 열팽창이 적으며 가공이 쉬운 니켈-

크롬 주철이 실린더 재질로 사용된다.

1-3 실린더 라이너 (혹은 슬리브)

실린더 블록과 별도로 제작한 후에 끼워지는 형식을 말한다.

(1) 건식 라이너

슬리브가 냉각수와 간접 접촉하는 방식, 두께는 2~4 mm, 삽입시 유압프레스로 2~3 ton의 힘을 가한다.

(2) 습식 라이너

슬리브가 냉각수와 직접 접촉하는 방식, 두께는 5~8 mm, 실링이 파손되면 크랭크실로 냉각수가 들어가는 결점이 있다. 교환시 슬리브 둘레에 비눗물을 바르고 끼운다.

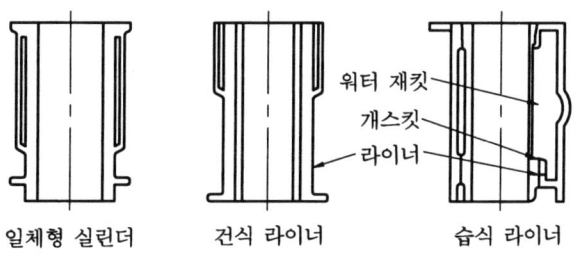

실린더 라이너의 형상

알아두세요

▶ **실린더 벽의 마모 경향**
1. 실린더 상부에서 마모가 가장 크고 하사점 부근에서도 마모가 현저하다.
2. 하사점 아랫부분은 마모가 일어나지 않는다.

1-4 피스톤

◆ **역 할**

실린더 내를 왕복하며 고온, 고압의 연소가스로부터 받은 힘을 커넥팅 로드를 거쳐 크랭크축에 전달하여 회전력을 발생시킨다.

(1) 피스톤의 구조

① **피스톤 헤드** : 연소실의 일부가 되는 부분으로 고온의 열을 받아 열로 인한 팽창이 크기 때문에 이를 고려하여 스커트 부분보다 지름이 작다.

　㈎ 피스톤 헤드의 모양
　　• 편평형 : 헤드의 모양이 평편
　　• 도움형 : 헤드의 모양이 볼록
　　• 오목형 : 피스톤 헤드가 오목하게 파져 있다.

② **링 지대** : 피스톤 링을 끼우기 위한 홈이 파져 있다.

　㈎ 링 홈 : 링이 끼워지는 홈
　㈏ 랜드 : 홈과 홈 사이

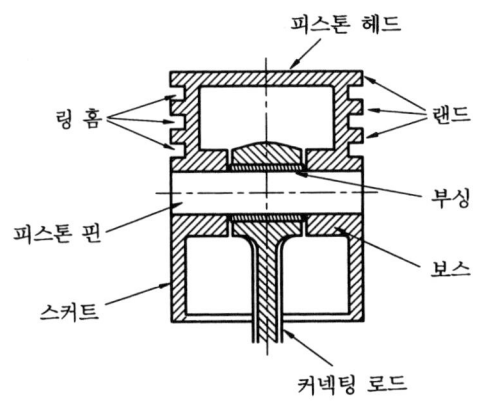

피스톤의 구조

③ **스커트부** : 피스톤 핀이 끼워져 있는 아랫부분으로 피스톤이 왕복운동을 할 때 측압을 받는 일을 한다.
④ **보스부** : 피스톤을 커넥팅 로드에 연결하는 피스톤 핀이 끼워지는 부분
⑤ **피스톤의 재질** : 알루미늄 합금을 주로 사용, 특수주철도 사용한다.

(2) 피스톤의 종류

① **솔리드 스커트 피스톤** : 스커트 부분에 홈이 없고 통형으로 되어 있으며 열팽창 홈이나 인바 스트럿이 없다.
② **스플릿 피스톤** : 피스톤 스커트부와 링부 사이에 가늘게 가공한 홈을 만들어 열전도를 제한하고 열팽창을 작게 하기 위한 형식

③ 인바 스트럿형 : 온도 변화에 따라 변형을 작게 하기 위하여 열팽창이 작은 인바강을 지주로 주입하여 변형을 작게 만든 피스톤

④ 오토더믹 피스톤 : 열팽창이 작은 강철재 링을 피스톤 스커트 상부에 끼워 피스톤의 열팽창에 의한 변형을 작게 하기 위한 피스톤

⑤ 타원형 피스톤 : 열팽창을 고려하여 피스톤 핀 방향의 지름보다 피스톤 핀 직각방향의 지름을 0.25~0.3 mm 정도 크게 만든 피스톤

⑥ 오프셋 피스톤 : 피스톤 핀의 위치를 중심으로부터 0.5~2 mm 정도 오프셋 시킨 피스톤

⑦ 슬리퍼 피스톤 : 스커트 부분을 잘라낸 것으로 실린더 마모를 적게 하며 피스톤 중량을 가볍게 한 피스톤

(3) 피스톤 링

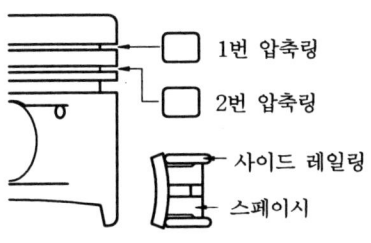

피스톤 링의 형상

① 3대 작용
  (개) 기밀 유지(밀봉 작용 : 압축링)
  (내) 오일제거 작용 (오일링)
  (대) 열전도 작용 (냉각)

② 재질 : 고온에서 장력을 잃지 않고 열팽창이 적으며, 내마멸성이 큰 재료인 특수주철 사용한다. 자동차용 엔진에서는 보통 2~3개의 압축링과 12개의 오일링 사용한다.
  (개) 압축링 : 기밀을 유지하는 것이 주목적
  (내) 오일링 : 압축링의 아래쪽에 끼워져 실린더 벽의 여분의 오일을 제거하고 유막을 조절하는 작용을 하는 링
  (대) 동심형 : 링의 두께와 폭을 링 둘레 전체에 동일하게 만든 링
  (래) 편심형 링 : 두께는 일정하나 링 절개부 부근의 폭이 좁고 반대쪽은 두껍게 만든 것
  (매) 피스톤 링의 이음 : 버트 이음, 랩이음, 각 이음

(4) 피스톤 핀

피스톤과 커넥팅 로드를 연결하는 핀이다.

① 피스톤 핀의 설치방법

㈎ 고정식 : 피스톤 핀을 볼트로 고정, 커넥팅 로드가 움직인다.

㈏ 반부동식 : 피스톤 핀을 커넥팅 로드에 끼우고 볼트로 고정, 피스톤 핀이 움직인다.

㈐ 전부동식 : 피스톤 핀과 커넥팅 로드가 같이 자유로이 움직일 수 있다.

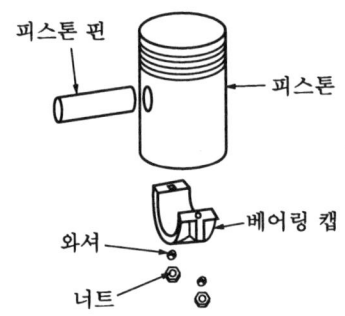

피스톤 핀의 형상

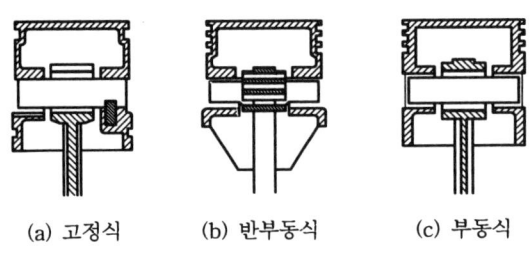

피스톤 핀의 설치방법

1-5 커넥팅 로드

① 역할 : 피스톤과 크랭크축을 연결하여 피스톤의 왕복운동을 크랭크축의 회전운동으로 변환시켜주는 연결봉이고 피스톤이 받는 폭발력을 크랭크축에 전달하고 흡입, 압축, 배기에서 크랭크축의 운동을 피스톤에 전달하는 역할을 한다.

② 커넥팅 로드 길이 : 작은쪽 중심과 큰쪽 중심과의 거리, 피스톤 행정의 1.5~2.3배, 크랭크 축 회전반지름의 3.5~4.2배

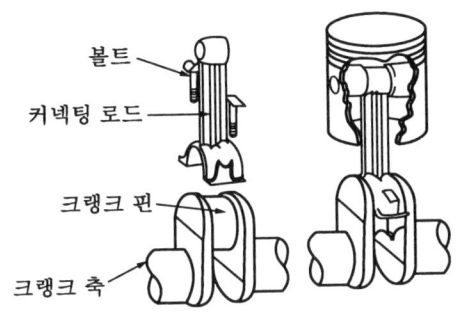

커넥팅 로드의 형상

1-6 기관 베어링

(1) 베어링의 종류

① 레이디얼 베어링 : 축으로부터 베어링에 작용하는 하중의 방향이 축에 수직인 베어링
② 스러스트 베어링 : 축에 평형인 하중을 받는 베어링
③ 슬라이딩 베어링 : 축의 표면과 베어링 내면과의 운동이 미끄럼 운동이며 면 접촉으로 축을 지지하는 베어링
④ 롤링 베어링 : 두 면 사이에 볼 또는 롤러와 같은 회전체를 가지는 베어링

(2) 베어링의 재료

① 배빗 메탈 : 주석(80~90 %) + 구리(3~7 %) + 안티몬 (3~12 %)
② 켈밋 합금 : 구리(60~70 %) + 납 (30~40 %)
③ 알루미늄 합금 : 알루미늄 + 주석
④ 청동 : 구리 + 주석(5~10 %)

(3) 베어링 크러시

베어링의 바깥둘레와 하우징 둘레와의 차이

(4) 베어링 스프레드

베어링 하우징의 지름과 베어링을 끼우지 않았을 때의 베어링 바깥쪽 지름과의 차이, 0.125~0.5 mm이다.

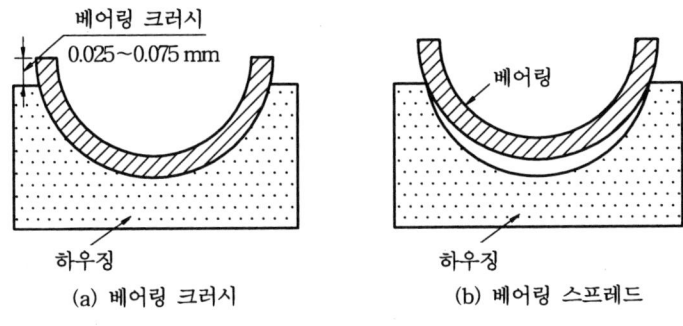

베어링 크러시와 스프레드

(5) 베어링 돌기

베어링이 베어링 하우징에서 축 방향이나 회전방향으로 움직이지 않도록 하는 것이며, 하우징에 파져 있는 홈에 끼워진다.

1-7 크랭크축

각 실린더 폭발행정에서 얻어진 피스톤 왕복 직선운동을 커넥팅 로드의 운동을 통하여 회전운동으로 바꾸어 주는 중심축이다.

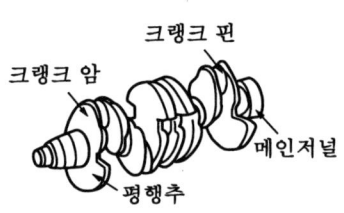

크랭크축의 구조

(1) 크랭크축의 작용과 구조

① 크랭크 메인 저널 : 크랭크축으로 기관의 구동 동력이 발생하는 축
② 크랭크 핀 : 커넥팅 로드가 설치되는 부분
③ 크랭크 암 : 크랭크 메인 저널과 크랭크 핀을 연결시켜주는 부위
④ 평형추 : 크랭크축의 회전속도를 일정하게 유지시켜주는 역할
⑤ 크랭크 반지름 : 크랭크 핀과 크랭크 메인 저널 중심 사이의 거리

(2) 크랭크축의 재질

큰 하중과 고속회전에 적합한 재료 (탄소강, 니켈-크롬강, 크롬-몰리브덴강, 니켈강)

(3) 크랭크축의 형식과 점화순서

① 4기통 기관 : 크랭크 핀의 위상차는 180도
　(개) 1번과 4번, 2번과 3번 크랭크 핀이 동일 평면 위에 있고 제 1, 4번이 하강하면 2, 3번이 상승
　(내) 1번 흡입행정이면 2번이 압축, 3번이 배기, 4번이 폭발행정
　(대) 4개의 실린더가 1번씩 폭발하면 크랭크축은 720도 회전
　(래) 점화순서 : 1-3-4-2, 혹은 1-2-4-3

② 6기통 기관
　(개) 크랭크 핀의 위상차는 120도
　(내) 1번과 6번, 2번과 5번, 3번과 4번 크랭크 핀이 동일 평면에 있다.
　(대) 6개의 실린더가 1번씩 폭발하면서 크랭크축은 2회전
　(래) 점화순서 : 1-5-3-6-2-4 혹은 1-4-2-6-3-5

③ 다기통 점화순서를 실린더 배열순으로 하지 않는 이유
　(개) 기관의 발생동력을 평등하게 한다.
　(내) 크랭크축에 무리가 없도록 하기 위해서
　(대) 원활한 회전을 하기 위한다.

1-8 플라이휠

폭발행정시 발생한 회전력을 비축해 두었다가 비동력 행정시 속도를 일정하게 유지시켜주는 역할을 한다. 뉴톤의 제 1 법칙인 관성의 법칙을 이용한다.

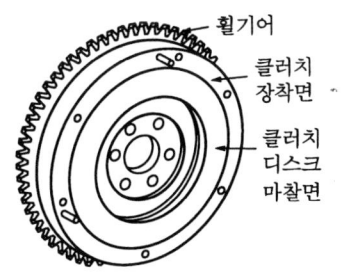

플라이휠의 형상

① 링 기어 : 기동 전동기와 연결되어 시동시 회전력을 받는 부분이다.

② 클러치 마찰면 : 플라이휠 후면에 클러치가 설치되어 클러치의 마찰면으로 사용하며, 상사점의 위치나 점화시기를 표시하는 점화시기 표지가 새겨져 있다.

2. 흡·배기 밸브장치

2-1 밸브

(1) 밸브의 구조 및 작용

① 밸브 헤드 : 밸브에서 가장 고온, 고압을 받는 부분으로 연소시 연소가스와 접촉
② 밸브 마진 : 밸브 헤드의 마모를 고려한 여유 두께
③ 밸브 페이스 : 밸브 시트와 밀착하여 기밀작용을 한다. 밸브 페이스가 불량하면 기관의 압축력이 저하되어 기관 출력이 감소한다. 밸브 페이스 각도는 60°, 45°(주로 사용), 30°이다.
④ 밸브 스템 : 밸브 가이드에 조립되어 밸브의 상, 하 운동을 하게 된다.
⑤ 밸브 스프링 리테이너 로크 글루브 : 이 홈은 밸브 스프링을 지지하는 스프링 리테이너를 밸브에 고정하는 키를 끼우는 홈이다.

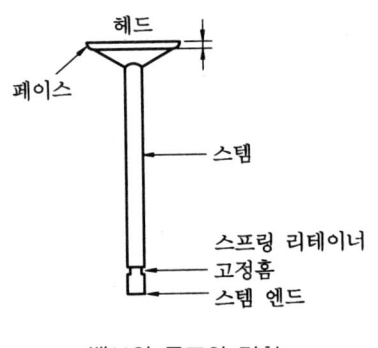

밸브의 구조와 명칭

(2) 밸브의 구비조건

① 큰 하중에 충분히 견딜 수 있고 변형을 일으키지 말아야 한다.
② 흡기 또는 배기가스의 통과에 대해 저항이 적은 통로를 형성할 수 있을 것
③ 무게가 가볍고 내구력이 클 것
④ 밸브 헤드의 열전도가 잘되는 단면일 것

(3) 밸브 헤드 모양에 따른 분류

① 플랫형 : 밸브 헤드가 편편하고 밸브 헤드 부분과 밸브 스템 부분을 큰 원호로 연결
② 튤립형 : 나팔모양으로 벌어진 밸브, 열을 받는 면적이 크다.
③ 개량 튤립형 : 플랫형과 튤립형의 중간
④ 버섯형 : 밸브 헤드는 구면, 아래쪽은 타원형, 무게가 무겁고 열을 받는 단면이 크다.
⑤ 나트륨 냉각식 밸브 : 밸브 스템을 중공으로 하여 금속 나트륨을 넣고 봉입한다. 나트륨에 물이 혼합되면 폭발 취급에 유의한다.

2-2 밸브 장치

(1) 밸브 시트및 스템가이드

① **밸브 시트** : 밸브 페이스와 밀착하여 연소실의 압력이 새는 것을 방지하는 부분이다.

　㈎ 밸브 시트 리세션(valve seat recession) : 밸브가 시트에 접촉할 때 발생하는 충격으로 밸브 시트가 마모되는 현상이다.

　㈏ 납 성분이 포함된 가솔린 : 납이 충격 완화작용을 한다.

② **밸브 스템 가이드** : 밸브 스템이 진동 없이 상, 하 운동을 할 수 있도록 안내하는 역할을 한다.

　㈎ 직접식 : 직접 실린더 헤드나 실린더 블록에 구멍을 뚫어 가이드로 만든 것으로 구멍이 넓어지면 오버 사이즈 스템을 가진 밸브를 사용한다.

　㈏ 일체식 : 스템 가이드를 끼워 넣어 사용한다.

　㈐ 분할식 : 스템 가이드가 분할 가능하다.

(2) 밸브 스프링

밸브가 닫혀 있는 동안 밸브 시트에 밀착시켜 가스가 누설되지 않도록 하는 역할을 한다.

① **밸브 스프링의 구비조건**

　㈎ 밸브가 밸브 시트에 밀착하여 가스가 새지 않을 정도의 장력이 있어야 한다.

　㈏ 밸브나 밸브 기구가 캠에 의해 운동할 때 밸브가 캠의 모양대로 움직여야 한다.

　㈐ 최고 회전속도로 장시간 운전해도 충분히 견딜 수 있는 내구성을 가져야 한다.

　㈑ 밸브 특유의 서징을 일으키지 않아야 한다.

② **밸브 서징** : 고속시 밸브 스프링의 신축이 심하여 밸브 스프링의 고유진동수와 캠 회전수 공명에 의해서 스프링이 튕기는 현상

(3) 밸브 태핏

① **기계식 태핏**

　㈎ 평면형 : 태핏의 면이 편편한 태핏으로 접선캠과 결합

　㈏ 롤러형 : 태핏이 롤러로 이루어진 태핏으로 볼록캠과 결합

　㈐ 볼형 : 태핏이 구형으로 이루어진 태핏으로 오목캠과 결합

② 유압식 태핏 : 유압으로 작동

(4) 푸시로드와 로커암

① 푸시로드 : 캠의 축의 회전에 따라 작동되는 태핏의 상승운동을 받아 로커암에 전달하는 역할을 한다.

② 로커암 : 로커암 축에 조립되어 캠축의 운동에 따라 밸브를 개, 폐시키는 역할을 한다.

(5) 캠축과 캠

① 캠축 : 캠을 구동시키는 축이며 기관의 밸브 수와 같은 수의 캠이 연결되어 있다.

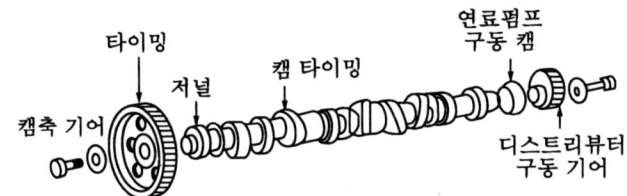

캠축의 구조

② 캠 : 캠축의 회전에 따라 태핏을 밀어 올리는 역할을 한다.
  ㈎ 캠의 명칭(아래 그림 참조)

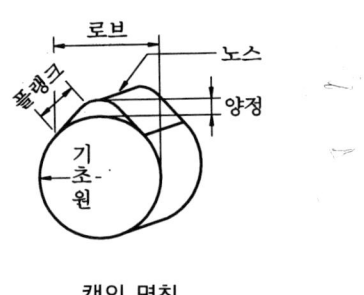

캠의 명칭

  ㈏ 캠의 종류
   • 접선캠 : 플랭크가 기초원에 대해 접선을 이룬다. 저속 기관에서 사용한다.
   • 볼록캠 : 플랭크가 원호로 이루어진 캠으로 고속 기관에서 사용한다.
   • 오목캠 : 플랭크가 오목하게 이루어졌으며 태핏은 롤러를 사용한다.

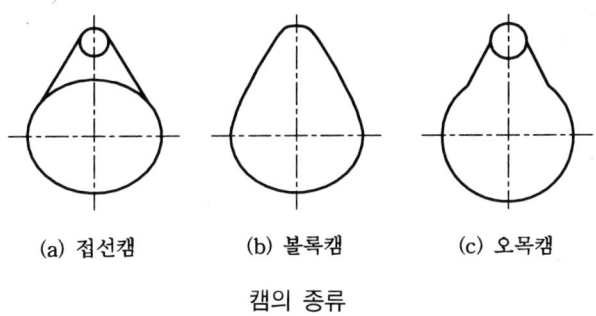

 (a) 접선캠   (b) 볼록캠   (c) 오목캠

캠의 종류

(다) 캠축의 구동방식
- 타이밍 기어 : 크랭크축과 캠축이 1 : 2인 기어로 결합
- 타이밍 체인 : 기어 대신 스프로킷을 설치
- 체인의 종류 : 사일런트 체인과 롤러 체인
- 러버 투스드 벨트(rubber toothed belt) : V 벨트에 홈을 낸 벨트

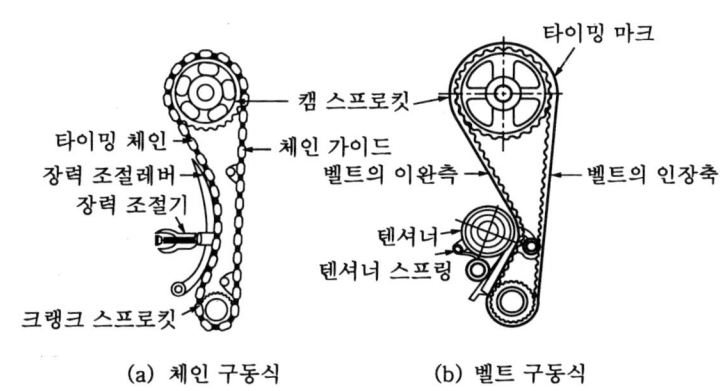

(a) 체인 구동식   (b) 벨트 구동식

캠축의 구동방식

2-3 밸브 기구의 구동방식

(1) L 헤드 밸브식

캠축은 크랭크 케이스 옆쪽 또는 윗쪽에 설치, 밸브 태핏을 통하여 개, 폐한다.

(2) 오버헤드 밸브식

밸브가 실린더 헤드에 설치되어 있으며 밸브 리프트, 푸시로드, 로커암 등이 필요하다.

오버헤드 밸브식

(3) 오버헤드 캠축 밸브식

오버헤드 밸브식의 캠축을 실린더 헤드 윗쪽에 설치, 캠이 직접 로커암을 움직이게 한다.

① 오버헤드 캠축 형식
   (가) 싱글 오버헤드 캠축(SOHC : single over head cam shaft type) : 1개의 캠축으로 모든 밸브를 작동
   (나) 더블 오버헤드 캠축(DOHC : double over head cam shaft type) : 2개의 캠축으로 각각 흡입밸브와 배기밸브를 작동

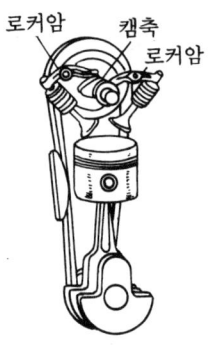
단식 오버헤드 캠축

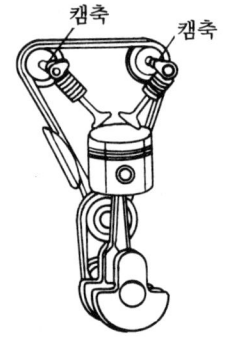
복식 오버헤드 캠축

(4) F 헤드 밸브식

흡입밸브는 실린더 헤드 위에, 배기밸브는 실린더 블록 측면에 설치한다. 한 개의 캠축에 의하여 작동한다.

2-4 밸브의 간극

기관 작동 중 열팽창을 고려하여 밸브 간극을 두며 보통 밸브 스템과 로커암 사이의 간극으로 표시한다.

(1) 소형기관
① 흡입밸브 간극 : 0.2~0.25 mm ② 배기밸브 간극 : 0.3~0.35 mm

(2) 대형기관
① 흡입밸브 간극 : 0.3~0.35 mm ② 배기밸브 간극 : 0.45~0.65 mm

3. 흡·배기 장치

3-1 흡·배기 장치의 개요

흡·배기 장치는 공기와 연료를 실린더 안의 연소실로 흡입하는 흡기장치와 연소가 일어난 후 연소가스를 대기 중에 방출하는 배기장치를 합쳐서 흡·배기 장치라고 한다.

(1) 흡기장치의 구성
공기 청정기와 흡기 다기관으로 구성되어 있다.
대기중의 공기 → 공기 청정기 → 기화기 → 흡기 매니폴드 → 흡입 밸브 → 연소실

(2) 배기장치

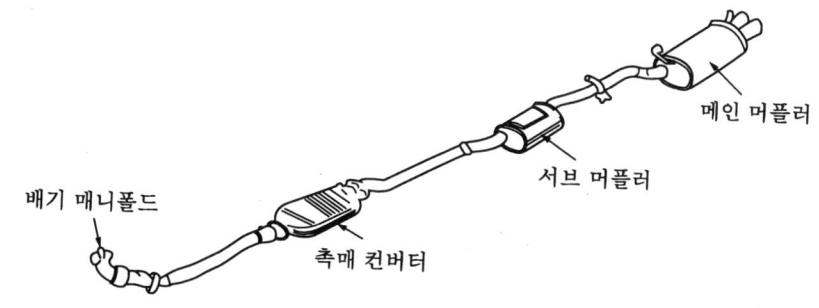

배기장치의 구조

배기 다기관과 배기 파이프 및 소음기로 구성되어 있다. 각각의 연소실 → 각 실린더의 배기밸브 → 촉매 컨버터 → 보조 소음기(서브 머플러) → 소음기(메인 머플러) → 대기중에 배출

3-2 공기청정기

대기중의 공기에는 먼지나 불순물이 많이 포함되어 있는데 이 공기중의 먼지나 불순물을 제거하고 흡기 계통에서 발생하는 소음을 없애주는 역할을 한다.

(1) 공기청정기의 종류

① 습식 공기청정기 : 흡입되는 공기를 오일이 흡수된 여과망을 통과시켜 공기중의 먼지나 불순물을 여과하는 방식

② 건식 공기청정기 : 대기중의 공기를 여과지나 여과포로 된 여과망을 통과시켜 공기를 정화하는 방식

③ 원심분리식 공기청정기 : 흡입되는 공기의 원심력을 이용하여 공기중에 포함된 먼지를 분리하는 형식

④ 유조식 공기청정기 : 공기 청정기 케이스에 들어있는 오일의 유면에 흡입공기가 충돌하여 먼지를 분리하고 동시에 공기의 흐름에 의해 유면이 출렁거려 이 때 생긴 기름 방울이 여과망에 흡수되어 공기가 여과망을 통과하면서 다시 공기중의 먼지나 불순물을 여과하는 방식

⑤ 복합식 공기청정기 : 건식이나 습식의 주공기 청정기에 원심분리식 공기청정기를 결합한 공기중의 먼지나 불순물을 제거하는 방식

3-3 흡기 매니폴드

공기청정기를 통과한 공기는 기화기로 들어가 연료와 혼합되고 기화기 안에서 혼합된 혼합물은 가능한 한 저항을 작게 해 실린더로 유도하여 각 실린더의 흡입밸브로 분배해 주는 역할을 한다.

3-4 배기 매니폴드

배기밸브를 통해서 연소실에서 배출되는 연소가스를 모아 배기 파이프로 배출시키는 역할을 한다.

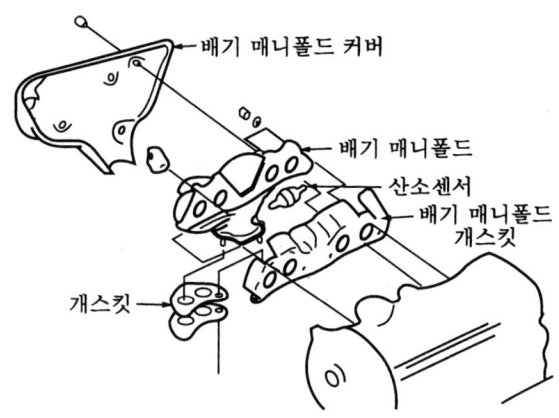

배기 매니폴드의 형상

3-5 소음기

배출되는 고온의 배기가스의 온도와 압력을 낮추어 배기소음을 감소시켜 외부로 방출하는 역할을 한다.

(1) 소음기의 구조와 작용

① 역류식 소음기 : 소음기의 체적을 확대시켜 배기시 발생하는 압력파에 의해 생기는 음압을 줄일 수 있도록 여러 개의 파이프를 직렬로 연결시킨 소음기

② 단류식 소음기 : 소음기를 통과하는 가스를 가속시켜 압력파이 주파수를 변경시켜 흡음재로 흡수할 수 있도록 파이프 측면에 많은 구멍을 뚫은 다음 흡음재로 포장한 소음기

③ 보조 소음기 : 배기 다기관과 소음기 사이에 소형의 소음기를 보조로 설치

예 상 문 제

문제 1. 다음 중 연소실의 구비조건으로 옳지 않은 것은?
㉮ 압축행정에서 적당한 와류를 줄 수 있을 것
㉯ 화염 전파거리가 짧을 것
㉰ 실린더에 전도되는 열량을 많게 할 것
㉱ 밸브 면적을 크게 하여 가스교환이 원활하게 작은 저항으로 행하여질 수 있게 할 것

해설 • 연소실의 구비조건
① 화염 전파거리가 짧을 것
② 압축행정에서 적당한 와류를 줄 수 있을 것
③ 밸브 면적을 크게 하여 가스교환이 원활하게 작은 저항으로 행하여질 수 있게 할 것
④ 실린더에 전도되는 열량을 적게 할 것
⑤ 가열되기 쉬운 돌기부나 공극이 없게, 또는 오염물이 고이지 않게 할 것
⑥ 밸브 구동이 간단한 기구로서 움직일 수 있게 할 것

문제 2. 피스톤과 실린더 사이의 간격이 크면 어떤 현상이 생기는가?
㉮ 레이싱이 생긴다.
㉯ 교착현상
㉰ 블로 바이가 생긴다.
㉱ 레온현상

해설 블로 바이 현상이 생기고, 출력이 저하되어 오일의 소비가 증가한다.

문제 3. 가솔린 기관의 연소실 중 오버헤드 밸브식에 속하지 않는 것은?
㉮ 예연소실   ㉯ 반구형 연소실
㉰ 지붕형 연소실   ㉱ 쐐기형 연소실

해설 가솔린 기관의 연소실 형상 중 오버헤드 밸브식에는 반구형 연소실, 지붕형 연소실, 욕조형 연소실, 쐐기형 연소실이 있다.

문제 4. 다음 중 가솔린 기관의 연소실 중 유해가스의 발생을 억제하기 위한 저공해 기관의 연소실에 속하지 않는 것은?
㉮ 부연소실식   ㉯ 예연소실식
㉰ 난류생성 포트식   ㉱ 부흡기 밸브식

해설 가솔린 기관의 연소실 중 유해가스의 발생을 억제하기 위한 저공해 기관의 연소실에는 부연소실식, 난류생성 포트식, 부흡기 밸브식, 흡입 가이드식 등이 있다.

문제 5. 저공해 기관의 연소실 중에 보조 흡기 밸브를 설치하여 혼합기에 고속분류를 보내어 난류를 일으켜 안전된 연소를 진행시킬 수 있는 연소실은 어느 것인가?
㉮ 부연소실식   ㉯ 난류생성 포트식
㉰ 부흡기 밸브식   ㉱ 흡입 가이드식

해설 • 부흡기 밸브식: 보조 흡기 밸브를 설치하여 혼합기에 고속분류를 보내어 난류를 일으켜 안전된 연소 진행

문제 6. 저공해 기관의 연소실 중에 난류생성 포트를 설치한 연소실은 어느 것인가?
㉮ 난류생성 포트식   ㉯ 부연소실식
㉰ 흡입 가이드식   ㉱ 부흡기 밸브식

해답 1. ㉰ 2. ㉰ 3. ㉮ 4. ㉯ 5. ㉰ 6. ㉮

[해설] • 난류생성 포트식 : 혼합기에 난류를 일으키기 위해 연소실 안에 난류생성 포트를 (TGP : turbulence generation port) 설치

[문제] 7. 실린더 헤드와 실린더 블록 사이의 기밀을 유지하고 냉각수나 엔진오일의 누수를 방지하기 위해 설치하는 것은?
㉮ 압축링
㉯ 오일링
㉰ 실린더 헤드 개스킷
㉱ 실린더 라이너

[해설] • 실린더 헤드 개스킷 : 실린더 헤드와 실린더 블록 사이의 기밀유지, 냉각수나 엔진오일의 누수 방지하기 위해 얇은 구리판이나 강철판에 석면을 싸서 제작, 두께는 1.2~2 mm 정도이다.

[문제] 8. 실린더 블록과 피스톤 사이의 접촉으로 인한 실리더 블록의 마모를 방지하기 위하여 실린더 블록과는 별도로 제작하여 실린더 블록에 끼워 넣는 기관 부품은?
㉮ 피스톤 핀
㉯ 피스톤 링
㉰ 실리더 헤드 개스킷
㉱ 실린더 라이너

[해설] • 실린더 라이너 (또는 슬리브) : 실린더 블록과 피스톤 사이의 접촉으로 인한 실리더 블록의 마모를 방지하기 위하여 실린더 블록과는 별도로 제작하여 실린더 블록에 끼워 넣는 기관부품

[문제] 9. 다음 중 피스톤에 작용하는 측압에 의하여 발생하는 실린더 벽의 마모현상이 가장 심한 곳은 어느 곳인가?
㉮ 상사점
㉯ 하사점
㉰ 상사점과 하사점의 중간 부근
㉱ 하사점 아래 부근

[해설] 상사점에서 실린더 벽의 마모현상이 가장 두드러지게 나타난다. 그 다음이 하사점이고 하사점 아래 부근에서는 마모가 일어나지 않는다.

[문제] 10. 피스톤을 이루고 있는 구조 중에서 연소실의 일부가 부분은 어느 것인가?
㉮ 피스톤 헤드   ㉯ 링지대
㉰ 스커트부   ㉱ 보스부

[해설] • 피스톤 헤드 : 연소실의 일부가 부분이다.

[문제] 11. 피스톤을 이루고 있는 구조 중에서 피스톤을 커넥팅 로드에 연결하는 피스톤 핀이 끼워지는 부분은?
㉮ 링지대   ㉯ 스커트부
㉰ 실린더 헤드   ㉱ 보스부

[해설] • 보스부 : 피스톤을 커넥팅 로드에 연결하는 피스톤 핀이 끼워지는 부분이다.

[문제] 12. 피스톤을 이루고 있는 구조 중에서 피스톤 핀이 끼워지는 아랫부분으로 피스톤이 왕복운동할 때 측압을 받는 역할을 하는 부분은?
㉮ 스커트부   ㉯ 보스부
㉰ 링지대   ㉱ 실린더 헤드

[해설] • 스커트부 : 피스톤 핀이 끼워지는 아랫부분으로 피스톤이 왕복운동할 때 측압을 받는 역할을 하는 부분

[문제] 13. 피스톤의 종류 중에서 피스톤 스커트부와 링부 사이에 가늘게 가공한 홈을 만들어 열전도를 제한하고 열팽창을 작게 하기 위한 형식은 무엇인가?
㉮ 솔리드 스커트 피스톤
㉯ 스플릿 피스톤
㉰ 인바 스트럿형

[해답] 7. ㉰ 8. ㉱ 9. ㉮ 10. ㉮ 11. ㉱ 12. ㉮ 13. ㉯

라 오토더어믹 피스톤

해설 • 스플릿 피스톤 : 피스톤 스커트부와 링부 사이에 가늘게 가공한 홈을 만들어 열전도를 제한하고 열팽창을 작게 하기 위한 형식이다.

문제 14. 온도 변화에 따라 변형을 작게 하기 위하여 열팽창이 작은 인바강을 지주로 주입하여 변형을 작게 만든 피스톤은?
가 오토더믹 피스톤
나 솔리드 피스톤
다 인바 스트럿형
라 타원형 피스톤

해설 • 인바 스트럿형 피스톤 : 온도 변화에 따라 변형을 작게 하기 위하여 열팽창이 작은 인바강을 지주로 주입하여 변형을 작게 만든 피스톤

문제 15. 열팽창이 작은 강철재 링을 피스톤 스커트 상부에 끼워 피스톤의 열팽창에 의한 변형을 작게 하기 위한 피스톤은?
가 솔리드 스커트 피스톤
나 타원형 피스톤
다 오프셋 피스톤
라 오토더믹 피스톤

해설 • 오토더믹 피스톤 : 열팽창이 작은 강철재 링을 피스톤 스커트 상부에 끼워 피스톤의 열팽창에 의한 변형을 작게 하기 위한 피스톤

문제 16. 다음은 피스톤의 종류에 대한 설명이다. 옳지 못한 것은 어느 것인가?
가 타원형 피스톤 : 열팽창을 고려하여 피스톤 핀 방향의 지름보다 피스톤 핀 직각방향의 지름을 0.25~0.3 mm 정도 크게 만든 피스톤
나 오프셋 피스톤 : 피스톤 핀의 위치를 중심으로부터 0.5~2 mm 정도 오프셋 시킨 피스톤
다 슬리퍼 피스톤 : 스커트 부분을 잘라낸 것으로 실린더 마모를 적게 하며 피스톤 중량을 가볍게 한 피스톤
라 솔리드 스커트 피스톤 : 피스톤 스커트부와 링부 사이에 가늘게 가공한 홈을 만들어 열전도를 제한하고 열팽창을 작게 하기 위한 형식

해설 • 솔리드 스커트 피스톤 : 스커트 부분에 홈이 없고 통형으로 되어 있으며 열팽창 홈이나 인바 스트럿이 없다.

문제 17. 일반적으로 자동차용 엔진에서는 피스톤 링을 어떤 형식으로 사용하는가?
가 압축링만 사용한다.
나 압축링 2~3개 사용한다.
다 오일링 1~2개를 사용한다.
라 압축링 2~3개, 오일링 1~2개를 결합하여 사용한다.

해설 자동차용 엔진에서는 보통 2~3개의 압축링과 1~2개의 오일링을 사용한다.

문제 18. 피스톤링 중에서 실린더 벽의 오일을 제거하고 유막을 조절하기 위한 목적으로 설치하는 링은?
가 압축링
나 오일링
다 동심형 링
라 편심형 링

해설 • 오일링 : 압축링의 아래에 끼워져 실린더 벽의 오일을 제거하고 유막을 조절하기 위한 목적으로 설치한다.

문제 19. 피스톤 핀의 설치방법 중 피스톤을 볼트로 고정하고 커넥팅 로드가 움직이는 방식은?
가 고정식
나 반동식
다 전부동식
라 회전식

해답 14. 다 15. 라 16. 라 17. 라 18. 나 19. 가

[해설] ① 고정식 : 피스톤 핀을 볼트로 고정, 커넥팅 로드가 움직인다.
② 반부동식 : 피스톤 핀을 커넥팅 로드에 끼우고 볼트로 고정, 피스톤 핀이 움직인다.
③ 전부동식 : 피스톤 핀과 커넥팅 로드가 같이 자유로이 움직일 수 있다.

[문제] **20.** 피스톤과 크랭크축을 연결하여 피스톤의 왕복운동을 크랭크축의 회전운동으로 변환시켜주는 연결봉을 무엇이라 하는가?
㉮ 커넥팅 로드   ㉯ 피스톤 링
㉰ 푸시로드   ㉱ 피스톤 핀
[해설] • 커넥팅 로드 : 피스톤과 크랭크축을 연결하여 피스톤의 왕복운동을 크랭크축의 회전운동으로 변환시켜주는 연결봉

[문제] **21.** 커넥팅 로드의 길이는 피스톤 행정의 어느 정도가 적당한가?
㉮ 1.5~2.3배   ㉯ 3.5~4.2배
㉰ 5.5~6.3배   ㉱ 6.5~7.2배
[해설] 커넥팅 로드의 길이는 피스톤 행정의 1.5~2.3배, 크랭크 축 회전반지름의 3.5~4.2배가 적당하다.

[문제] **22.** 축으로부터 베어링에 작용하는 하중의 방향이 축에 수직인 베어링은 무엇인가?
㉮ 슬라이딩 베어링   ㉯ 스러스트 베어링
㉰ 레이디얼 베어링   ㉱ 롤링 베어링
[해설] ① 레이디얼 베어링 : 축으로부터 베어링에 작용하는 하중의 방향이 축에 수직인 베어링
② 스러스트 베어링 : 축에 평형인 하중을 받는 베어링
③ 슬라이딩 베어링 : 축의 표면과 베어링 내면과의 운동이 미끄럼운동이며 면 접촉으로 축을 지지하는 베어링
④ 롤링 베어링 : 두 면 사이에 볼 또는 롤러와 같은 회전체를 가지는 베어링

[문제] **23.** 베어링의 바깥둘레와 하우징 둘레와의 차이를 무엇이라 하는가?
㉮ 베어링 지름   ㉯ 베어링 스프레드
㉰ 베어링 크러시 ㉱ 베어링 돌기
[해설] • 베어링 크러시 : 베어링의 바깥둘레와 하우징 둘레와의 차이

[문제] **24.** 베어링 하우징의 지름과 베어링을 끼우지 않았을 때의 베어링 바깥쪽 지름과의 차이를 무엇이라 하는가?
㉮ 베어링 지름   ㉯ 베어링 스프레드
㉰ 베어링 크러시 ㉱ 베어링 돌기
[해설] • 베어링 스프레드 : 베어링 하우징의 지름과 베어링을 끼우지 않았을 때의 베어링 바깥쪽 지름과의 차이

[문제] **25.** 베어링 스프레드는 어느 정도로 두는 것이 적당한가?
㉮ 0.01~0.05 mm   ㉯ 0.125~0.5 mm
㉰ 1.25~5 mm   ㉱ 7~10 mm
[해설] 베어링 스프레드는 0.125~0.5 mm 정도로 하는 것이 적당하다.

[문제] **26.** 다음 중 크랭크 축에 설치된 장치가 아닌 것은?
㉮ 크랭크 핀   ㉯ 크랭크 암
㉰ 평형추   ㉱ 플라이휠
[해설] 크랭크축에는 크랭크 메인 저널, 크랭크 핀, 크랭크 암, 평형추 등이 설치되어 있다.

[문제] **27.** 가솔린 기관 중에서 6기통 엔진의 위상차는 얼마인가?
㉮ 90°   ㉯ 180°
㉰ 360°   ㉱ 120°

[해답] 20. ㉮   21. ㉮   22. ㉰   23. ㉰   24. ㉯   25. ㉯   26. ㉱   27. ㉱

해설 기관의 위상차는 720÷기통수를 하면 된다. 그러므로 6기통 기관의 위상차는 120°가 된다.

문제 28. 밸브 페이스와 밀착하여 연소실의 압력이 새는 것을 방지하는 부분은?
㉮ 밸브 헤드 ㉯ 밸브 스템
㉰ 밸브 스프링 ㉱ 밸브 시트

해설 ① 밸브 시트 : 밸브 페이스와 밀착하여 연소실의 압력이 새는 것을 방지한다.
② 밸브 페이스 : 밸브 시트와 밀착하여 기밀작용을 한다.
③ 밸브 스템 : 밸브 가이드에 조립되어 밸브의 상, 하 운동을 하게 된다.
④ 밸브 스프링 리테이너 로크 글루브 : 이 홈은 밸브 스프링을 지지하는 스프링 리테이너를 밸브에 고정하는 키를 끼우는 홈

문제 29. 밸브가 시트에 접촉할 때 발생하는 충격으로 밸브 시트가 마모되는 현상을 무엇이라 하는가?
㉮ 밸브 서징 ㉯ 밸브 시트 리세션
㉰ 밸브 오버랩 ㉱ 밸브 리드

해설 • 밸브 시트 리세션(valve seat recession) : 밸브가 시트에 접촉할 때 발생하는 충격으로 밸브 시트가 마모되는 현상

문제 30. 다음 중 밸브 스프링의 구비조건에 해당되지 않는 것은?
㉮ 최고 회전속도로 장시간 운전해도 충분히 견딜 수 있는 내구성을 가져야 한다.
㉯ 밸브나 밸브 기구가 캠에 의해 운동할 때 밸브가 캠의 모양대로 움직여야 한다.
㉰ 밸브 특유의 서징이 일어나야 한다.
㉱ 밸브가 밸브 시트에 밀착하여 가스가 새지 않을 정도의 장력이 있어야 한다.

해설 • 밸브 스프링의 구비조건
① 밸브가 밸브 시트에 밀착하여 가스가 새지 않을 정도의 장력이 있어야 한다.
② 밸브나 밸브 기구가 캠에 의해 운동할 때 밸브가 캠의 모양대로 움직여야 한다.
③ 최고 회전속도로 장시간 운전해도 충분히 견딜 수 있는 내구성을 가져야 한다.
④ 밸브 특유의 서징을 일으키지 않아야 한다.

문제 31. 다음 중 밸브 시트 리세션 현상을 완화하기 위해 가솔린에 참가하는 것은?
㉮ 납 ㉯ 아연
㉰ 구리 ㉱ 주석

해설 밸브 시트의 마모를 방지하기 위하여 가솔린에 납을 첨가한다.

문제 32. 다음 중 밸브 태핏이 구형으로 이루어진 것은?
㉮ 평면형 태핏 ㉯ 롤러형 태핏
㉰ 볼형 태핏 ㉱ 유압식 태핏

해설 ① 평면형 : 태핏의 면이 편편한 태핏
② 롤러형 : 태핏이 롤러로 이루어진 태핏
③ 볼형 : 태핏이 구형으로 이루어진 태핏
④ 유압식 태핏 : 유압으로 작동

문제 33. 고속시 밸브 스프링의 신축이 심하여 밸브 스프링의 고유진동수와 캠 회전수 공명에 의해서 스프링이 튕기는 현상을 무엇이라고 하는가?
㉮ 밸브 시트 리세션 ㉯ 밸브 서징
㉰ 밸브 리드 ㉱ 밸브 오버랩

해설 • 밸브 서징 : 고속시 밸브 스프링의 신축이 심하여 밸브 스프링의 고유진동수와 캠 회전수 공명에 의해서 스프링이 튕기는 현상이다.

문제 34. 다음 중 캠의 종류에서 플랭크가

해답 28. ㉱ 29. ㉯ 30. ㉰ 31. ㉮ 32. ㉰ 33. ㉯ 34. ㉮

기초원에 대해 접선을 이루는 캠은?
㉮ 접선캠 ㉯ 오목캠
㉰ 볼록캠 ㉱ 트윈캠
[해설] • 접선캠 : 플랭크가 기초원에 대해 접선을 이루는 캠으로 저속 기관에서 많이 사용한다.

문제 35. 다음 중 고속 기관에서 많이 하는 캠은 어느 것인가?
㉮ 오목캠 ㉯ 볼록캠
㉰ 접선캠 ㉱ 트윈캠
[해설] • 볼록캠 : 플랭크가 원호로 이루어진 캠으로 고속 기관에서 많이 사용한다.

문제 36. 캠축을 구동시킬 때 기어 대신 스프로킷을 설치한 것은?
㉮ 타이밍 기어 ㉯ 타이밍 체인
㉰ V 벨트 ㉱ 러버투드 벨트
[해설] • 타이밍 체인 : 기어 대신 스프로킷을 설치하여 캠축을 구동

문제 37. 구동 기어를 2장으로 분리하여 그 사이에 비틀림 스프링을 매개로 상호 접속시킨 기어는?
㉮ 베벨 기어 ㉯ 헬리컬 기어
㉰ 평기어 ㉱ 시저 기어
[해설] • 시저 기어 : 구동 기어를 2장으로 분리하여 그 사이에 비틀림 스프링을 매개로 상호 접속시킨 기어

문제 38. 캠축을 실린더 헤드 위쪽에 설치하여 캠이 직접 로커암을 움직이게 하는 방식은 어느 것인가?
㉮ L 헤드 밸브
㉯ 오버헤드 밸브
㉰ 오버헤드 캠축 밸브
㉱ F 헤드 밸브

문제 39. 다음 중 오버헤드 밸브에 대한 설명으로 옳은 것은?
㉮ 밸브가 실린더 헤드에 설치되어 있고 밸브를 개, 폐시키기 위하여 푸시로드가 필요하다.
㉯ 캠축을 실린더 헤드 윗쪽에 설치하여 캠이 직접 로커암을 움직인다.
㉰ 흡입밸브는 실린더 헤드에, 배기밸브는 실린더 블록에 설치되어 있다.
㉱ 흡입밸브와 배기밸브가 모두 실린더 블록에 설치되어 있다.
[해설] ① 오버헤드 밸브식 : 밸브가 실린더 헤드에 설치되어 있고 밸브를 개, 폐시키기 위하여 푸시로드가 필요하다.
② 오버헤드 캠축 밸브식 : 캠축을 실린더 헤드 윗쪽에 설치하여 캠이 직접 로커암을 움직인다.
③ F 헤드 밸브식 : 흡입밸브는 실린더 헤드에, 배기밸브는 실린더 블록에 설치되 있다.
④ L 헤드 밸브식 : 흡입밸브와 배기밸브가 모두 실린더 블록에 설치되어 있다.

문제 40. 다음 중 소형기관의 흡입밸브 간극과 배기밸브 간극으로 적당한 것은 어느 것인가?
㉮ 흡입밸브 간극 : 0.45~0.65 mm, 배기밸브 간극 : 0.3~0.35 mm
㉯ 흡입밸브 간극 : 0.3~0.35 mm, 배기밸브 간극 : 0.2~0.25 mm
㉰ 흡입밸브 간극 : 0.2~0.25 mm, 배기밸브 간극 : 0.3~0.35 mm
㉱ 흡입밸브 간극 : 0.2~0.25 mm, 배기밸브 간극 : 0.45~0.65 mm
[해설] 소형기관에서 흡입밸브 간극은 흡입밸브 간극은 0.2~0.25 mm, 배기밸브 간극 0.3~0.35 mm로 하는 것이 좋다.

[해답] 35. ㉯ 36. ㉯ 37. ㉱ 38. ㉰ 39. ㉮ 40. ㉰

문제 41. 다음 중 대형기관의 흡입밸브 간극과 배기밸브 간극으로 적당한 것은?
㉮ 흡입밸브 간극 : 0.3~0.35 mm, 배기밸브 간극 : 0.2~0.25 mm
㉯ 흡입밸브 간극 : 0.3~0.35 mm, 배기밸브 간극 : 0.45~0.65 mm
㉰ 흡입밸브 간극 : 0.45~0.65 mm, 배기밸브 간극 : 0.3~0.35 mm
㉱ 흡입밸브 간극 : 0.2~0.25 mm, 배기밸브 간극 : 0.45~0.65 mm

[해설] 대형기관에서 흡입밸브 간극은 흡입밸브 간극은 0.3~0.35 mm, 배기밸브 간극 0.45~0.65 mm로 하는 것이 좋다.

문제 42. 다음 피스톤 형식에서 열팽창과 관계가 없는 것은?
㉮ 테이퍼   ㉯ 캠
㉰ T 슬릿   ㉱ 옵셋

문제 43. 다음 피스톤 형식에서 열팽창과 관계가 없는 것은?
㉮ 테이퍼   ㉯ 캠
㉰ T 슬릿   ㉱ 옵셋

[해설] 옵셋 피스톤은 중심선과 피스톤 핀의 중심선이 일치하지 않는 피스톤으로 폭발행정 시 측압을 줄이도록 한 것이다.

문제 44. 대형기관에서 별도로 실린더유를 라이너에 주입할 경우 옳은 것은?
㉮ 피스톤이 하사점에 있을 때 제1링과 제2링 사이에서 주유
㉯ 피스톤이 상사점에 있을 때 제1링에 주유
㉰ 주유공은 실린더의 좌우측에 설치
㉱ 피스톤이 하사점에 있을 때 제2링 윗쪽에 주유

문제 45. 커넥팅 로드의 길이는 일반적으로 크랭크 반지름의 몇 배로 하는가?
㉮ 약 2배   ㉯ 약 4배
㉰ 약 6배   ㉱ 약 8배

[해설] 저속, 중속 기관은 4배 정도, 고속 기관의 경우는 3.8~4.0배

문제 46. 플라이휠을 설계할 때 고려하여 할 사항 중 관계가 없는 것은?
㉮ 기관출력 성능관계
㉯ 시동시의 기동 성능관계
㉰ 부하 변동시의 조속 성능관계
㉱ 기관의 가속 성능관계

문제 47. 플라이휠의 역할을 설명한 것 중 옳지 않은 것은?
㉮ 폭발행정 때의 에너지의 일부를 저축한다.
㉯ 클러치 마찰면으로 이용된다.
㉰ 기관의 출력 성능을 향상시켜준다.
㉱ 기관 시동에 이용된다.

[해설] 회전속도를 균일하게 회전을 원활하게 한다.

문제 48. 고속 기관용 피스톤 재료에서 Al-Cu계는 합금과 Al-Si계는 합금의 장·단점을 설명한 것 중 옳지 않은 것은?
㉮ Al-Cu계는 열전도가 좋고 내열성이 크다.
㉯ Al-Cu계는 열팽창계수와 비중이 크다.
㉰ Al-Si계는 열팽창계수와 비중이 작다.
㉱ Al-Si계는 열전도가 좋고 팽창계수가 크다.

[해설] Al-Cu계 합금은 열전달이 좋고 내열성이 크니 비중과 팽창계수가 큰 것이 결점이다.

[해답] 41. ㉯ 42. ㉱ 43. ㉱ 44. ㉮ 45. ㉯ 46. ㉮ 47. ㉰ 48. ㉱

Al-Si계는 비중과 팽창계수가 적고 주조성이 우수하다.

문제 49. 실린더 헤드 L형과 I형의 비교에서 틀린 것은?
㉮ I형은 밸브 기구가 복잡하다.
㉯ I형은 압축비를 높이는데 유리하다.
㉰ L형은 흡·배기 밸브가 장착되어 있다.
㉱ L형은 구조가 간단하다.
해설 L형은 점화 플러그만이 장치되어 있어 구조가 간단하다.

문제 50. 피스톤 핀의 고정법에 해당되지 않는 것은?
㉮ 고정식　　　㉯ 반부동식
㉰ 전부동식　　㉱ 회전식
해설 피스톤 핀의 고정법에서 고정식, 반부동식, 전부동식이 있다.

문제 51. 가스로부터 피스톤 윗면에 전달된 열은 다음 어느 경로로 전달되는가?
㉮ 피스톤 표면을 통하여 실린더 면에 전달
㉯ 피스톤 링을 거쳐 실린더에 전달
㉰ 피스톤에서 직접 크랭크실 내 공기로 전달
㉱ 피스톤에서 커넥팅 로드를 거쳐 전달
해설 피스톤 링을 통해 전달되는 열량은 약 65% 정도이다.

문제 52. 내연기관의 베어링 합금의 재료 중 틀린 것은?
㉮ Ni 합금　　㉯ 백 합금
㉰ 켈밋 합금　㉱ 은용착 합금

문제 53. 내연기관의 베어링 합금으로서 필요한 성질을 틀리게 설명한 것은?
㉮ 고형물이 합금에 잘 매입될 것

㉯ 150℃ 정도의 온도하에서도 강도를 유지할 것
㉰ 소성변형이 일어나지 않을 것
㉱ 윤활유 중의 산에도 침식되지 않을 것
해설 교착이 일어나지 않게 마찰계수가 적고 열전도율이 좋아야 한다. 또, 축의 편모를 방지하기 위하여 소성변형이 되어야 한다.

문제 54. 베어링 메탈 재료로서 화이트 메탈과 켈밋 메탈(연청동)을 비교한 것 중 틀린 것은?
㉮ 화이트 메탈은 높은 온도에서 경도 및 압축강도가 급격히 하강한다.
㉯ 화이트 메탈은 두꺼운 층으로 하면 피로강도는 개선된다.
㉰ 켈밋 메탈은 열전도가 양호하다.
㉱ 켈밋 메탈은 기계적 강도가 비교적 크다.
해설 화이트 메탈은 고형물 매몰성이 좋으나 충격하중에 약하다. 그러나 층을 얇게 하므로 피로강도는 개선된다.

문제 55. 크랭크의 배치와 점화순서를 결정하는데 고려해야 하는 것에 속하지 않는 것은?
㉮ 크랭크축의 상하 진동이 최소가 되게
㉯ 기관 전체에서 관성력, 관성 모멘트가 최소가 되게
㉰ 크랭크축에 비틀림 진동이 일어나지 않게
㉱ 인접한 실린더가 계속 연달아 점화되지 않게

문제 56. 크랭크 축 기어와 캠축 기어와의 지름의 비 및 회전비는 각각 얼마인가?
㉮ 2:1 및 2:1　　㉯ 1:2 및 2:1
㉰ 1:2 및 1:2　　㉱ 2:1 및 1:2

해답 49. ㉰　50. ㉱　51. ㉯　52. ㉮　53. ㉰　54. ㉯　55. ㉮　56. ㉯

문제 57. 연소실의 모양에 따른 내연기간의 분류 중 흡·배기 밸브가 모두 실린더 헤드에 설치된 기관은?
㉮ I 헤드형 : 흡기밸브와 배기밸브 모두 실린더 헤드에 설치되어 있다.
㉯ L 헤드형 : 흡기밸브와 배기밸브 모두 실린더 블록에 설치되어 있다.
㉰ F 헤드형 : 흡기밸브는 실린더 헤드에 배기밸브 실린더 블록에 설치되어 있다.
㉱ T 헤드형 : 일종의 L 헤드형으로 대형 기관에서 실린더를 중앙에 두고 밸브가 양쪽에 설치되어 있다.

문제 58. 다음 중 엔진의 상태에 따른 배기의 색을 잘못 표시한 것은?
㉮ 혼합기의 농후 – 흑색
㉯ 공기청정기가 막혔다 – 담황색
㉰ 윤활유 혼입 연소시 – 회색이나 백색
㉱ 무색 또는 엷은 청색 – 정상
[해설] 공기청정기가 막히면 배기색은 검고 출력도 감소된다.

문제 59. 다음은 밸브 스프링의 서징 현상을 방지하는 방법이다. 틀린 것은?
㉮ 피치가 적은 스프링을 사용한다.
㉯ 피치가 서로 다른 2중 스프링을 사용한다.
㉰ 원추형 스프링을 사용한다.
㉱ 스프링의 고유진동수를 높혀 준다.
[해설] • 서징의 방지책
 ① 스프링의 고유진동수를 높인다.
 ② 코일을 부동피치로 하여 피치가 적은 쪽을 밸브 헤드의 반대쪽에 준다.
 ③ 피치가 서로 다른 2중 스프링을 사용한다.
 ④ 원추형 스프링을 사용한다.

문제 60. 다음 중 밸브 재료의 구비조건이 아닌 것은?
㉮ 내식, 내마멸성이 클 것
㉯ 중량이 클 것
㉰ 고온강도 및 경도가 클 것
㉱ 장시간 운전에 견딜 것
[해설] • 밸브 재료의 구비조건
 ① 비중이 작을 것
 ② 고온강도, 경도가 클 것
 ③ 열팽창계수가 작을 것
 ④ 작동온도에서 변절되지 않을 것
 ⑤ 내식, 내마멸성이 클 것
 ⑥ 단조, 가공 또는 용접이 용이하고 열처리가 간단할 것
 ⑦ 피로강도가 클 것

문제 61. 다음 중 캠각(dwell angle)이란 무엇을 말하는가?
㉮ 캠축이 밸브 리프터와 떨어져 있는 각이다.
㉯ 캠축이 밸브 리프터와 접해 있는 각이다.
㉰ 단속기 접점이 열려 있는 동안에 캠이 회전한 각이다.
㉱ 단속기 접점이 닫혀 있는 동안에 캠이 회전한 각이다.
[해설] • 캠각(dwell angle, 드웰각) : 단속기 접점이 닫혀 있는 동안에 캠이 회전한 각이다.

문제 62. 피스톤 링 플래터가 일어날 경우 발생하는 현상은?
㉮ 피스톤에 소음이 심하다.
㉯ 배기가스의 색깔이 변한다.
㉰ 노킹이 일어난다.
㉱ 블로바이 현상이 나타난다.
[해설] • 링 플래터 : 링이 마모되어 장력이 적어지면 피스톤 운동시 링 홈에서 링이 상하로

[해답] 57. ㉮ 58. ㉯ 59. ㉮ 60. ㉯ 61. ㉱ 62. ㉱

움직이는 현상으로 가스의 블로바이 현상이 일어난다.

문제 63. 다음 중 크랭크축의 평형추의 역할은 무엇인가?
㉮ 회전력을 증대시킨다.
㉯ 크랭크축의 강도를 높인다.
㉰ 회전을 일정하게 한다.
㉱ 오일을 뿌려준다.
[해설] • 평형추(balance weight) : 크랭크 암의 반대쪽에 설치되어 크랭크축의 정적, 동적, 평형을 잡아 진동이 발생하지 않는다.

문제 64. 다음은 4실린더 기관의 크랭크축에 대한 설명이다. 옳지 않은 것은?
㉮ 크랭크 핀의 위상차는 180°이다.
㉯ 점화순서는 1-3-4-2 또는 1-2-4-3이다.
㉰ 재질은 모두 주철을 사용한다.
㉱ 메인 베어링의 수는 3 또는 5이다.
[해설] 재질은 Ni-Cr 강 및 Cr-Mo강이 쓰인다.

문제 65. 밸브 오버랩은 무엇을 의미하는가?
㉮ 흡기밸브만 열려 있는 시기
㉯ 배기밸브만 열려 있는 시기
㉰ 흡, 배기밸브가 동시에 열려 있는 시기
㉱ 흡, 배기밸브가 동시에 닫혀 있는 시기
[해설] 흡, 배기밸브가 동시에 열려 있는 시기를 오버랩(overlap) 현상이라고 한다.

문제 66. 커넥팅 로드(연결봉)의 재료로 사용되는 것은?
㉮ 알루미늄 합금   ㉯ 동
㉰ 황동   ㉱ 주철
[해설] 연결봉의 재료로는 고탄소강, 크롬강, 크롬-몰리브덴강 등이 사용되나 때로는 알루미늄 합금도 쓰인다.

문제 67. Sn 합금으로 구성된 기관의 부품은 어느 것인가?
㉮ 디젤 기관의 베어링
㉯ 피스톤
㉰ 가솔린 기관의 베어링
㉱ 실린더 블록
[해설] 디젤 기관의 베어링은 Cu 합금인 켈밋(kelmet)와 Al 합금인 Al 베어링이며, 가솔린 기관은 Sn의 합금 베어링이다.

문제 68. 4사이클 기관에서는 흡입밸브가 크랭크축이 몇 회전하는 사이에 1번 개폐되는가?
㉮ 1회전   ㉯ 2회전
㉰ 4회전   ㉱ 3회전
[해설] 4사이클 기관은 크랭크축 2회전에 1번의 폭발로 흡입밸브도 크랭크축 2회전에 1번 개폐된다.

문제 69. 피스톤 링의 역할 중 틀린 것은?
㉮ 기밀을 유지한다.
㉯ 피스톤의 열을 실린더 벽에 전달한다.
㉰ 오일링은 실린더 벽의 윤활을 돕는다.
㉱ 오일링은 실린더 벽의 윤활유량을 제어한다.
[해설] 오일링 둘레에는 구멍이 뚫려 있어서 여분의 오일이 다시 크랭크실로 내려가게 되어 있다.

문제 70. 2사이클 기관에서 볼 수 없는 것은 어느 것인가?
㉮ 푸시로드   ㉯ 흡기밸브
㉰ 밸브 리프터   ㉱ 배기밸브
[해설] 2사이클 기관에서는 실린더에 있는 소기 구멍을 통해서 흡입된다.

문제 71. OHC 기관은 무엇을 뜻하는가?

[해답] 63. ㉰   64. ㉰   65. ㉰   66. ㉮   67. ㉰   68. ㉯   69. ㉰   70. ㉯   71. ㉱

㉮ 밸브 기구가 개방된 기관
㉯ 밸브 기구가 실린더 헤드 위에 설치된 기관
㉰ 밸브 기구가 실린더 옆에 설치된 기관
㉱ 캠이 실린더 헤드 위에 설치된 기관

해설 OHC 기관이란 Over Head Cam 기관의 약자로서 캠이 실린더 헤드 위에 설치되어 있는 기관으로 I형, L형 기관에서 밸브 개폐의 시간적 지연을 개선한 형식이다.

문제 72. 어떤 4사이클 자동차 엔진이 1750 rpm으로 회전하고 있다. 제 1 번 실린더의 배기밸브는 1분에 몇 번 열리는가?
㉮ 1750번
㉯ 875번
㉰ 밸브 다이내믹에 따른 횟수
㉱ 438번

해설 4사이클 엔진은 크랭크축 2회전에 1사이클을 완성하므로 1번 실린더 흡기밸브도 2회전에 한번 열린다.

문제 73. 다음 흡·배기의 밸브 재료로 쓰이는 것은?

① 페라이트 강
② 오스테이나이트강 (Ni−Cr−W)
③ 탄소강
④ Cr 합금

㉮ ①, ②   ㉯ ②, ③
㉰ ③, ④   ㉱ ①, ④

해설 Si−Cr 강은 내식성, 열전도가 양호하고 팽창계수가 작으나 자경화를 일으키고 내열성이 그리 크지 않다. Ni−Cr−W는 내열성이 좋고 자경화도 없으며 내식성도 크나 경도가 낮고 열팽창이 크며 열전도계수가 낮다.

문제 74. 밸브 헤드의 밸브 시트(valve seat)에 접촉각은 몇 도가 우수한가?
㉮ 40°   ㉯ 35°   ㉰ 50°   ㉱ 45°

해설 고속 기관에서 45°이며, 저속 기관은 흡입 면적을 늘이기 위하여 30°를 택하는 경우도 있다.

문제 75. 캠의 회전을 받아 푸시로드를 밀어 주는 부품은?
㉮ 로커암   ㉯ 밸브 스프링
㉰ 태핏   ㉱ 타이밍 기어

문제 76. I 헤드형 밸브가 열릴 때까지의 경로를 바르게 표현한 것은?
㉮ 크랭크축 → 타이밍 기어 → 태핏 → 캠 → 푸시로드 → 로커암 → 밸브
㉯ 크랭크축 → 타이밍 기어 → 캠 → 태핏 → 푸시로드 → 로커암 → 밸브
㉰ 크랭크축 → 타이밍 기어 → 캠 → 태핏 → 로커암 → 푸시로드 → 밸브
㉱ 크랭크축 → 타이밍 기어 → 캠 → 태핏 → 로커암 → 푸시로드 → 밸브

문제 77. 실린더 지름이 90 mm이고 피스톤 평균속도가 5 m/s인 자동차 기관의 흡기 밸브 지름은 어느 정도인가?
㉮ 29.7 m   ㉯ 27.9 mm
㉰ 39.7 mm   ㉱ 37.9 mm

해설 자동차용 기관의 가스 속도는 45 m/s 정도이므로
$$d = D \times \sqrt{\frac{S_p}{S_g}} = 90 \times \sqrt{\frac{5}{45}} = 90 \times 0.33$$
$$≒ 29.7 \text{ mm}$$

문제 78. 다음 중 L 헤드형 밸브 기구의 부품이 아닌 것은?
㉮ 리프터   ㉯ 로커암

해답 72. ㉯   73. ㉮   74. ㉱   75. ㉰   76. ㉯   77. ㉮   78. ㉯

㈐ 푸시로드 ㈑ 조정 스크루
[해설] L 헤드형에는 로커암이 없다.

문제 79. 유압 태핏의 조정은 어떻게 하는가?
㈎ 일정한 주행거리에 점검 조정한다.
㈏ 약 3주마다 점검한다.
㈐ 다른 일반형과 같다.
㈑ 자동적으로 조정된다.
[해설] 유압 태핏은 소음이 적고 자동으로 밸브 간격이 조정되므로 조정이 필요 없다.

문제 80. 다음은 포핏 밸브보다 슬리브 및 회전밸브의 우수한 점을 든 것이다. 틀린 것은 어느 것인가?
㈎ 흡기·배기 동작이 확실하다.
㈏ 압축비를 높일 수 있다.
㈐ 윤활유 소비량이 작다.
㈑ 연소실의 형상을 좋게 할 수 있다.
[해설] 슬리브 밸브는 누설방지가 어렵고 마찰이 크며 실린더 냉각이 어렵고 윤활유 소비량이 많다. 로터리 밸브도 누설방지 및 윤활 등 많은 문제점이 있다.

문제 81. 다음에서 배기관제 밸브의 작용과 관계가 없는 것은?
㈎ 역류 ㈏ 압출
㈐ 기주 진동 ㈑ 블로 바이
[해설] 배기관 내에 설치한 밸브로 목적에 따라 배기 압축 대책용과 기주진동 대책용으로 나눈다. 배기 포트에서 블로 다운 때 배기관 내에 가스분출에 따른 기주진동이 발생하여 배기가스의 역류가 일어난다. 이 현상을 방지하기 위해서 배기관제 밸브를 설치하는 것이다.

문제 82. 다음 중 공기중의 먼지나 불순물을 제거하기 위하여 설치하는 장치는 어느 것인가?

㈎ 연료 여과기 ㈏ 흡기 매니폴드
㈐ 공기청정기 ㈑ 오일 여과기

문제 83. 공기청정기의 종류가 아닌 것은?
㈎ 건식 ㈏ 습식
㈐ 유조식 ㈑ 분류식
[해설] 공기청정기의 종류에는 건식, 습식, 유조식, 원심분리식, 복합식이 있다.

문제 84. 흡입되는 공기를 오일이 흡수된 여과망을 통과시켜 공기중의 먼지나 불순물을 여과하는 방식의 공기청정기는 무엇인가?
㈎ 습식 공기청정기
㈏ 건식 공기청정기
㈐ 유조식 공기청정기
㈑ 원심분리형 공기청정기
[해설] • 공기청정기의 종류
① 습식 공기청정기 : 흡입되는 공기를 오일이 흡수된 여과망을 통과시켜 공기중의 먼지나 불순물을 여과하는 방식
② 건식 공기청정기 : 대기중의 공기를 여과지나 여과포로 된 여과망을 통과시켜 공기를 정화하는 방식
③ 원심분리식 공기청정기 : 흡입되는 공기의 원심력을 이용하여 공기 중에 포함된 먼지를 분리하는 형식
④ 유조식 공기청정기 : 공기청정기 케이스에 들어있는 오일의 유면에 흡입 공기가 충돌하여 먼지를 분리하고 동시에 공기의 흐름에 의해 유면이 출렁거려 이 때 생긴 기름 방울이 여과망에 흡수되어 공기가 여과망을 통과하면서 다시 공기중의 먼지나 불순물을 여과하는 방식
⑤ 복합식 공기청정기 : 건식이나 습식의 주 공기청정기에 원심분리식 공기청정기를 결합한 공기중의 먼지나 불순물을 제거하는 방식

[해답] 79. ㈑ 80. ㈐ 81. ㈑ 82. ㈐ 83. ㈑ 84. ㈎

제 5 장 윤활 및 냉각 장치

이 장은 내연기관에서 사용되고 있는 윤활장치와 냉각장치에 관한 내용이다.
이 장은 꼭 1문제 이상씩 출제되는 장이며, 중심적으로 봐야 하는 내용은 다음과 같다.

> **key point**
>
> 1. 윤활장치
>   (1) 윤활유의 6대 기능과 윤활유의 성능 강화를 위해 첨가하는 첨가제에 관한 내용을 단골로 출제된다.
>   (2) 윤활유의 분류(SAE와 API) 와 날씨에 따른 윤활유의 사용법
>   (3) 윤활의 방식과 윤활통로 및 오일 여과방식에서 각각의 특징
>   (4) 오일의 색깔이나 점도로 오일의 교환유무를 판단하는 방법
> 2. 냉각장치
>   (1) 수랭식과 공랭식의 차이
>   (2) 냉각장치를 구성하는 구성품의 역할 및 특징
>   (3) 부동액 첨가제

등에 주의를 기울여 살펴보고 문제를 풀어보기 바란다.

1. 윤활장치

1-1 윤활의 목적

윤활장치는 기관 내부의 각 윤활부에 오일을 공급하여 마찰을 감소시키고, 또 마모를 방지시키며 마찰부분의 열이나 피스톤의 열을 식혀주는 작용을 한다. 윤활부의 각 섭동면에 유막을 형성시켜 금속면과 금속면 사이의 고체마찰을 마찰력이 아주 작은 유체 마찰이 되게 한다. 따라서, 마찰저항이 작아져 마모가 적고, 마찰열의 온도 상승을 방지하게 된다.

1-2 윤활유가 갖추어야 할 조건

(1) 산화 안정성이 좋을 것

엔진은 높은 온도에서 장시간 운전하므로 오일이 산화 변질되기 쉽다. 따라서, 윤활유는 산화에 때한 충분한 저항력을 가져야 한다.

(2) 점도가 높을 것

점도 지수가 높은 오일은 저온이나 고온을 통하여 점도의 변화가 적어서 저온일 때 엔진의 기동이 쉽고, 또 고온에서도 유막이 형성된다.

(3) 부식 방지성이 좋을 것

연소에 의한 생성물이나 오일의 열화물은 실린더 내면 등 마찰부분의 금속부분을 부식시킨다. 따라서, 오일은 부식을 막는 성질이 있어야 한다.

(4) 기포 발생이 적을 것

오일에 기포가 발생하면 오일 펌프의 기능이 저하되어 오일의 순환이 좋지 않게 된다. 그렇기 때문에 윤활부족 현상이 생기므로 기포 발생에 대한 저항력이 있어야 한다.

(5) 응고점이 낮을 것

응고점이 낮은 오일이면 저온에서 유동성이 좋아져서 기관의 기동이 쉬워진다.

(6) 강인한 유막을 형성할 것

금속 상호간의 직접 접촉을 피하고 유막에 의하여 운동부분을 지지한다.

1-3 윤활유의 기능

(1) 마찰감소와 마모방지

기관 접촉 운동부에 유막을 형성하고, 마찰운동 부분 및 베어링부를 윤활하여 표면마찰을 방지하여 마모를 감소시킨다.

(2) 밀봉작용

피스톤과 실린더 사이의 접촉부에 유막을 형성하여 가스가 누출되지 않도록 기밀을 유지한다.

(3) 냉각작용

기관각부의 운동 및 마찰력에 의하여 발생하는 방열작용을 한다.

(4) 세척작용

기관 내를 윤활하며 순환할 때 불순물을 흡수하여 윤활부를 깨끗하게 한다.

(5) 충격완화 및 소음방지

기관의 운동부에서 발생하는 충격을 흡수, 마찰음 등의 소음을 감소시키는 작용을 한다.

(6) 방청작용

기관의 내부 및 운동부를 포함한 금속부분의 산화 및 부식 등을 방지한다.

1-4 윤활의 종류

(1) 고체접촉이 차지하는 비율에 따른 분류

① 유체윤활 : 완전윤활, 또는 점성윤활, 충분한 유막이 형성되어 있어 고체접촉이 방지

되어 있는 이상적이 윤활

② 혼합윤활 : 형성된 유막 두께가 섭동면의 거칠기보다 얇으므로 고체접촉이 많이 차지하는 경우

③ 경계윤활 : 유체윤활과 고체윤활의 중간상태

1-5 윤활방식

(1) 4사이클 기관의 윤활방식

① 비산식 : 커넥팅 로드 대단부 끝에 붙어 있는 주걱으로 오일 팬의 윤활유를 크랭크축이 회전운동할 때 오일을 퍼 올려 급유하는 방식

② 압송식 : 오일 펌프에 의하여 오일 팬 내에 있는 오일을 흡입 가압하여 각 윤활부에 압송시켜 윤활하는 방식

③ 전 압송식 : 피스톤과 피스톤 핀까지 윤활유를 압송하여 윤활하는 방식

④ 비산 압송식 : 크랭크축 베어링, 캠축 베어링, 밸브기구는 압송식에 의하여 윤활하고 실린더벽, 피스톤 핀은 비산식에 의하여 윤활하는 방식

(2) 2사이클 기관의 윤활방식

① 혼합식 : 가솔린과 기관 오일을 보통 15~25 : 1의 비율로 미리 혼합하여 크랭크 케이스 안에 흡입할 때와 실린더의 소기를 할 때 마찰부분을 윤활하는 방식

② 분리 윤활식 : 주요 윤활부분에 오일 펌프로 오일을 압송하는 형식이며 4사이클의 압송식과 같다.

1-6 윤활유 첨가제

(1) 산화방지제

윤활유가 산화하면 금속표면을 부식시키므로 산화를 방지하기 위하여 산화방지제를 첨가한다.

① 산화방지제 : 페놀계 화합물, 황화합물, 아인산에스텔, 아민류

(2) 점도지수 향상제

① 점도지수가 높은 윤활유를 만들기 어렵기 때문에 점도지수 향상제를 첨가하여 점도지수를 높인다. 점도지수 향상제는 지방산 또는 불포화 탄화수소 등의 고분자 화합물을 사용한다.
② 점도지수 : 윤활유가 온도변화에 따라 점도가 변하는 것을 말하며 점도가 큰 것일수록 점도 변화가 적다.

(3) 유성 향상제

① 유막 형성력을 향상시키는 첨가제(지방산 및 에스텔, 비누류)
② 유성(oiliness) : 윤활유가 금속 마찰면에 유막을 형성하는 성질

(4) 청정제

윤활유가 산화하면서 생성되는 탄소찌꺼기를 금속면에서 제거(칼슘, 바륨, 아연 등의 금속성분의 금속비누 사용)

(5) 기포 발생방지제 (소포제)

오일에 생긴 기포를 파괴하고 발생을 억제(규소오일 사용)

1-7 윤활유의 분류

(1) 점도에 의한 분류 (SAE 분류)

① SAE 분류 : 미국 자동차 기술협회(Society of Automotive Engineers)에서 제정한 SAE 번호로 분류한 것이다.
② 농도가 진한 윤활유 : SAE 번호가 높을수록 점도가 높다.
③ 농도가 낮은 윤활유 : SAE 번호가 낮을수록 점도가 낮다.
④ 차량용 기관에서 사용하는 윤활유 : 일반적으로 SAE #10~SAE #50까지 사용한다.
⑤ 점 성 : 윤활유의 흐름의 저항
⑥ 더운날 : 점도가 높은 윤활유 사용한다.
⑦ 추운날 : 점도가 낮은 윤활유 사용한다.

(2) 윤활유의 용도와 기관운전 조건에 의한 분류 : API (미국 석유협회에서 제정)

① 가솔린 기관의 경우
  (가) ML : 경부하 운전 조건일 때 사용한다.
  (나) MM : 중부하 운전 조건하에서
  (다) MS : 고부하 운전 조건하에서

② 디젤 기관의 경우
  (가) DG : 알맞은 온도와 경부하 운전일 때 또는 질이 좋은 연료를 사용하는 기관에 사용한다.
  (나) DM : 중부하 운전 조건하에서 연료의 질이 나쁜 것을 사용한다.
  (다) DS : 고부하 운전 조건하에서 연료의 질이 아주 나쁜 것을 사용하거나 과급기가 있는 기관에 사용한다.

1-8 윤활장치

(1) 각 기관부로의 윤활경로

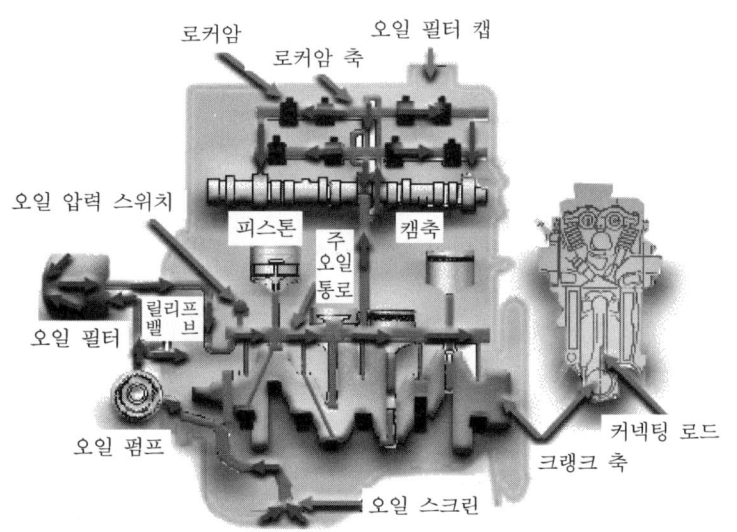

윤활장치와 윤활경로

오일 팬 → 오일 스트린 → 오일 펌프 → 릴리프 밸브(감압 밸브) → 오일 필터
→ 메인 오일 통로　┌── 크랭크 축 → 커넥팅 로드 → 실린더 및 피스톤
　(오일 압력 스위치)│　 실린더 헤드 → 로커암 축 → 로커암 → 캠 및 밸브
　　　　　　　　　└── → 캠 축(저널)

(2) 오일 팬 (oil pan)

강판을 프레스로 가공한 오일을 저장하는 용기이며 개스킷을 대고 실린더 블록에 볼트로 결합하여 고정시키고 외부로 열을 발산하여 오일의 온도를 낮춘다.

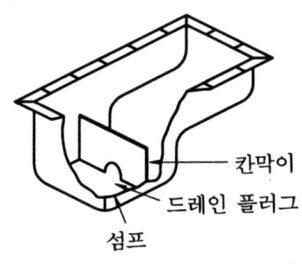

오일 팬의 구조

(3) 오일 스크린 (oil screen)

오일 팬 내의 오일을 펌프에 유도하고 동시에 오일 가운데 포함된 비교적 큰 입자의 불순물을 제거하기 위해 고운 스크린이 설치되어 있다.

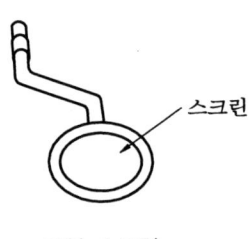

오일 스크린

(4) 오일 펌프 (oil pump)

오일 팬에 있는 오일을 빨아 올려 기관의 각 운동부분에 압송하는 펌프이다. 오일 펌프의 종류에는 로터리식, 기어식, 플런저식, 베인식 등이 있으나 기어식과 로터리식이 주로 사용된다.

① 로터리 펌프(rotary pump) : 펌프 몸체 안에 조립된 바깥로터와 내측로터가 있으며

내측로터가 회전하면, 내측로터의 중심이 편심되어 있어 내측로터의 볼록부와 바깥 로터의 오목부가 차례로 물리면서 체적공간의 변화가 생겨 오일을 흡입하고 배출하게 된다.

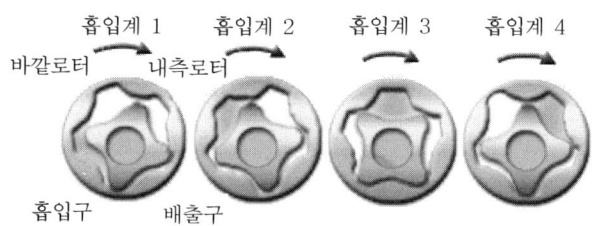

로터리 펌프의 구조

② 기어 펌프 : 외접 기어 펌프와 내접 기어 펌프가 있으며 작동방법은 거의 같다. 2개의 기어는 흡입구와 배출구 외에는 거의 틈새가 없는 관계로 이가 물리는 용적에 따라 오일을 흡입하고 배출한다. 내접 기어 펌프는 크랭크축에 의해 구동되며, 외접 기어형 펌프는 크랭크축으로부터 벨트로 외접 기어의 구동축이 동력을 받고 피동측 기어는 카운터 밸런스 샤프트와 결합되어 동시에 구동된다.

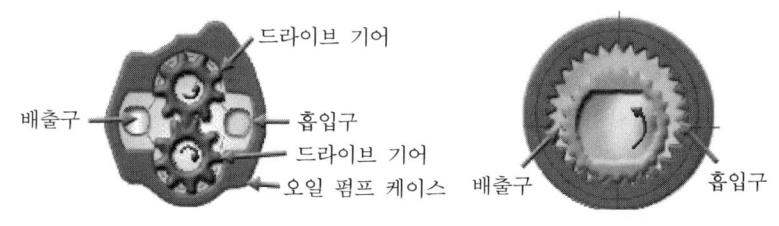

(a) 외법 기어 펌프   (b) 내접 기어 펌프

기어 펌프

③ 플런저 펌프 (plunger pump) : 플런저 펌프의 보디 안에 조립된 플런저는 편심캠에 의해 작동되고 플런저 내부에는 스프링이 있다. 또한 위, 아래에는 2개 및 배출용 체크 볼이 설치되어 있다. 스프링에 의해 플런저가 왼쪽으로 밀리면 위쪽의 체크 볼이 열리면서 오일이 압송된다.

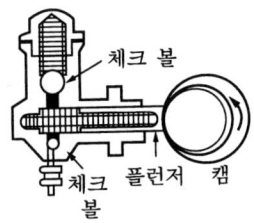

플런저 펌프의 구조

④ 베인 펌프 (vane pump) : 둥근 하우징과 그 속에 편심으로 설치되어 있는 로터로 되어 있다. 로터는 2개의 날개가 스프링을 사이에 두고 있어 펌프 축이 회전하면 펌프실 안쪽면과 날개가 접촉되면서 오일을 흡입 및 배출한다.

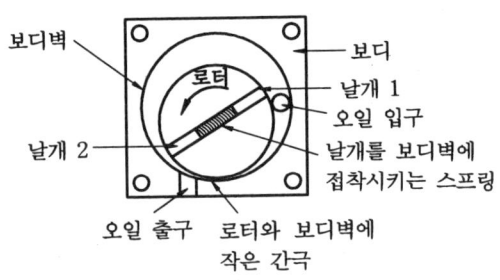

베인 펌프의 구조

(5) 오일 여과기

기관의 각 섭동부분에 발생되는 금속분말과 연소에 의해 발생한 카본 등을 여과해서 오일을 항상 깨끗한 상태로 유지시켜 주는 역할을 하며 보통 5000~10000 km 주행시마다 엔진오일과 함께 교환해야 한다. 오일의 순환경로는 오일을 여과하는 오일 필터의 설치에 따라 전류식, 분류식, 그리고 이 두 방식을 결합한 복합식이 있다. 가솔린 엔진에서는 보통 전류식을 많이 쓰고 디젤 엔진에서는 복합식을 많이 쓰고 있다.

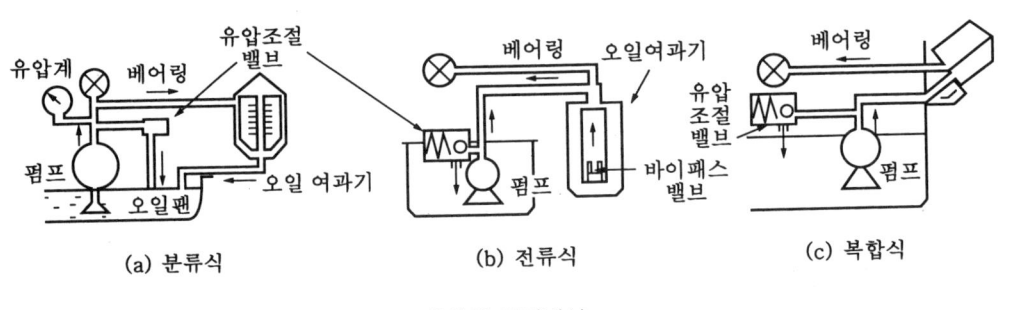

윤활의 여과방식

① 전류식 (full-flow filter) : 오일 펌프에서 압송한 오일이 오일 여과기를 거쳐 각 윤활부로 공급되는 방식이다. 이 방식은 언제나 여과된 깨끗한 오일을 공급하는 장점이 있으나 필터가 막히게 되면 필터 내의 바이패스 밸브가 열려 윤활부족 현상을 막기 위해 오일이 공급되기 때문에 여과되지 않은 오일이 공급되는 단점도 있다.

② 분류식(by-pass filter) : 오일 펌프에서 압송된 오일을 각 윤활부에 직접 공급하고 일부의 오일을 오일 여과기로 보내어 여과시킨 다음 오일 팬으로 되돌아가게 하는 방식이다.

③ 복합식(샨트식) : 전류식과 분류식을 결합한 방식이다. 입자의 크기가 다른 두 종류의 여과기를 사용하여 입자가 큰 여과기를 거친 오일은 오일 팬으로 복귀시키고 입자가 작은 여과기를 거친 오일은 각 윤활부에 직접 공급하는 방식이다.

(6) 유압 조절기 (relief valve)

감압 밸브라고도 하며 프런트 케이스 측면에 설치되어 있다. 이 밸브는 윤활회로 내의 유압이 과도하게 올라가는 것을 방지하여 유압을 일정하게 유지시켜주는 기능을 한다. 밸브의 작동이 원활하지 못하면 윤활회로에 유압이 과도하게 걸리게 되고, 심할 경우에는 오일 필터가 파열되어 중대한 결함이 발생되기도 한다.

유압 조절 압력은 자동차에 따라 다소 차이가 있으나 대개 $3 \sim 5\,\text{kg/cm}^2$으로 유지시켜 준다.

1-9 기관 오일의 점검

(1) 오일량의 점검

① 점검 : 유면 표시기로 오일량을 점검
② 정상 : F선과 L선의 중간 또는 F선까지 오일이 있을 때
③ 부족 : L선 이하가 되면 F선까지 보충

(2) 오일 상태의 점검

오일의 색깔이나 점도로 오일의 교환유무를 판단

① 검은색에 가까운 경우 : 더러워진 상태로 교환시기가 지났다.
② 붉은색에 가까운 경우 : 가솔린이 유입 혼합된 상태
③ 회색에 가까운 경우 : 연소가스의 생성물이 혼합된 상태(가솔린 내의 에틸납)
④ 우유색에 가까운 경우 : 오일에 냉각수가 포함되어 있을 때

※ **점도로 판단** : 손으로 만져 보았을 때 끈적끈적한 느낌이 없을 때에는 교환해야 한다.

2. 냉각장치

2-1 냉각장치의 목적

 냉각장치는 엔진을 냉각하여 과열을 방지하고, 또 적당한 온도를 유지해주는 역할을 장치이다. 실린더 안의 연소가스 온도는 혼합물의 연소로 인하여 실린더 내부 온도가 2000~2500℃에 이르는 고온이고 이 열의 상당부분이 실린더 벽, 실린더 헤드, 피스톤 밸브 등에 전도된다.

 이러한 부분의 온도가 높아지면 실린더 벽과 피스톤이 소착하여 원활한 운전이 곤란해지고 강도가 저하되어 고정이 생기거나 부품의 수명이 단축되고 연소상태도 나빠져 노킹이나 조기점화 등으로 엔진의 출력이 나빠지므로 이러한 현상들을 방지하기 위하여 실린더, 실린더 헤드, 피스톤의 냉각이 필요하다.

(1) 실린더 헤드에 열점(hot spot)이 생기지 않도록 한다(프리이그니션 발생).
(2) 금속부분이 과도하게, 불균등하게 팽창하지 않을 것(변형, 균열 방지)
(3) 윤활유가 점성을 잃지 않는 범위(120℃ 이하)의 온도를 유지하여 윤활작용을 완전하게 할 것
(4) 충진효율을 높일 것(흡입 혼합기가 너무 과열되면 밀도가 매우 적어짐으로 충진효율이 감소한다.)

2-2 냉각방식

 내연기관의 냉각방식은 공랭식과 수랭식이 있다.

(1) 공랭식 냉각장치

 엔진을 직접 대기와 노출시켜 열을 발산하는 형식으로 구조가 수랭식에 비해서 간단하나 운전상태에 따른 엔진의 온도가 변화되기 쉽고 냉각이 균일하게 되지 않아 과열되기 쉽다. 이 방식은 자동차용 엔진에는 거의 사용하지 않으며 모터 사이클이나 경비행기의 엔진에 이용하고 있다.

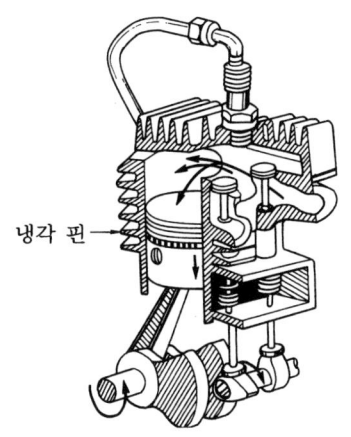

공랭식 냉각장치

(2) 수랭식 냉각장치

수랭식 냉각장치는 냉각수를 이용하여 엔진을 냉각시키는 방식으로 물의 순환방식에 따라 자연순환식과 강제순환식이 있다.

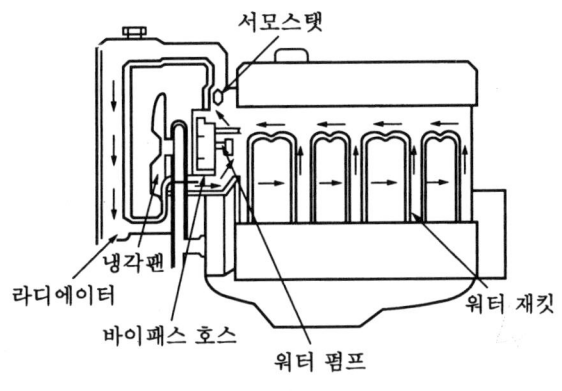

수랭식 냉각장치

① **자연순환식** : 냉각수를 대류에 의해 순환시키기 때문에 현재의 고성능 엔진에는 적합하지 않으므로 현재 거의 사용하지 않고 있다.

② **강제순환식** : 워터 펌프를 이용하여 냉각수를 강제로 순환시켜 냉각하는 방식이다. 이 방식의 주용 구성부품은 라이에이터(radiator), 워터 펌프(water pump), 워터 재킷(water jacket), 서모스탯(thermostat : 수온조절기) 등으로 구성된다. 현재 자동차

용 엔진에는 거의 이 방식을 채택하고 있다. 자동차의 냉각장치는 바이패스 방식에 따라 보텀 바이패스(bottom bypass) 방식과 인라인 바이패스(inline bypass) 방식이 있으며, 일반적으로 인라인 바이패스 방식이 많이 사용되고 있다.

(가) 엔진이 시동된 후 냉각수 온도가 낮을 때(워밍업 전) : 냉각수를 라디에이터로 보내지 않고 워터 펌프를 통해 엔진으로 순환시키기 때문에 빠른 워밍업을 유도한다.

(나) 엔진의 냉각수 온도가 어느 정도(약 80℃) 뜨거워지면 : 수온조절기가 열리면서 라디에이터로 흘러 들어가 냉각되고, 냉각된 물은 워터 펌프를 통하여 엔진으로 공급된다.

2-3 수랭식 냉각장치의 구성품

(1) 물 펌프 (water pump)

물 펌프는 실린더 블록의 앞쪽에 부착되어 냉각수를 강제로 순환시키는 장치이며, 보통 원심 펌프를 많이 사용한다. 이 펌프는 임펠러(impeller)의 회전으로 원심력을 이용해서 라디에이터에서 냉각시킨 물을 바깥둘레로 뿜어 실린더 블록의 워터 재킷으로 물을 보내는 작용을 한다. 워터 펌프는 펌프 몸체, 임펠러, 펌프, 축, 베어링, 풀리 및 밀폐 실(seal)로 구성되어 있다.

V 벨트는 크랭크축에 설치된 크랭크 풀리의 회전을 워터 펌프의 풀리와 알터네이터 풀리에 전달하는 역할을 하며, 벨트의 장력이 너무 헐거우면 벨트가 미끄러져 냉각수 송출능력이 저하되어 엔진이 과열하는 원인이 된다. 또한, 발전기의 출력부족으로 충전불량의 원인이 되기도 한다. 반대로 벨트의 장력이 너무 팽팽하면 워터 펌프와 알터네이터 베어링의 마모를 쉽게 하기 때문에 적절한 장력이 필요하다.

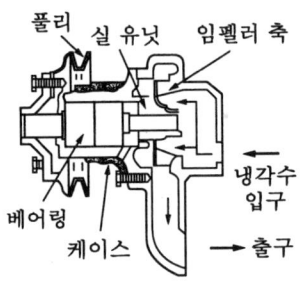

물 펌프의 구조

(2) 냉각 팬 (cooling fan)

냉각 팬은 라디에이터 뒤쪽에 부착하여 강제로 통풍시킴으로써 냉각효과를 충분히 얻게 하고 고속시에는 배기 매니폴드 등의 과열을 방지하는 역할도 한다. 근래의 승용차 엔진 냉각 팬은 회전을 자동적으로 조절하여 팬의 구동에 소비되는 동력손실을 줄이면서 엔진 과냉과 소음을 줄일 목적으로 클러치식과 전동팬을 많이 쓰고 있다.

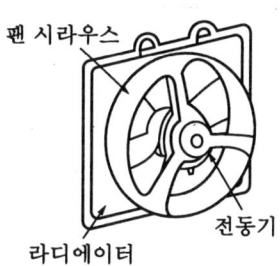

냉각 팬의 구조

① **팬 클러치** : 팬 클러치는 자동 팬이라고도 하며 팬의 회전을 엔진 실내의 온도에 따라 자동적으로 조절하여 팬의 구동에 소비되는 동력손실을 적게 하고, 엔진의 과냉이나 팬의 소음을 적게 하기 위한 장치이다.

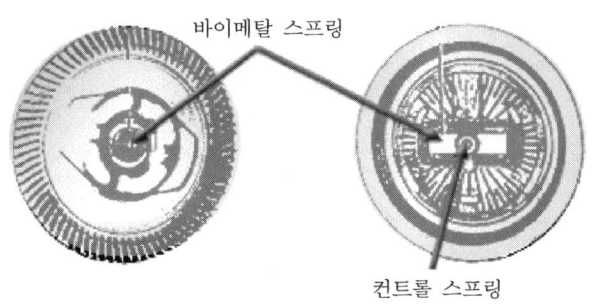

팬 클러치의 형상

② **전동 팬** : 전동 팬은 모터로 냉각 팬을 구동하는 형식이며 앞 엔진, 앞바퀴 구동 자동차에서는 이 형식을 많이 이용하고 있다. 라디에이터에 부착된 서모 스위치는 냉각수의 온도를 감지하여 어느 온도에 도달하면 팬을 작동시키고, 어느 온도 이하로 내려가면 팬의 작동을 정지시킨다. 서모 스위치의 설정온도는 일반적으로 90~100℃ 사이이고 ON~OFF의 온도차는 대략 3~5℃이다. 이러한 전동팬은 다음과 같은 장

점으로 근간의 승용차에서 상당히 많이 사용되고 있다.
㈎ 라디에이터의 설치가 자유롭다.
㈏ 엔진의 워밍업이 빠르다.
㈐ 냉각수의 일정한 온도에서 작동되므로 불필요한 동력손실을 줄일 수 있다.

③ 팬 벨트 : 팬 벨트는 V벨트(V 리브드 벨트)를 사용하며 크랭크축의 회전을 발전기 풀리와 팬 풀리(워터 펌프와 동시구동)에 전달하여 팬을 회전시킨다. 그러나 전동 팬을 사용하는 엔진에서는 팬 풀리 대신에 워터 펌프 풀리를 회전시킨다.

(3) 라디에이터 (radiator)

라디에이터는 엔진에서 가열된 냉각수를 냉각하는 장치이며, 큰 방열면적을 가지고 있고 대량의 물을 받아들이는 일종의 탱크이다.

① 라디에이터의 구조 : 상부 탱크와 코어 및 하부 탱크로 구성되어 있으며 상부 탱크에는 라디에이터 캡, 오버플로 파이프 및 파이프가 있고 하부 탱크에는 출구 파이프와 드레인 콕이 부착되어 있다.

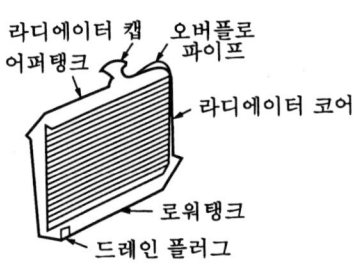

라디에이터의 구조

② 라디에이터의 재질 : 일반적으로 황동제를 많이 사용하였으나 최근의 승용차에는 알루미늄제를 많이 사용하고 있다. 황동제는 열전도성이나 강도면에서 우수한 점이 있고 알루미늄제는 황동제에 비해 강성과 내압성이 좋으며, 특히 판의 두께를 두껍게 하여 전체의 강도를 크게 하여도 무게는 황동제의 반 이하로 줄일 수 있는 장점이 있다.

③ 라디에이터 캡 : 라디에이터 캡은 압력밸브와 부압밸브가 설치된 가압식을 사용하고 있으며, 압력밸브는 냉각수가 110~120℃ 정도로 가압(보통 $1.9\,kg/cm^2$) 되면 열려서 보조탱크로 배출되도록 작동한다. 또한, 엔진의 온도가 내려가 라디에이터 내부

의 압력이 대기압보다 낮아지면 부압밸브가 열려 보조탱크에 있는 냉각수를 빨아들인다.

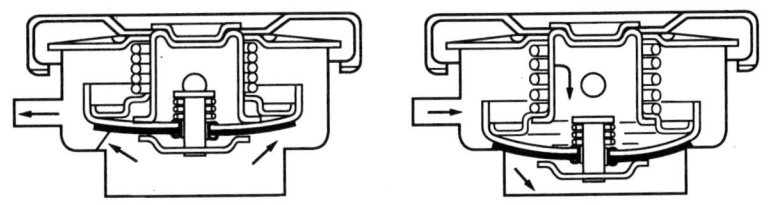

라디에이터 캡의 형상

(4) 워터 재킷 (water jacket)

워터 재킷은 실린더 블록과 실린더 헤드에 설치된 냉각수의 순환통로이며 이곳을 통과하는 냉각수가 실린더 벽, 밸브 시트, 밸브 가이드, 연소실과 접촉하여 열을 흡수한다. 워터 재킷은 보통 실린더 블록과 또는 실린더 헤드와 일체로 주조되어 있다.

(5) 수온조절기 (thermostat)

수온조절기는 엔진과 라디에이터 사이에 설치되어 있으며 냉각수 온도변화에 따라 자동적으로 개폐하여 라디에이터로 흐르는 유량을 조절함으로써 냉각수의 적정온도를 유지하는 역할을 한다.

① 수온조절기의 종류 : 펠릿형(pellet type)과 벨로스형(bellows type)이 있으며, 벨로스형에 비해 수압의 영향을 덜 받아 온도를 정확히 제어할 수 있는 펠릿형을 많이 사용한다.

수온조절기

㉮ 펠릿형 수온조절기 : 수온이 규정온도(약 80℃)까지 높아지면 펠릿 안의 왁스가 팽창하여 고무부분을 압축함으로써 그 중심부에 있는 스핀들을 밀어 올리려고 하나 스핀들은 케이스에 고정되어 있으므로 펠릿이 밑으로 내려가서 밸브가 열린다.

반대로 수온이 낮아지면 팽창했던 왁스가 수축되고 고무의 압축이 제거되어 펠릿은 스프링에 의해 원위치로 돌아가면서 밸브는 닫힌다.

② 수온조절기의 주요역할
　㈎ 엔진의 온도를 일정하게 하므로 엔진의 성능을 최고로 발휘시킨다.
　㈏ 과열 및 과냉을 방지한다.
　㈐ 오일의 노화방지 및 엔진의 수명을 연장시킨다.
　㈑ 차내 난방효과를 높인다.
　㈒ 냉각수의 소모를 방지한다.

2-4 냉각수와 부동액

(1) 냉각수

대부분 물을 사용해 왔으나 물만 사용할 경우 물에 의한 녹이 발생하기 때문에 이러한 문제를 해결하기 위하여 물에 부식 방지제나 동결 방지제를 첨가한 냉각수를 사용하고 있다.

특히, 겨울철에는 날씨가 추워져 온도가 0℃로 내려가면 물이 얼어서 그 부피가 팽창하여 라디에이터나 실린더가 파손될 우려가 있기 때문에 이를 방지하기 위하여 냉각수에 빙점이 낮은 부동액을 첨가하여 사용한다.

(2) 부동액

에틸렌글리콜에 청색 물감과 안정제, 부식 방지제 등을 첨가하여 물과 혼합하여 사용한다. 부동액을 선정할 경우에는 라디에이터의 재질에 따라 선택해야 하며, 종래의 황동제에서는 일반적인 부동액을 사용해 왔으나 알루미늄 라디에이터에서는 알루미늄 전용의 부동액을 사용해야 한다.

황동제의 라디에이터에서는 알루미늄 전용 부동액을 사용해도 무방하나 알루미늄제인 경우에는 부동액과 혼용하면 냉각계통의 부식 또는 침전물이 생기기 때문에 주의할 필요가 있다.

(3) 냉각수의 교환

여름철이라고 부동액을 빼고 물만 사용하게 되면 녹이 쉽게 발생하기 때문에 피해야 하며, 냉각수는 2년에 1번씩 가을철에 교환하는 것이 좋다.

예상문제

문제 1. 다음 중 윤활유가 갖추어야 할 조건이 아닌 것은?
㉮ 산화 안정성이 좋을 것
㉯ 점도가 낮을 것
㉰ 부식 방지성이 좋을 것
㉱ 응고점이 낮을 것
[해설] • 윤활유가 갖추어야 할 조건
① 산화 안정성이 좋을 것
② 점도가 높을 것
③ 부식 방지성이 좋을 것
④ 기포발생이 적을 것
⑤ 응고점이 낮을 것
⑥ 강인한 유막을 형성할 것

문제 2. 다음 중 윤활유의 기능에 속하지 않는 것은?
㉮ 밀봉작용   ㉯ 세척작용
㉰ 방청작용   ㉱ 마찰작용
[해설] • 윤활유의 기능
① 마찰감소와 마모방지
② 밀봉작용
③ 냉각작용
④ 세척작용
⑤ 충격완화 및 소음방지
⑥ 방청작용

문제 3. 다음 중 산화를 방지하기 위해 윤활유에 첨가하는 산화방지제가 아닌 것은?
㉮ 페놀계 화합물   ㉯ 아인산에스틸
㉰ 고분자 화합물   ㉱ 황화합물
[해설] 윤활유의 기능을 강화시키기 위한 첨가제 중에서 산화방지제에는 페놀계 화합물, 황화합물, 아인산에스틸, 아민류 등이 있다.

문제 4. 다음 중 점도지수를 향상시키기 위해 오일에 첨가하는 것은?
㉮ 고분자 화합물   ㉯ 규소오일
㉰ 납   ㉱ 페놀계 화합물
[해설] 점도지수를 향상시키기 위해 오일에 첨가하는 첨가제로는 지방산 또는 불포화 탄화수소 등의 고분자 화합물을 사용한다.

문제 5. 다음 중 소포제로 사용하는 첨가제는 어느 것인가?
㉮ 아인산에스틸   ㉯ 고분자 화합물
㉰ 아연   ㉱ 규소오일
[해설] 소포제(기포 발생 방지제)로 사용되는 첨가제에는 규소오일을 사용한다.

문제 6. 다음은 날씨에 따른 윤활유의 사용법이다. 옳은 것은 어느 것인가?
㉮ 더운날은 점도가 낮은 윤활유를 사용한다.
㉯ 날씨에 상관없이 점도가 높은 윤활유를 사용한다.
㉰ 날씨에 상관없이 점도가 낮은 윤활유를 사용한다.
㉱ 추운날은 점도가 낮은 윤활유를 사용한다.
[해설] 더운날은 기온이 높으므로 윤활유의 점도가 떨어지므로 점도가 높은 윤활유를 사용하고, 추운날은 기온이 낮아 윤활유의 점도가 증가하므로 점도가 낮은 윤활유를 사용하는 것이 좋다.

[해답] 1. ㉯ 2. ㉱ 3. ㉰ 4. ㉮ 5. ㉱ 6. ㉱

문제 7. 다음 중에서 가장 점도가 낮은 윤활유는 어느 것인가?

㉮ SAE #10　　㉯ SAE #20
㉰ SAE #30　　㉱ SAE #40

해설 일반적으로 SAE 번호가 낮을수록 점도가 낮고, SAE 번호가 높을수록 점도가 높다.

문제 8. 다음 중 가솔린 기관의 윤활유의 용도와 기관분류 조건에 의한 분류에 속하지 않는 것은?

㉮ ML　㉯ MH　㉰ MM　㉱ MS

해설 ① ML : 경부하 운전 조건하에서 사용
② MM : 중부하 운전 조건하에서 사용
③ MS : 고부하 운전 조건하에서 사용

문제 9. 다음 중 디젤 기관의 윤활유의 용도와 기관분류 조건에 의한 분류에 속하지 않는 것은?

㉮ DG　㉯ DL　㉰ DM　㉱ DS

해설 ① DG : 알맞은 온도와 경부하 운전일 때 또는 질이 좋은 연료를 사용하는 기관에 사용한다.
② DM : 중부하 운전 조건하에서 연료의 질이 나쁜 것을 사용한다.
③ DS : 고부하 운전 조건하에서 연료의 질이 아주 나쁜 것을 사용하거나 과급기가 있는 기관에 사용한다.

문제 10. 다음 중 커넥팅 로드 대단부 끝에 붙어 있는 주걱으로 오일 팬의 윤활유를 크랭크축이 회전운동할 때 오일을 퍼 올려 급유하는 방식은?

㉮ 비산식　　㉯ 압송식
㉰ 비산 압송식　㉱ 전압송식

해설 ① 비산식 : 커넥팅 로드 대단부 끝에 붙어 있는 주걱으로 오일 팬의 윤활유를 크랭크축이 회전운동할 때 오일을 퍼 올려 급유하는 방식

② 압송식 : 오일 펌프에 의하여 오일 팬 내에 있는 오일을 흡입 가압하여 각 윤활부에 압송시켜 윤활하는 방식
③ 전압송식 : 피스톤과 피스톤 핀까지 윤활유를 압송하여 윤활하는 방식
④ 비산압송식 : 크랭크축 베어링, 캠축 베어링, 밸브기구는 압송식에 의하여 윤활 실린더벽, 피스톤 핀은 비산식에 의하여 윤활하는 방식

문제 11. 다음 중 4사이클 기관의 윤활방식에 속하지 않는 것은?

㉮ 비산 압송식　㉯ 압송식
㉰ 비산식　　　㉱ 혼합식

해설 4사이클 기관의 윤활방식에는 비산식, 압송식, 전압송식, 비산압송식 등이 있다.

문제 12. 다음 중 2사이클 기관의 윤활방식에 속하는 것은?

㉮ 분리 윤활식　㉯ 압송식
㉰ 전압송식　　㉱ 비산식

해설 2사이클 기관의 윤활방식에는 분리 윤활식과 혼합식이 있다.

문제 13. 유면 표시계에 나타난 윤활유의 양 중에서 윤활유를 보충해야 할 경우는 어느 것인가?

㉮ 유면 표시계가 F선까지 있을 때
㉯ 유면 표시계가 F선과 L선의 2/3 지점에 있을 때
㉰ 유면 표시계가 F선과 L선의 1/2 지점에 있을 때
㉱ 유면 표시계가 L선 이하로 떨어졌을 때

해설 유면 표시계에 나타나는 윤활유의 양이 L선 이하로 떨어지면 윤활유를 보충해야 한다.

문제 14. 윤활오일을 점검했을 때 오일의 색

해답　7. ㉮　8. ㉯　9. ㉯　10. ㉮　11. ㉱　12. ㉮　13. ㉱　14. ㉰

깔이 붉은색에 가까웠다. 그 이유는 무엇인가?
㉮ 연소가스의 생성물이 혼합되었다.
㉯ 오일에 냉각수가 포함되었다.
㉰ 오일에 가솔린이 유입되었다.
㉱ 오일이 교환시기가 지나 더러워졌다.
[해설] 오일에 가솔린이 유입되었을 때 오일의 색깔이 붉어진다.

[문제] 15. 오일에 냉각수가 포함되었을 때 오일의 색깔은?
㉮ 검은색 ㉯ 붉은색
㉰ 회색   ㉱ 우유색
[해설] 오일에 냉각수가 유입되었을 경우 오일의 색깔은 유유색을 띠게 된다.

[문제] 16. 오일의 교환시기가 지났을 때 오일은 어떻게 변하는가?
㉮ 오일이 검은색에 가깝게 변한다.
㉯ 오일이 붉은색에 가깝게 변한다.
㉰ 오일이 회색에 가깝게 변한다.
㉱ 오일이 우유색으로 변한다.
[해설] 오일이 더러워져 교환시기가 지났을 경우 오일은 검은색으로 변한다.

[문제] 17. 다음 중 오일 팬에서 메인 오일 통로까지의 윤활경로 옳은 것은?
㉮ 오일 팬 → 오일 스트린 → 오일 펌프 → 릴리프 밸브(감압 밸브) → 오일 필터 → 메인 오일 통로
㉯ 오일 팬 → 오일 스트린 → 릴리프 밸브(감압 밸브) → 오일 펌프 → 오일 필터 → 메인 오일 통로
㉰ 오일 팬 → 오일 스트린 → 오일 펌프 → 오일 필터 → 릴리프 밸브(감압 밸브) → 메인 오일 통로
㉱ 오일 팬 → 오일 펌프 → 오일 스트린 → 릴리프 밸브(감압 밸브) → 오일 필터 → 메인 오일 통로
[해설] 오일 팬에서 메인 오일 통로까지의 윤활경로는 오일 팬 → 오일 스트린 → 오일 펌프 → 릴리프 밸브(감압 밸브) → 오일 필터 → 메인 오일 통로이다.

[문제] 18. 다음 중 실린더 헤드부의 윤활경로로 옳은 것은?
㉮ 실린더 헤드 → 로커암 → 로커암 축 → 캠 축(저널) → 캠 및 밸브
㉯ 실린더 헤드 → 로커암 축 → 캠 축(저널) → 캠 및 밸브 → 로커암
㉰ 실린더 헤드 → 로커암 축 → 로커암 → 캠 및 밸브 → 캠 축(저널)
㉱ 실린더 헤드 → 로커암 축 → 캠 및 밸브 → 캠 축(저널) → 로커암
[해설] 실린더 헤드부의 윤활경로는 실린더 헤드 → 로커암 축 → 로커암 → 캠 및 밸브 → 캠 축(저널)이다.

[문제] 19. 다음 중 점성마찰과 관계없는 인자는 어느 것인가?
㉮ 표면조도 ㉯ 점도
㉰ 압력   ㉱ 회전속도

[문제] 20. 내연기관에서 때때로 실린더 라이너와 피스톤링 사이에 경계윤활의 상태가 나타나기 쉽다. 이 때 경계윤활에 관계되는 인자는 다음 중 어느 것인가?
㉮ 유동점 ㉯ 점성
㉰ 유성   ㉱ 비중
[해설] ① 유동점: 특정의 시험조건에서 윤활유가 흐르지 않게 되는 온도이다. 이에 따라서 그 이하의 온도로 되면 윤활유 펌프의 흡입량이 감소된다.

[해답] 15. ㉱ 16. ㉮ 17. ㉮ 18. ㉰ 19. ㉮ 20. ㉰

② 점성 : 윤활유의 끈기의 정도를 표시한다. 이 점성은 온도에 의한 변화가 적을수록 좋다. 점성을 나타내는 점도는 측정의 조건에서 어떤 양이 모세관 내를 흐르는데 요하는 시간으로 표시하며 점성지수라고 한다.
③ 유성 : 금속면에 흡착하는 성질을 표시하고, 특히 경계윤활에 절대적인 관계가 있다.
④ 비중 : 윤활유의 비중은 보통 15℃에서 측정하며, 일반적으로 양질의 비중은 0.9 정도이다.

문제 21. 윤활에서 윤활유의 점성계수(μ), 축의 회전수(N), 베어링 단위 투상면적당 작용하는 하중(P), 마찰계수(f)의 관계식을 바르게 표시한 것은 어느 것인가?
㉮ $f \propto \dfrac{P}{\mu}N$ ㉯ $f \propto \mu \dfrac{P}{N}$
㉰ $f \propto P \dfrac{N}{\mu}$ ㉱ $f \propto \mu \dfrac{N}{P}$

문제 22. 내연기관의 비산 압송식 윤활방법에서 비산식에 의한 급유되는 곳은 어느 곳인가?
㉮ 실린더 및 피스톤 ㉯ 캠축 및 기어
㉰ 크랭크축 베어링 ㉱ 밸브 및 기어
[해설] ㉯, ㉰, ㉱는 압송식으로 윤활한다.

문제 23. 내연기관의 윤활작용에 해당되지 않는 것은?
㉮ 혼합식 ㉯ 베어링식
㉰ 비산식 ㉱ 압송식

문제 24. 다음은 윤활유의 점도지수가 높을 때의 경우이다. 틀린 것은?
㉮ 마찰계수가 증가한다.
㉯ 유막형성이 잘 안 된다.
㉰ 유성이 저하된다.
㉱ 안정성이 저하된다.
[해설] 점도계수가 증가하면 마찰계수의 증가와 내부마찰이 커지므로 동력을 많이 흡수하고, 또 시동이 유막 형성이 곤란하며 안정성도 낮아진다.

문제 25. 내연기관 베어링의 종류가 아닌 것은 어느 것인가?
㉮ 쇼트 ㉯ 플레인
㉰ 볼 ㉱ 롤러

문제 26. 윤활유의 가장 중요한 성질은?
㉮ 착화성 ㉯ 유성
㉰ 비중 ㉱ 점성

문제 27. 다음은 기계유의 용도를 나타낸 것이다. 틀린 것은?
㉮ 철도차량 ㉯ 소구기관
㉰ 가솔린 기관 ㉱ 석유기관
[해설] 기계유는 철도차량, 석유기관, 소구기관 및 일반기계 등의 내·외부 윤활, 전차, 화차 차량 등에 쓰인다. 가솔린 기관은 모빌유가 쓰인다.

문제 28. 택시나 배달용 트럭과 같이 시동, 정지가 빈번한 기관에 사용되는 윤활유는 다음 중 어느 것인가?
㉮ ML ㉯ MS ㉰ MM ㉱ MG
[해설] 가솔린 기관의 가혹한 조건하에 운전하던가, 사용연료에 의한 퇴적물, 마모, 축의 부식이 많은 경우는 MS를 쓴다.

문제 29. 윤활계통에서 오일이 여과기를 모두 통과하는 방식은?
㉮ 전류식 ㉯ 가압식
㉰ 분류식 ㉱ 중력식

[해답] 21. ㉱ 22. ㉮ 23. ㉯ 24. ㉰ 25. ㉮ 26. ㉱ 27. ㉰ 28. ㉯ 29. ㉮

문제 30. 내연기관의 오일 필터 회로에 전류식과 분류식의 특징을 설명한 것이다. 이 중 전류식의 특징에 해당되는 것은?
㉮ 필터가 막힐 염려가 있다.
㉯ 오일의 일부만이 필터를 통과한다.
㉰ 오일 필터가 2개로 되어 있다.
㉱ 청정작용이 완전하다.
[해설] 전류식은 오일 전부가 한 필터를 통과하게 되어 청정작용은 완전하나 필터가 막혔을 때 급유(給油)가 감소한다.

문제 31. 다음 중 마찰에 의한 손실일량이 30 kg·m/s일 때 발열량은?
㉮ 50 cal/s   ㉯ 60 cal/s
㉰ 70 cal/s   ㉱ 80 cal/s
[해설] $H = \dfrac{L}{J} = \dfrac{30}{427} = 0.07 \text{ kcal/s}$

문제 32. 다음 중 점도의 단위로 사용되지 않는 것은?
㉮ 유량계수   ㉯ 세이볼트 점도
㉰ 앵글러 점도   ㉱ 레드우드 점도

문제 33. 다음은 내연기관의 윤활유 소비율의 경향을 설명한 것 중 옳지 않은 것은 어느 것인가?
㉮ 점도가 높을수록 소비율은 감소한다.
㉯ 기관 회전속도가 감소하면 소비율은 감소한다.
㉰ 점도지수가 클수록 소비율은 감소한다.
㉱ 상사기관에서 특성장이 큰 기관일수록 소비율은 감소한다.
[해설] 상사기관에서 회전속도에는 관계가 없으나 소비량은 $D^2 \cdot n$에 비례한다.

문제 34. 다음 오일 펌프 중 자동차 기관에 주로 사용되는 것은 어느 것인가?
㉮ 플런저 펌프   ㉯ 기어 펌프
㉰ 베인 펌프   ㉱ 로터리 펌프
[해설] 일명 트로코이탈 펌프라고도 하며 다른 펌프에 비하여 같은 크기에 토출량이 많고 기포발생이 적은 로터리 펌프가 많이 사용된다.

문제 35. 다음은 점도지수식에서 옳은 것은 어느 것인가?
㉮ $VI = \dfrac{L-S}{L-H} \times 100$
㉯ $VI = \dfrac{L-H}{L-S} \times 100$
㉰ $VI = \dfrac{S-L}{S-H} \times 100$
㉱ $VI = \dfrac{L-S}{H-L} \times 100$

문제 36. 윤활유 연소시 배기색은?
㉮ 백색   ㉯ 흑색
㉰ 무색   ㉱ 엷은 자색
[해설] ① 정상적인 연소 : 무색
② 윤활유의 연소 : 백색
③ 농후한 혼합기 : 흑색
④ 희박혼합기 : 엷은 자색

문제 37. 윤활유 여과기에서 나온 오일이 모두 윤활부로 가서 급유하는 여과방식은?
㉮ 전류식   ㉯ 분류식
㉰ 샨트식   ㉱ 자력식
[해설] ① 전류식 : 여과된 오일은 모두 윤활부에서 윤활 후 오일 팬으로 직접 복귀되는 형식
② 분류식 : 여과된 오일의 일부는 윤활부로, 일부는 오일 팬으로 복귀하는 형식
③ 혼합식(샨트식) : 전류식과 분류식을 합한 것
④ 자력식 : 자석을 이용하여 윤활유 속의 철분을 여과하는 형식

[해답] 30. ㉱ 31. ㉰ 32. ㉮ 33. ㉱ 34. ㉱ 35. ㉮ 36. ㉮ 37. ㉮

문제 38. 윤활유의 첨가제로 부적당한 것은 어느 것인가?
- ㉮ 산화 촉진제
- ㉯ 유성 향상제
- ㉰ 부식 방지제
- ㉱ 유동점 강하제

[해설] 윤활유의 첨가제는 점도지수 향상제, 산화 방지제, 유성 향상제, 부식 방지제, 유동점 강하제 등이 있다.

문제 39. 다음 중 수랭식 냉각장치에 대한 설명이다. 올바르지 않은 것은?
- ㉮ 수랭식 냉각장치는 냉각수를 이용하여 엔진을 냉각시키는 방식이다.
- ㉯ 물의 순환방식에 따라 자연 순환식과 강제 순환식이 있다.
- ㉰ 공랭식에 비하여 냉각이 균일하게 잘 된다.
- ㉱ 모터 사이클이나 경비행기의 엔진에 이용한다.

[해설] 수랭식 냉각장치는 일반 자동차용 냉각장치에 많이 이용되고, 공랭식 냉각장치는 모터 사이클이나 경비행기의 엔진의 냉각장치로 많이 사용되고 있다.

문제 40. 다음 중 수랭식 냉각장치의 구성부품에 속하지 않는 것은?
- ㉮ 라디에이터
- ㉯ 오일 펌프
- ㉰ 워터 재킷
- ㉱ 수온 조절기

[해설] 수랭식 냉각장치의 구성부품으로는 라디에이터, 전동 팬, 워터 펌프, 수온 조절기 등이 있다.

문제 41. 다음 중 공랭식 냉각장치에 대한 설명으로 옳지 못한 것은?
- ㉮ 엔진을 직접 대기에 노출시켜 열을 발산하는 냉각방식이다.
- ㉯ 수랭식에 비해 구조가 간단하다.
- ㉰ 냉각이 균일하게 되지 않아 과열되기 쉽다.
- ㉱ 냉각장치로는 라디에이터, 전동 팬, 워터 펌프, 수온 조절기 등으로 이루어져 있다.

문제 42. 냉각수를 강제로 순환시키는 워터 펌프에 많이 사용되고 있는 펌프는 다음 중 어느 것인가?
- ㉮ 왕복 펌프
- ㉯ 원심 펌프
- ㉰ 사류 펌프
- ㉱ 축류 펌프

문제 43. 최근 승용차에 많이 사용되고 있는 라디에이터의 재질은?
- ㉮ 황동제
- ㉯ 청동제
- ㉰ 알루미늄제
- ㉱ 철제

[해설] 황동제에 비해 강성이나 내압성이 좋으며 무게가 가벼운 알루미늄제를 많이 사용하고 있다.

문제 44. 라디에이터 캡의 압력밸브는 보통 냉각수 온도가 몇 도일 때 열려 보조탱크로 냉각수가 배출되는가?
- ㉮ 70~80℃
- ㉯ 90~100℃
- ㉰ 110~120℃
- ㉱ 130~140℃

[해설] 라디에이터의 압력밸브는 냉각수가 110~120℃ 정도로 가압(보통 1.9 kg/cm^2) 되면 열려서 보조 탱크로 배출되도록 작동한다. 또한, 엔진의 온도가 내려가 라디에이터 내부의 압력이 대기압보다 낮아지면 부압 밸브가 열려 보조 탱크에 있는 냉각수를 빨아들인다.

문제 45. 다음 중 수온 조절기의 주요 역할에 속하지 않는 것은?
- ㉮ 과열 및 과냉을 방지한다.
- ㉯ 오일의 노화방지 및 엔진의 수명을 연장시킨다.
- ㉰ 냉각수의 소모를 방지한다.

[해답] 38. ㉮ 39. ㉱ 40. ㉯ 41. ㉱ 42. ㉯ 43. ㉰ 44. ㉰ 45. ㉱

라 냉각수의 녹을 방지한다.

[해설] 수온 조절기(서모스탯)의 역할은 다음과 같다.
① 엔진의 온도를 일정하게 하므로 엔진의 성능을 최고로 발휘시킨다.
② 과열 및 과냉을 방지한다
③ 오일의 노화방지 및 엔진의 수명을 연장시킨다.
④ 차 내 난방효과를 높인다.
⑤ 냉각수의 소모를 방지한다.

[문제] 46. 냉각수의 동결을 방지하기 위해 첨가하는 것은?
㉮ 부식 방지제　㉯ 산화 방지제
㉰ 부동액　　　㉱ 기포 방지제

[해설] 냉각수가 빙점 이하로 떨어져 동결하는 것을 방지하기 위해 냉각수에 부동액을 첨가한다. 부동액에는 에틸렌글리콜에 청색 물감과 안정제, 부식 방지제 등을 첨가하여 물과 혼합하여 사용한다.

[문제] 47. 피스톤형 내연기관의 실린더벽 온도는 어느 정도로 냉각되어야 좋은가?
㉮ 70~80℃　　㉯ 80~90℃
㉰ 100~110℃　㉱ 120~130℃

[해설] 실린더와 피스톤 사이의 윤활이 이상적으로 이루어질 정도로 냉각되면 좋다.

[문제] 48. 실린더 냉각이 불충분할 때 일어나는 현상 중 옳지 않는 것은?
㉮ 충진효율이 감소
㉯ 산성물질의 발생
㉰ 윤활작용이 불완전
㉱ 프리그니션 발생

[문제] 49. 다음 중 기관 냉각에 대한 사항으로 옳지 않은 것은?
㉮ 수랭식 기관이 공랭식 기관보다 열효율이 좋다.
㉯ 수랭식 기관이 공랭식 기관보다 열손실이 크다.
㉰ 공랭식 기관이 수랭식 기관보다 열효율이 좋다.
㉱ 공랭식 기관이 수랭식 기관보다 냉각손실이 작다.

[해설] 수랭식 기관은 냉각효과는 크지만 열손실이 크다. 따라서, 공랭식 기관이 더 열효율이 좋다.

[문제] 50. 다음은 공기 냉각식과 액체 냉각식의 장점을 든 것이다. 공기 냉각식의 장점에 속하는 것은?

> ① 고장이 적다.
> ② 기관 중량이 가볍다.
> ③ 한랭시 시동이 용이하다.
> ④ 냉각효과가 크다.
> ⑤ 열효율이 좋다.
> ⑥ 실린더 마모가 적다.

㉮ ①, ②, ④　　㉯ ①, ②, ④, ⑤
㉰ ②, ③, ④, ⑤　㉱ ①, ②, ③, ⑥

[해설] 공랭식은 냉각효과가 나쁘고 균일하게 냉각시키는 것이 곤란하며 열점(hot bulb)이 생기기 쉽다.

[문제] 51. 다음 중 디젤 기관에서 냉각에 의하여 제거되는 열량은 어느 것인가?
㉮ 15~20%　　㉯ 30~35%
㉰ 25~30%　　㉱ 35~40%

[문제] 52. 자동차 기관 구동밸브로 구동되는 부품이 아닌 것은?
㉮ 물 펌프　　　㉯ 윤활유 펌프
㉰ 발전기　　　㉱ 냉각 팬

[해답] 46. ㉰　47. ㉰　48. ㉯　49. ㉮　50. ㉱　51. ㉰　52. ㉯

해설 윤활유 펌프는 캠축으로 구동된다.

문제 53. 수랭식 기관의 냉각순환 계통에 알맞은 것은 어느 것인가?

① 물 재킷　　② 물 펌프
③ 냉각 팬　　④ 방열기
⑤ 수온 조절기

㉮ ①→⑤→④→②→①→③
㉯ ①→②→④→⑤→①
㉰ ①→⑤→③→④→②→①
㉱ ①→②→⑤→④→①

문제 54. 부동액으로 적당하지 않은 것은 어느 것인가?
㉮ 알코올　　㉯ 글리세린
㉰ 염화칼슘　　㉱ 에틸렌글리콜

문제 55. 다음에서 방열기 캡을 사용한 기관의 장점 중 옳지 않은 것은?
㉮ 냉각효과를 올릴 수 있다.
㉯ 기관의 열효율을 높일 수 있다.
㉰ 방열기를 작게 할 수가 있다.
㉱ 한랭시 냉각수의 동결을 방지할 수 있다.

해설 물의 비등점은 압력상승에 따라 상승하므로 물의 온도와 냉각기 온도와의 온도차가 클수록 냉각효과가 올라가고 방열기 면적은 작게 되며, 방열량을 적게 하면 열효율도 높일 수 있다.

문제 56. 근래 많이 사용되는 자동차 기관의 수온기는 어느 것인가?
㉮ 왁스형　　㉯ 벨로스형
㉰ 바이메탈형　　㉱ 다이어프램형

해설 냉각성능 향상을 위하여 시스템 압력을 증가시킴에 따라 벨로스형은 그 시스템 압력에 따라 온도 특성이 대폭 변동되므로 사용할 수가 없어 왁스형이 근래에 많이 사용한다.

문제 57. 냉각장치에서 방열기의 구성품이 아닌 것은?
㉮ 방열관　　㉯ 냉각 팬
㉰ overflow-pipe　　㉱ 상부탱크

해설 방열기의 구조는 상부탱크, 하부탱크, 방열관, 오버플로 파이프, 방열기 캡으로 되어 있다.

문제 58. 피스톤형 내연기관의 수랭식 냉각장치에서 냉각수의 온도는 대체로 얼마로 유지되어야 하는가?
㉮ 65~75℃　　㉯ 75~85℃
㉰ 85~95℃　　㉱ 95~105℃

문제 59. 내연기관에서 냉각수의 온도 조절기에 부착된 밸브의 개폐시 각 온도는 얼마인가?
㉮ 열림 : 80℃,　닫힘 : 60℃
㉯ 열림 : 85℃,　닫힘 : 55℃
㉰ 열림 : 90℃,　닫힘 : 50℃
㉱ 열림 : 95℃,　닫힘 : 45℃

해설 온도 조절기는 엔진의 냉각수 온도를 75~85℃에서 유지하기 위하여 실린더 냉각수 출구에 설치하여 냉각수의 온도가 변하면 조절기 속의 밸브가 개, 폐되어 라디에이터로 가는 물의 양을 가감하며 벨로스형과 왁스형이 있다. 밸브의 열림은 보통 80℃ 정도에서 완전히 열리고 60℃ 정도에서 닫힌다.

문제 60. 다음 중 일상점검은 누가 하는가?
㉮ 사업주　　㉯ 정비주임
㉰ 운행자　　㉱ 정비사

해설 일상점검은 운행자가 한다.

해답　53. ㉰　54. ㉰　55. ㉱　56. ㉮　57. ㉯　58. ㉯　59. ㉮　60. ㉰

문제 61. 공랭식 엔진이 과열되는 원인이 아닌 것은?
㉮ 냉각 팬의 파손
㉯ 정차시의 고속회전
㉰ 냉각 핀의 파손
㉱ 물 펌프의 고장
[해설] 공랭식 엔진에는 물 펌프가 없다.

문제 62. 냉각의 목적이 아닌 것은?
㉮ 충진효율 향상
㉯ 조기점화 방지
㉰ 연료소비율 감소
㉱ 변형 및 균열방지
[해설] • 냉각의 목적
① 조기점화 방지   ② 변형 및 균열방지
③ 윤활작용의 원활   ④ 충진효율의 향상

문제 63. 다음은 방열팬의 송풍량을 좌우하는 요소와 관계가 없는 것은?
㉮ 날개의 마력(추력)
㉯ 날개의 수
㉰ 날개의 바깥지름과 각도
㉱ 날개의 회전속도
[해설] 냉각 팬의 송풍량은 날개의 수, 각도, 바깥지름, 회전속도 등에 의해서 변화하나, 일정한 송풍량을 지속시키려면 팬의 회전속도를 높이는 것보다는 팬의 바깥지름을 크게 하는 것이 마력손실이 적다.

문제 64. 다음 중 방열기(라디에이터)의 구조에 속하지 않는 것은?
㉮ 코어   ㉯ 아랫물 탱크
㉰ 윗물 탱크   ㉱ 수온조절기
[해설] 방열기의 구조는 코어, 아랫물 탱크, 윗물 탱크 등으로 구성되어 있다.

문제 65. 최근 차량용 기관에 많이 사용되고 있는 수온조절기는 어느 종류인가?
㉮ 서모스탯형   ㉯ 펠릿형
㉰ 바이메탈형   ㉱ 벨로스형
[해설] 벨로스형은 냉각수의 압력에 따른 온도특성이 크게 변화하므로 사용할 수 없어 근래에는 펠릿형이 대개 많이 사용된다.

문제 66. 다음 중 기관이 과열되는 원인이 아닌 것은?
㉮ 냉각수의 양이 적다.
㉯ 물 펌프의 작이 불안정할 때
㉰ 물 재킷에 스케일이 많이 쌓였다.
㉱ 수온 조절기가 열린 채로 고장이 났다.
[해설] 수온 조절기의 작동은 60℃에서 열리기 시작하여 80℃에서 완전히 열리며 80℃에서 닫히기 시작하여 60℃에서 완전히 닫히며, 열린 채로 고장이 나면 엔진이 과냉되기 쉽고 닫힌 채로 고장이 나면 엔진이 과열되기 쉽다.

문제 67. 다음 중 방열기 코어의 종류에 속하지 않는 것은?
㉮ 수평형   ㉯ 벌집형
㉰ 파상형   ㉱ 왁스형
[해설] 코어의 종류는 수평형, 벌집형, 파상형, 원관형 등이 있다.

문제 68. 다음 중 부동액의 주성분이 될 수 없는 것은?
㉮ 알코올   ㉯ 프레온
㉰ 글리세린   ㉱ 에틸렌글리콜
[해설] 부동액은 그 주성분이 알코올, 글리세린, 에틸렌글리콜이 주로 되어 있으며 다음과 같은 특징을 가지고 있다. 프레온은 냉매이다. $C_2H_5(OH)_2$: 에틸렌 알코올, $C_3H_5(OH)_3$: 글리세린, C_2H_5OH : 에틸알코올은 부동액으로 쓰이며, $(C_2H_5)_4Pb$ 는 4에틸납으로 가솔린 연료의 내폭제로 쓰인다.

[해답] 61. ㉱   62. ㉰   63. ㉮   64. ㉱   65. ㉯   66. ㉱   67. ㉱   68. ㉯

제 6 장 연료 및 연소

이 장은 내연기관에서 사용되는 연료의 종류와 연소가 어떻게 일어나는지에 대한 내용으로 이루어져 있다. 이 장도 출제빈도가 높기 때문에 확실히 공부해둘 필요가 있다. 특히, 다음 사항에 중점을 두어 공부하기 바란다.

key point
(1) 옥탄가와 세탄가의 정의
(2) 가솔린 기관과 디젤 기관에서의 노킹의 발생원인과 방지법, 그리고 첨가되는 첨가제
(3) 가솔린 기관과 디젤 기관에서 연소 진행과정과 표면착화 현상
(4) 탄소를 완전연소시키는데 필요한 산소량

1. 연료의 종류 및 성질

1-1 연료의 종류

내연기관용 연료에는 액체 연료와 기체 연료가 있지만 취급과 저장 및 운반이 용이한 액체 연료가 많이 사용되고 있다. 그러나 현재 많이 사용하고 있는 액체 연료는 원유로부터 정제한 것이고, 이 원유 매장량은 한계가 있고 연소로 인해 배출되는 배기가스가 심각한 환경문제를 오염시키기 때문에 기체 연료의 사용 비율이 높아질 것이다.

(1) 액체 연료

내연기관용 연료로 많이 사용하고 있는 액체 연료는 탄소와 수소가 결합한 탄화수소 (hydrocarbon)로 구성되어 있다. 원유를 증류 장치에 넣고 비등점의 차를 이용하여 가솔린, 등유, 경유, 중유 등을 얻으며 그대로는 사용할 수 없어 촉매를 사용하여 분해하거나, 고온에서 열분해하거나, 수소 첨가에 의해 불포화 탄화수소를 포화시키거나 하여 옥탄가를 높여서 사용한다.

① 석유 연료의 분류
  (가) 지방족 : 지방족의 종류에는 파라핀계와 올리핀계가 있다.
  · 파라핀계 : 파라핀계의 분자식은 C_nH_{2n+2}이며 탄소원자가 포화 쇄상결합을 하고 있으며, 그 종류에는 석유계 연료 중에서 옥탄가가 가장 낮은 n-pentane과 iso-octane이 있다.

(a) n-pentane (b) iso-octane

파라핀계의 종류와 분자 구조

  · 올리핀계 : 올리핀계의 분자식은 C_nH_{2n}이며 불포화 쇄상결합을 하고 있고 종류에는 α-hexylen과 iso-pentane이 있다.

(a) α-hexylen (b) iso-pentane

올리핀계의 종류와 분자 구조

(나) 나프텐족 : 분자식은 C_nH_{2n}이며 포화환상 결합을 하고 있다. 나프텐족의 종류에는 Cyclopentane과 Cyclohexane 등이 있다.

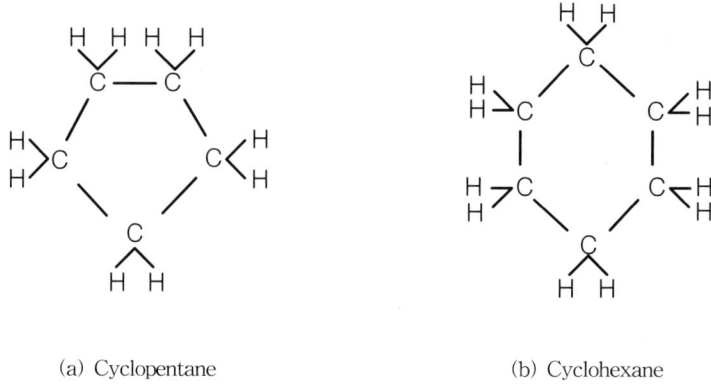

(a) Cyclopentane   (b) Cyclohexane

나프텐족의 종류와 분자구조

(다) 방향족 : 분자식은 C_nH_{2n-6}이며 불포화 환상결합을 하고 있으며 석유계 연료 중에서 옥탄가가 가장 높다. 그 종류에는 Benzen과 Toluene이 있다.

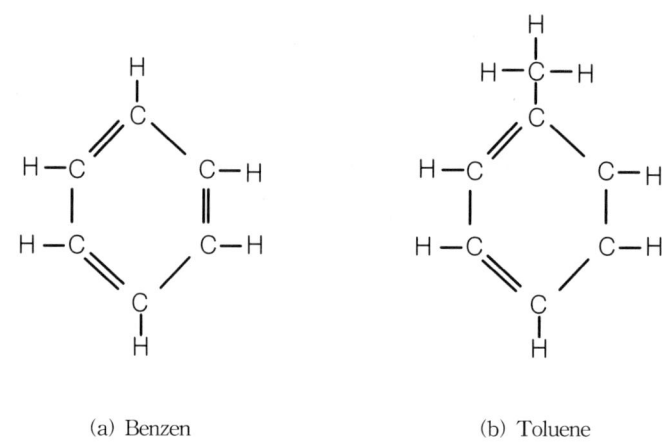

(a) Benzen   (b) Toluene

방향족의 종류와 분자구조

② 대체 연료 : 대기 공해를 줄이기 위해 원유 이외의 에너지 자원으로부터 얻는 연료를 말하며 에틸 알코올, 메틸 알코올, TBA(tert-buthyl alcohol), MTBE(methyl tert-buthyl ether) 등이 있다.

(가) 에틸 알코올 (C_2H_5OH) : 에타놀이라고도 하며, 사탕수수나 감자 등을 발효시켜

얻는다. 가솔린에 최고 20 % 정도 혼합한 에타놀은 미국에서 사용되었고, 100 % 에타놀은 브라질에서 시판되고 있다. 이 연료의 특징은 옥탄가는 높으나 경질 증류분(저온에서 증류되어 나오는 분자량이 작은 증류분)이 증가하고, 증기폐쇄 (vapor lock)를 일으키기 쉬우며 운정성이 좋지 못한 단점이 있다.

(나) 메틸 알코올 (CH_3OH) : 메타놀이라고도 하며 천연가스의 개질화, 석탄의 가스화에 의하여 생성된 수소와 일산화탄소를 합성해서 얻는다. 가솔린과 혼합하여 쓰거나 100 % 메타놀을 사용한다. 이 연료는 가솔린에 비하여 옥탄가가 높지만 착화점이 높기 때문에 시동성이 좋지 못하며, 금속에 대한 부식과 고무, 플라스틱을 팽윤, 열화시키고, 경질 증류분이 많고 증기폐쇄 현상을 일으키기 쉬우며 알코올의 흡습 특성에 의하여 수분을 흡수하여 상분리 현상을 일으키기 쉽다.

(다) TBA (tert-buthyl alcohol) : 석유정제의 부산물인 이소부탄을 산화시키고, 프로필렌과 반응시켜 만든다. 옥탄가는 높지만 저온시의 기화가 나쁘기 때문에 시동성이 떨어진다. 따라서, 가솔린에 10 % 정도 혼합한 것이 일부에서 사용되고 있다.

(라) MTBE (methyl tert-buthyl ether) : 메타놀과 이소부틸렌을 합성시켜 얻는다. 옥탄가가 매우 높고, 무연 가솔린의 반노크제로 사용되기도 한다. 또한, 발열량이 높고 가솔린과 혼합하여도 상분리 현상이 일어나지 않는 이점이 있다.

(2) 기체 연료

현재 사용되고 있는 기체 연료로는 액화 천연가스(LNG : liquified natural gas), 액화석유가스(LPG : liquified petroleum gas) 등이 있다.

1-2 연료의 성질

(1) 발열량

연료의 발열량은 단위 중량 또는 단위 체적당의 연료가 산소와 혼합하여 완전연소할 때 발생하는 열량
① **고발열량** : 연소에 의하여 생성된 수증기가 냉각되어 물이 될 때의 잠열까지 포함한 발열량
② **저발열량** : 연료의 연소에 의하여 생긴 수증기가 가스상태 그대로이고 물이 되지 않을 경우 응고잠열이 방출되지 않을 때의 발열량

실제로 연료가 연소될 때에는 배기의 온도가 고온이므로 수증기가 가스상태 그대로 배출되고 만다. 실제로 열효율이나 기타 계산을 할 경우에는 저발열량이 사용된다.

연료의 발열량

연 료	발열량 (kcal / kg)	연 료	발열량 (kcal / kg)
가 솔 린	11000	석 탄	5000~8000
LPG (프로판)	12000	코 크 스	7000
알 코 올	4600~6400	메탄가스	12000
경 유	10500	수소가스	28800
중 유	10000	아세틸렌	11800

(2) 인화점과 발열점

① 인화점 (flash point) : 연료를 서서히 압축, 가열하여 생긴 증기에 불꽃을 가까이 하면 연료에 인화되는 최저온도를 말한다.

연료의 성질

연 료	인화점(℃)	발화점(℃)	비 중
가 솔 린	-40° 이하	300°	0.65~0.75
등 유	30~60° 이하	255°	0.78~0.84
경 유	50~70° 이하	250°	0.84~0.89
중 유	60~150° 이하	250~380°	0.9~0.99

② 발화점 (ignition point) : 연료를 공기 중에서 가열하면 어느 온도에서 자연 발화하는데 이 발화를 시작하는 최저온도를 말한다.

③ 기화성 (evaporation) : 기화성이란 휘발성이라고도 하며 연료가 가열되지 않은 상태에서도 증발하는 성질을 말한다.

④ 베이퍼록 (vapor lock : 증기폐쇄) : 휘발성이 너무 크면 기관으로부터의 복사 및 열전달로 인해 연료 파이프, 연료 펌프 또는 기화기가 가열되어 가솔린이 비등 기화하여 대기압 이상으로 되면 연료 흐름을 방해하는 현상이다.

1-3 가솔린 기관의 연료

(1) 가솔린의 종류

가솔린은 그 제조법에 따라 다음과 같이 분류한다.

① 직류 가솔린 : 원유를 증류할 때 프로판 다음에 분류되는 직류 나프타를 말하며, 유화수소 등의 불순물을 제거한 것이다. 옥탄가는 55~70으로 낮으며 촉매에 의한 개질이나 고옥탄가 가솔린과 혼합하여 옥탄가를 높여서 사용한다.

② 개질 가솔린 : 직류 가솔린 중에 포함된 옥탄가가 낮은 성분(직쇄 파라핀, 나프텐)을 백금 촉매 등으로 옥탄가가 높은 화합물(방향족, 측쇄 파라핀)로 접촉, 개질한 것이다.

③ 분해 가솔린 : 원유를 증류할 때 생기는 경유류분에 가까운 원료유를 접촉 분해하거나 수소화 분해하여 저분자의 탄화수소로 변환한 것이며 방향족보다 올레핀족이 많다.

(2) 연료의 기화성

연료의 기화성은 액체상태의 연료가 증발에 하여 기체상태로 변하는 성질을 말하며 이 기화성을 정량적으로 표시하는 방법에는 ASTM 증류법과 평형 공기 증류법이 있다.

① ASTM (American Society for Testing Materials) 증류법 : 플라스크에 연료 100 cc 를 넣고 가열하여 온도가 10℃ 올라갈 때마다 연료의 증발량을 계량기를 통해 측정하여 온도에 따른 증발량의 변화를 그래프로 그려서 연료의 기화성을 측정하는 방법이다. 공기와의 접촉이 없기 때문에 실제 기화기와 차이가 있어 차이는 있지만 측정이 쉽기 때문에 많이 사용한다.

② 평형 공기 증류법 : ATSM 증류법과는 달리 일정 온도하에서 일정량의 공기를 증발관 내에 흐르게 하여 증발하는 연료의 양을 측정하는 방법을 말하며 실제 기화기의 조건에 가깝지만 측정법이 어렵다.

(3) 연료의 내폭성 (혹은 안티 노크성 (antiknock property))

가솔린 기관에서 노크 현상을 일으키지 않는 가솔린의 성질을 내폭성(antiknock property)이라 하며 가솔린의 내폭성 측정방법은 C.F.R (cooperative fuel research) 기관을 이용하여 측정한다. 이 내폭성을 정량적으로 표시하는 방법이 옥탄가(performance number)가 있다.

① CFR (cooperative fuel research) 기관 : 이 기관은 운전 중에 압축비를 연속적으로 바꿀 수 있는 기구를 가지고 있으며, 압축비를 서서히 증가시킴으로써 노크를 발생시킬 수 있다. 또한, 노크는 노크 미터(knock meter)로 검출하여 노크 강도(knock intensity)를 표준 연료의 것과 비교한다.

② 옥탄가 (octane number) : 가솔린 기관의 연료의 내폭성을 수량적으로 표시한 것이며 노크를 가장 잘 일으키기 어려운 이소옥탄(iso-octane : C_8H_{18})과 노크를 가장 일으키기 쉬운 노멀 헵탄(normal heptane : C_7H_{16})을 혼합하여 연료와 동등한 반노크성을 나타내는 표준 연료를 만든다. 이 때 이 표준 연료에 포함된 이소옥탄의 체적 비율(%)로 연료의 옥탄가를 표시하며 다음 식으로 나타낸다.

$$옥탄가(ON) = \frac{이소옥탄}{이소옥탄 + 노멀\ 헵탄} \times 100\%$$

③ 안티 노크제 : 가솔린 기관의 노킹을 줄이기 위해 첨가하는 첨가제로는 4에틸납 $((CH_3)_4Pb)$이 있다. 이 4에틸납을 첨가하면 연료의 옥탄가는 증가한다.

1-4 디젤 기관 연료와 그 성질

디젤 기관에 사용되고 있는 연료는 소형 고속기관에서는 경유가 사용되고 있으며, 대형 저속기관에서는 중유가 사용되고 있다. 디젤 기관에서 사용 연료의 착화성이 좋지 않으면 연료가 분사되어도 곧바로 착화되지 못하고 그 동안 다량의 연료가 분사되어 한꺼번에 연소됨으로써 디젤 노크(diesel knock)를 발생하기도 하여 소음이 원인이 되기도 한다.

(1) 자기 착화성

디젤 기관에서 사용되는 연료가 고압으로 연소실 내에 분사되어 공기와 혼합되면서 전기 스파크(spark) 없이 스스로 착화하려는 성질을 말한다. 이 자기 착화성의 정도를 나타내는 방법에는 세탄가와 세텐가가 있다.

① 세탄가 (cetane number) : 자기 착화성을 정량적으로 표시하는 것이며, 착화성이 가장 우수한 세탄($C_{16}H_{34}$)과 착화성이 매우 불량한 α-메틸나프탈린($C_{11}H_{10}$)을 적당히 혼합하여 연료와 착화성이 동일한 표준 연료를 만들었을 때 이 표준 연료 안에 포함된 세탄의 체적분율로 세탄값을 표시한다.

$$세탄가\,(CN) = \frac{세탄}{세탄 + (\alpha - 메틸나프탈린)} \times 100\%$$

② 세텐가 (setene number) : 착화성을 표시하는 값으로 세탄 대신 세텐($C_{16}H_{32}$)을 사용하는 경우에 세텐가라고 한다. 세탄가 70이 세텐가 80에 해당하는데 세탄의 착화성이 세텐보다 좀더 좋다.

③ 발화 (착화) 촉진제 : 디젤 기관용 연료에 첨가시켜 착화성을 좋게 하며 세탄값을 높이는 물질을 말한다. 아초산아밀($C_5H_{11}NO$), 초산에틸(C_2H_5NO) 등이 있으며 매우 많은 양을 첨가하여야 한다.

2. 내연기관의 연소

2-1 가솔린 기관의 연소

가솔린 기관은 공기와 연료가 기화기에서 혼합되어 연소실 내로 들어오게 되고 이 혼합가스는 연소실 내에 설치된 스파크 플러그의 전기 스파크에 의해 연소할 수 있는 조건이 만들어지면서 발화하기 시작한다. 혼합가스는 전기불꽃이 튀기는 것과 동시에 발화하지 않고 약간의 시간이 경과해 이 전기불꽃으로 연소실 내의 혼합가스의 온도와 압력이 연소조건을 만족할 때까지 발화가 지연되는 이를 발화지연 또는 착화지연기간이라 한다.

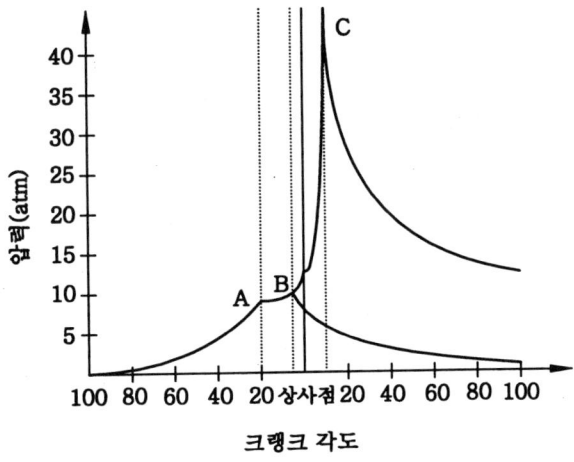

가솔린 기관의 연소과정

(1) 연소과정

① 제1기(A-B) : 스파크 플러그의 전기불꽃에 의해 점화된 스파크 플러그 주위의 혼합가스가 주변의 혼합가스들로 화염을 전파시킬 수 있는 화염핵이 형성되어 있는 기간으로 열의 발생이 얼마 되지 않으므로 압력의 상승은 적다.

② 제2기(B-C) : 제1기에서 형성된 화염핵은 주변의 혼합가스로 화염을 전파시키면서 이 화염전파 속도는 빨라지게 되고 연소가 급격하게 이루어지므로 압력은 급상승하여 C점에서 최고압력에 이른다. 이 기간에 혼합가스의 대부분이 연소하지만 스파크 플러그에서 거리가 먼 곳에는 아직 연소가 이루어지지 못한 미연가스가 여전히 존재하고 있다.

③ 후연소 : 제2기에서 연소가 이루어지지 않은 미연가스가 연소하면서 열의 발생이 팽창행정까지 계속된다.

(2) 정상연소와 이상연소

① 정상연소 : 점화는 설정된 시간에 스파크에 의하여 시작되고 화염면은 정상속도로 연소실 내를 완전히 전파하는 연소과정이다. 이와 같은 과정에 있어서 연료와 공기의 혼합물은 연소시에 급격한 에너지 방출이 없고 연소실의 퇴적물, 과열된 스파크 플러그 및 밸브, 또는 연소실 내의 다른 열표면 등 보조 착화원이 되는 것이 없다. 정상연소시 실린더 내에서의 연소속도는 20~25 m/s 정도이다.

② 이상연소 : 연소가 정상적인 과정으로 진행되지 않으며 그 종류에는 노크와 표면착화가 있다.

(3) 가솔린 기관의 노킹 현상

① 노크(knock) : 혼합물이 연소할시 연소속도가 너무 빠르면 연소가 순간적으로 급격하게 일어나게 되고 압력상승도 급격하게 일어난다. 이러한 연소가스의 작용으로 미연소가스는 연소실 내의 한쪽에서 단열 압축되고 온도가 자연발화 온도 이상으로 증가되어 아직 화염이 전파되지 않았는데도 국부적으로 격렬한 연소가 일어나 압력상승이 급격해져 실린더 벽을 두드리는 것과 같은 압력파가 연소실 벽을 때려 격심한 진동을 일으키게 되고 금속을 타격하는 소리를 내는 현상이다.

② 데토네이션파(detonation wave) : 노킹 현상이 발생하게 되면 연소실 내의 화염전파 속도는 음속을 넘어서는 300~2000 m/s 정도가 되므로 연소실 내에는 충격파가

발생하게 되는데 이 때 발생하는 충격파가 데토네이션파이다.

③ 노킹 현상의 발생원인
  ㈎ 제동평균 유효압력이 높을 때 : 압축비가 높거나 흡기압력이 높아질 때 높다.
  ㈏ 흡기온도가 높을 때 : 흡기온도가 높으면 점화지연 시간이 짧아지고 화염속도가 빨라진다.
  ㈐ 실린더 온도가 높거나 배기밸브의 열점이 존재할 때
  ㈑ 회전속도가 낮을 때
  ㈒ 혼합비가 맞지 않을 때 : 노크 최대 혼합비는 12.5 : 1이다.
  ㈓ 점화시기가 맞지 않을 때 : 점화시기를 지연시켜 혼합기의 최종 연소부분이 상사점 전에서 연소하도록 해주면 노크가 일어나기 어려워진다. 점화 플러그 2개 설치한다.

(4) 노크 방지법

스파크 점화에 의한 연소(정상연소) 이외의 이상연소가 발생하는 조건을 만들어 주지 않으면 된다. 즉, 연소실 내에서 공기와 연료의 혼합물이 자기착화되는 현상을 방지해 주면 된다. 자기착화 현상은 연소실 내의 온도와 압력이 혼합물의 연소조건을 만족할 때 발생하기 때문에 연소실 내의 온도와 압력을 자기착화 현상이 발생하는 온도와 압력 이하로 낮추어 주면 된다.

① 점화지연 기간을 길게 한다 : 점화지연 기간이 짧으면 공기와 연료의 혼합물이 순간적으로 연소하기 때문에 아직 화염이 전파되지 않은 말단가스가 연소실의 구석으로 몰리면서 단열압축되어 자기착화하기 쉬운 조건이 만들어지기 때문에 점화지연 기간을 길게 하는 것이 노크 방지에 좋다.

② 화염전파 거리를 짧게 하고 화염전파 속도를 빠르게 한다 : 기관의 회전속도를 증가시키거나 스퀴시 등에 의한 난류의 생성으로 화염속도를 증대시키거나 작고 조밀한 연소실로 하는 등 화염전파 거리를 짧게 하는 방법이 있다.

③ 압축비를 낮춘다 : 압축비가 높을수록 연소실 내의 온도와 압력이 높아져 노크 발생이 쉬워지므로 설계시 압축비를 제한 받게 된다.

④ 안티 노크성이 큰 연료를 사용한다 : 안티 노크성은 노크가 잘 일어나지 않는 성질을 말하며 안티 노크성이 크다는 말은 옥탄가가 높다는 것이다.

⑤ 혼합기 온도를 낮추도록 한다 : 혼합기 온도가 높을수록 말단가스(end gas) 온도도

높아져 점화지연 기간은 짧아지고 자발화는 쉽게 일어나게 되므로 혼합기의 온도를 낮추어야 한다.

⑥ 말단가스를 냉각한다 : 스파크 플러그로부터 먼 부분의 벽 표면적 대 체적의 비를 크게 취하여 말단 미연 혼합기를 냉각하는 소염층(quenching zone)을 설정해 주면 된다.

(4) 가솔린 기관의 표면착화

점화시기와는 관계없이 스파크 방전 이외의 연소실 내에 존재하는 점화 플러그나 배기 밸브, 또는 연소 퇴적물 등에 열이 집중, 과열되어 이것이 열점(hot spot)이 되어 정상화염 전파 이전에 화염이 발생하여 연소하는 현상이다. 노크와는 달리 화염은 정상속도로 전파되며 이 표면착화의 종류에는 조기 점화(preignition)과 포스트 점화(postignition), 런 온(run on) 등이 있다.

① 조기 점화 : 점화 플러그에 의한 스파크 점화 이전에 일어나는 표면착화
② 포스트 점화 : 점화 플러그에 의한 스파크 점화 이후에 일어나는 표면착화
③ 런 온(run on) : 기관이 고온일 때 스파크 점화를 정지한 후에도 기관의 연소가 계속되는 상태

2-2 디젤 기관의 연소

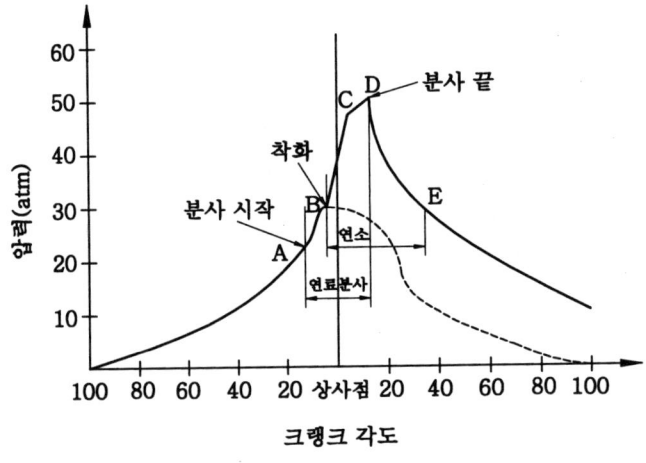

디젤 기관의 연소과정

(1) 연소과정

① **착화지연기간 (A-B 기간)** : 분사노즐을 통해 분사된 연료가 연소실 내에서 연소를 일으킬 때까지의 기간이다. 위의 그림에서 보는 것처럼 A점에서 연료가 분사되고 연료가 분사됨과 동시에 연소가 진행되는 것이 아니고 일정 정도의 시간이 지나 자기착화할 수 있는 온도와 압력조건이 형성되기까지 착화는 지연되어 B점에서 연소가 시작된다.

② **폭발적 연소기간 (B-C 기간)** : B점에서 연소가 시작되어 화염은 연소실 전체로 급격하게 전파되면서 이 때 발생한 에너지로 인해 연소실 내의 압력은 C점까지 급격하게 상승하게 되고 연소실 내의 온도도 높아지게 된다. C점에서는 대부분의 연료가 연소가 되지만 연료분사가 계속되고 있기 때문에 아직 연소실 내에서는 연소현상이 계속되고 있다.

③ **제어연소기간 (C-D 기간)** : C점에서 분사되는 연료는 이미 연소실 내에서 연소된 혼합가스의 영향으로 연소실 내의 온도와 압력이 자기착화할 수 있는 조건을 갖추고 있기 때문에 연료가 분사되면서 바로 연소가 진행이 되지만 처음 연소가 진행될 때처럼 급격한 압력의 상승은 일어나지 않으며 연료의 분사율을 적당하게 조절함으로써 C-D 기간의 압력변화를 조절할 수가 있다.

④ **후연소기간 (D-E 기간)** : 연료의 분사는 D점에서 끝나지만 연소실 내에서는 아직 연소에 참여하지 않은 미연가스가 존재하게 되는데 이 미연가스는 연료분사가 끝나도 계속 연소하게 된다.

(2) 연료의 분무조건

① **미세화** : 연료입자가 작을수록 (2~50μ) 가열되는 시간이 짧으며 연소가 잘 되기 위해서는 연료의 입자를 미세화하여야 한다.

② **관통력** : 연소가 시작됨에 따라 미세화된 연료는 새로운 공기와 혼합하여 연소가스 내로 들어갈 수 있는 힘, 연료입자의 지름이 클수록 관통력은 커진다.

③ **분 포** : 연료와 공기입자의 혼합된 상태
　㈎ 연료와 공기가 잘 섞이면 : 완전연소
　㈏ 연료가 미치지 못하는 공간 : 불완전연소

(3) 디젤 노크 (diesel knock)

디젤 노크는 착화지연 기간 중에 분사된 연료가 착화지연 기간이 길어져서 급속연소기간에 다량의 연료가 급격히 연소하여 압력상승이 높게 되고, 심한 타음을 발생한다. 이와 같이 압력상승이 비정상으로 높게 되는 현상이다.

① 노크 방지책
  - (개) 세탄가가 높은 연료를 사용하여 착화지연 기간을 짧게 한다.
  - (내) 압축비를 높이고 더불어 흡기의 예열, 과급, 단열에 의하여 압축 끝의 온도, 압력을 높게 한다.
  - (대) 연료분사율을 분사 시작할 때는 낮게 하고 후반은 높게 한다.
  - (래) 주분사에 앞서 소량의 연료를 분사하여 그것이 착화된 후 주분사를 하여 급격한 연소를 억제하는 파일럿 분사(pilot injection) 방식으로 한다.
  - (매) 연료분사 시기를 알맞게 조정한다.
  - (배) 흡기밸브를 통해 유입되는 공기의 흡기온도를 높인다.

2-3 가솔린 노크와 디젤 노크의 차이

노크의 발생기는 가솔린 기관에서는 연소 말기에 생기고 디젤 기관에서는 연소의 초기에 생긴다. 즉, 가솔린 기관에서의 노크는 착화지연 기간이 짧기 때문에 생기고 디젤 기관에서는 착화기간이 길기 때문에 발생한다. 이와 같이 그 원인은 서로 반대이고 대책도 반대이다.

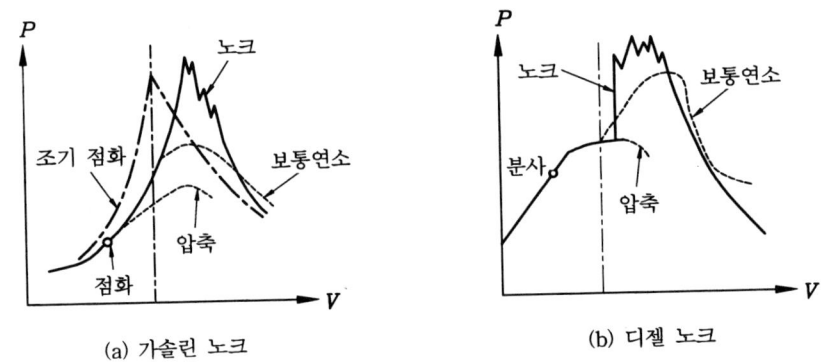

가솔린 노크와 디젤 노크

가솔린 노크와 디젤 노크의 억제방법 비교

억제방법 \ 노크	가솔린 노크	디젤 노크
연료의 착화온도	높 게	낮 게
연료의 착화지연	길 게	짧 게
회 전 속 도	높 게	낮 게
실 린 더 용 적	작 게	크 게
압 축 비	낮 게	높 게
흡입공기의 온도	낮 게	높 게
실린더벽의 온도	낮 게	높 게

3. 연소반응과 배기정화 대책

3-1 연소시의 반응식

(1) 대기의 물질 구성

우리가 숨쉬고 있는 대기를 구성하고 물질은 산소 (O_2) 20%와 질소 (N_2) 79%, 그리고 나머지 물질 1%로 구성되어 있다. 그러므로 대부분의 대기는 산소와 질소로 이루어져 있다고 봐도 될 것이다. 우리가 배우고 있는 내연기관은 대부분 이 대기중의 공기를 흡입하여 연료와 연소시켜서 연소시 발생하는 높은 에너지를 이용하기 때문에 연소과정에서 공기와 반응하는 연료가 무엇인지를 알고 있으면 결국 우리는 이 공기와 연료의 반응으로 생성되는 물질을 대강 예측할 수 있는 것이다.

λ의 크기에 따라 연소는 다음과 같이 구분된다.

① 희박 혼합기 : $\lambda > 1$ → 완전연소   ② 이론 혼합기 : $\lambda = 1$ → 완전연소
③ 농후 혼합기 : $\lambda < 1$ → 불완전연소

(2) 완전연소시 화학반응

$$C_n H_m + \left(n + \frac{m}{4}\right)(O_2 + 3.773 N_2) \Rightarrow nCO_2 + \frac{m}{2} H_2O + 3.773\left(n + \frac{m}{4}\right)N_2$$

결국 우리는 연료가 어떤 연료인지 알면 그 연료의 분자식을 알 것이고 이 분자식만으로 생성물의 몰수와 생성물의 종류가 무엇인지를 알 수가 있게 된다. 완전연소시에 생성되는 물질은 이산화탄소 (CO_2)와 수증기(H_2O), 질소 (N_2)이다.

그러나 안타깝게도 실제로 완전연소가 일어날 확률은 거의 없고 대부분이 불완전연소이다.

(3) 불완전연소시

이론적으로 요구되는 공기와 연료의 구성비에 비해서 공기가 과잉으로 공급되거나 연료가 과다하게 공급될 경우에는 불완전연소가 이루어지게 되고 연소하여 생성되는 물질의 형태도 완전연소와는 달라지게 된다.

① 공기가 과다하게 공급될 경우(희박연소) : 연료는 연소에 필요한 공기와 혼합하여 완전연소하고 과다하게 공급된 공기는 대기중에 방출된다. 그래서 연소 후 생성되는 물질은 CO_2, H_2O, N_2, O_2 등이 있다.

② 연료가 과다하게 공급될 경우(불완전연소) : 완전연소 이상의 연료를 공급하면 출력은 증가하지만 산소부족으로 불완전연소되는 연료는 대부분이 매연(smoke)으로 된다. 이것은 연료입자가 고온가스 중에서 산소부족인 채 열분해되어 수소가 추출되고 탄소만이 남게 된다. 연소 후 생성되는 물질은 CO_2, H_2O, N_2, CO, H_2O 등이 있다.

(4) 열해리

연소실 내의 연소온도가 1400℃ 이상으로 높아지게 되면 공기와 연료의 연소로 생성된 CO_2, H_2O 가 역변화를 일으켜 열을 흡수하면서 CO와 O_2는 현상을 말한다.

$$CO_2 = CO + \frac{1}{2} O_2 \cdots\cdots\cdots\cdots\cdots 67500\,kcal의\ 열을\ 연소열에서\ 흡수한다.$$

$$H_2O = H_2 + \frac{1}{2} O_2 \cdots\cdots\cdots\cdots\cdots 57500\,kcal의\ 열을\ 연소열에서\ 흡수한다.$$

연료로 사용되는 가솔린은 정제 과정에서의 불순물이라든지, 목적에 따라 다른 첨가물이 포함되어 있고 고온에서 열해리로 인해서 위에서 본 생성물질들만 배출되는 것이 아니고 다른 물질들도 반응하여 생성되어 방출된다.

3-2 배기가스의 정화대책

배기가스는 연료가 실린더 안에서 연소한 후 배기 파이프를 통해 외부로 배출되는 가스이며 질소와 수증기 이외에 일산화탄소(CO), 이산화탄소(CO_2), 탄화수소(HC), 매연(soot), 질소 산화물(NO_X : 일산화질소 NO와 이산화질소 NO_2), 황(이산화황 SO_2와 삼산화황 SO_3) 등이 포함되어 있다.

블로바이 가스는 압축행정 때 피스톤 링의 홈에 밀려들어간 혼합기가 연소가스의 압력으로 연소하지 못한 상태로 크랭크실로 누출되는 가스이다. 증발가스는 연료 탱크나 기화기로부터 증발하는 연료의 증기이다.

(1) 배기 재순환장치

흡기계통으로 배기가스의 일부를 재순환시켜서 연소할 때의 최고 온도를 낮추어 질소 산화물의 발생을 억제한다.

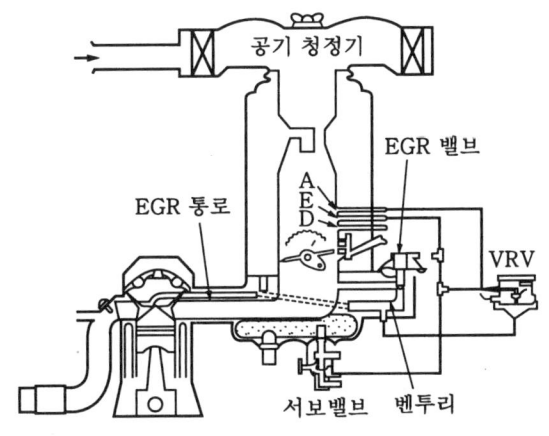

배기 재순환장치

(2) 배기 재연소방식

배기관에 마련된 열반응기에 의하여 배기가스를 재연소시키는 방법으로 일산화탄소와 탄화수소의 감소 효과

(3) 촉매 반응방식

배기가스가 금속 케이싱 안에 큰 표면적으로 분포되고 활성을 부여한 촉매를 직접 접촉, 통과하면서 배기가스를 정화시키는 방법이다. 이 촉매 반응방식에는 산화 촉매, 환원 촉매, 3원 촉매가 있다.

① 산화 촉매

(가) 산화에 필요한 공기는 공기펌프 또는 배기 맥동파를 이용한 리드 밸브에 의하여 도입하고 배기가스 중의 CO와 HC를 공기와 함께 촉매 변환기를 통과시켜 CO_2와 H_2O로 산화시켜 대기중에 방출시킨다.

(나) 산화 촉매제 : 촉매 변환기에 사용되는 촉매제로는 백금(Pt) 또는 백금(Pt)과 팔라듐(Pd)의 혼합물을 사용한다.

② 환원 촉매

(가) 배기가스 중에 포함된 NO는 환원 촉매 변환기를 통과하여 NO를 N_2로 환원시킨다.

(나) 환원 촉매제 : 촉매 변환기에 사용되는 환원 촉매제로는 루테늄(Ru)과 로듐(Rh)이 있다.

(다) NO 환원의 활성 정도는 Ru > Rh > Pd > Pt 순이다.

③ 3원 촉매 : 1단의 촉매로 산화반응과 환원반응을 동시에 행하여 CO, HC, NO의 세 성분을 동시에 정화시킨다. 3원 촉매에 사용되는 촉매제로는 Pt와 Rh가 있다.

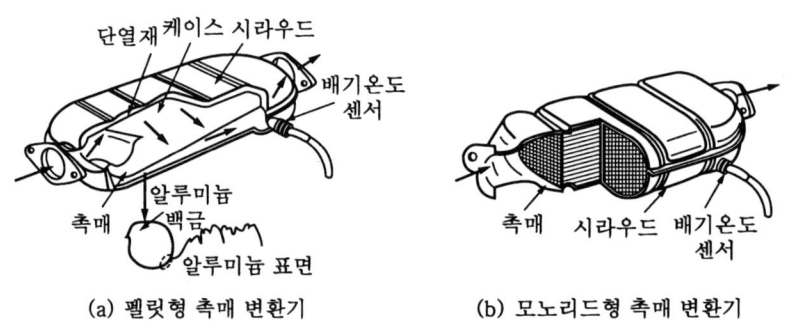

(a) 펠릿형 촉매 변환기   (b) 모노리드형 촉매 변환기

3원 촉매 변환기의 종류

3-3 가솔린 기관의 배기가스와 배기가스 정화 대책

가솔린 기관에서 배출물의 양을 결정하는 가장 변수는 연료-공기 당량비(ϕ)이다.

(1) 일산화탄소 (CO)

① 생성원인 : 일산화탄소의 생성원인은 크게 두 가지로 분류된다.
   (가) 농후한 연료공기 혼합기는 연료의 모든 탄소를 CO_2로 완전히 연소시키는데 필요한 산소가 부족하여 불완전연소가 되어 일산화탄소를 생성한다.
   (나) 고온에서 생성된 CO_2의 일부가 다시 역반응을 일으키며 CO로 해리 되면서 발생한다. 디젤 기관에서는 희박연소가 이루어지기 때문에 CO는 문제가 되지 않는다.

② 인체에 미치는 영향 : 인체에 흡입되면 혈액 속에서 산소를 운반하는 헤모글로빈과 결합하기 쉬워 혈액에 의한 신체 각 부위에 산소의 공급이 부족하게 되어 질식을 일으킨다. 0.15 %의 일산화탄소가 함유된 공기 속에서 1시간 있으면 생명이 위험하게 된다. 그 좋은 예가 연탄가스 중독이다.

(2) 질소 산화물 (NOx)

① 생성원인 : 질소와 산소의 원자 및 분자를 포함하는 화학반응을 통하여 화염면 뒤의 1500℃ 이상의 고온 연소가스에서 발생된다.

반응식 : $O + N_2 \leftrightarrows NO + H$
$N + O_2 \leftrightarrows NO + O$
$2N + OH \leftrightarrows NO + H$

② 발생 제어방법 : 배기가스의 일부를 회수하여 흡기 매니폴드로 보내고 흡입 혼합기와 같이 흡입밸브를 통하여 연소실로 흡입하는 방식이며, 이미 연소가 이루어진 가스이기 때문에 혼합기를 희석시켜 연소시 연소온도를 낮추어 NO 생성을 저하시킨다.

③ 인체에 미치는 영향 : 눈에 자극을 주고 폐의 기능에 장해를 일으킴과 동시에 광화학 스모그의 원인이 된다.

④ 광화학 스모그 : 대기 중에 배출된 탄화수소나 질소산화물이 직접 스모그로 되는 것이 아니라, 눈이나 호흡기 계통에 자극을 주는 물질이 2차적으로 형성되어 스모그로 된다.

(3) HC (미연화 탄화수소)

미연소 또는 일부만 연소된 여러 탄화수소의 총칭이다.

① 생성원인
  ㈎ 피스톤과 실린더의 틈으로 압입된 미연소가스로 인해 발생한다.
  ㈏ 연소실벽 근처의 화염이 꺼지는 소염층에서 발생한다.
  ㈐ 피스톤과 실린더 헤드 및 실린더 벽 유막(엷은 윤활유의 막)에 흡수된 탄화수소에 의해 발생한다.

② 제어방법 : 증기 흡수 탄소상자를 통하여 정화하거나 크랭크 케이스로부터의 블로바이 가스를 흡기 시스템으로 되돌려 보내 효과적으로 제어한다.

③ 인체에 미치는 영향 : 농도가 낮은 탄화수소는 호흡기 계통에 자극을 주는 정도이나 심하면 점막이나 눈을 자극하게 된다.

④ 이산화탄소 : 지구의 온실효과를 유발시킨다.

⑤ 아황산가스
  ㈎ 생성원인 : 가솔린이나 디젤 연료에 포함된 황성분이 산소와 반응하면서 생성된다. 가솔린 연료보다 디젤 연료에 황성분이 더 많이 포함되어 있다.

  $$S + O_2 \rightleftarrows SO_2 (이산화황), \quad S + O_3 \rightleftarrows SO_3 (삼산화황)$$

  물과 혼합되어 황산성 에어로솔 또는 산성비로 된다.

  ㈏ 인체에 미치는 영향 : 점막을 자극하거나 기관지염, 천식 등을 일으키며 만성적 허파기종이나 고혈압증을 유발한다.

⑥ 납 산화물
  ㈎ 생성원인 : 가솔린 기관에는 옥탄가를 높이기 위하여 4메틸납 $[PB(CH_3)_4]$이나 4에틸납 $[PB(C_2H_5)_4]$이 첨가되어 있기 때문에 배기가스 중에는 4메틸납이 연소에 의하여 생성된 산화납이 배기가스를 통해 대기중으로 배출된다.
  ㈏ 인체에 미치는 영향 : 이 산화납이 인체로 흡수되면 소화기 및 근육신경 등에 장애를 준다. 이런 피해를 주기 위하여 현재 자동차 연료에는 4메틸납 성분이 포함되지 않은 무연 가솔린을 쓰고 있다.

3-4 디젤 기관의 배기가스와 배기정화 대책

(1) 가솔린 기관과의 차이점

① 디젤 기관의 연소는 희박 혼합기 연소이므로 CO와 HC의 배출이 가솔린 기관보다 적고, NO는 거의 같다.

② 가솔린 기관의 배기대책으로 사용하는 촉매 변환기나 EGR 방식은 효율이 엄청 떨어진다. 그 이유는 산화 촉매인 경우는 그을음 등의 매연으로 기능이 저하되고, 환원 촉매는 희박 연소이므로 CO가 부족하여 기능이 저하되고, EGR 또한 배기중의 매연으로 기능이 저하된다.

③ 그을음에 의한 매연, 악취 및 소음의 공해가 있다.

(2) 매연 (smoke)

고부하에서 배출되는 흑연(black smoke)과 중부하 또는 저부하에서 생기는 청연(blue smoke), 저온 시동시에 발생하는 백연(white smoke)으로 나누어진다.

① 매연의 종류

㈎ 흑연 : 연료분무 중, 과농후한 부분의 연료가 고온에서 분해하여 탄소가 유리되어 발생한다.

㈏ 청연 : 연료가 부분적으로 산화된 탄화수소에 의해 발생한다.

㈐ 백연 : 연료나 윤활유가 미연 채로 배출한다.

② 매연 배출의 동태

㈎ 분사량이 증가하면 국부적으로 과도하게 농후한 부분이 급격히 증가하여 불완전 연소에 의한 배출량은 증가한다.

㈏ 분사시기를 늦추면 착화지연이 짧게 되어 예혼합기적인 초기연소의 비율이 감소하기 때문에 배출량은 증가한다.

㈐ 연료의 무화(atomization)와 연소실 내의 공기 유동이 좋으면 연료가 산소와 접촉하는 상태가 개선되어 배출량이 감소한다.

③ NOx : 고부하시 연료분사량 증가에 따라 연소실의 온도가 높게 되면서 증가한다.

④ HC
　㈎ 농후 혼합기가 저온의 실린더 벽에 접촉되어 그 부분이 미연소가스로 남아 생성한다.
　㈏ 혼합기가 희박하고 가스 온도가 낮을 때 대량으로 생성한다.
　㈐ 분무의 무화가 좋지 않고, 특히 분사 끝에 분사노즐의 분공용적에 있던 연료가 유출되어 이면 또는 불완전 산화의 HC로 배출되는 율이 크다.

⑤ 배기 대책 : 디젤 기관은 매연의 배출로 인하여 촉매 변환기의 사용이 어려우며 매연 처리를 위한 필터 트랩(filter trap)이 개발되고 있다.

> **알아두세요**
>
> ▶ **소염층** (quenching zone)
> 　비교적 온도가 낮은 연소실의 벽면이나 실린더와 피스톤 사이의 틈새 또는 밸브의 작은 틈새 등은 화염의 영향을 받지 않음으로 이 지역에서는 불완전연소시 발생하게 되는데 이러한 불완전연소 지역을 소염층이라고 한다.

예 상 문 제

문제 1. 다음 중 가솔린 기관의 연료가 구비해야 할 조건에 들지 않는 것은?
㉮ 내부식성이 크고, 저장시에 안정성이 있어야 한다.
㉯ 옥탄가가 높아야 한다
㉰ 휘발성(기화성)이 작아야 한다.
㉱ 연소시 발열량이 커야 한다.
[해설] 가솔린 기관에 사용되는 연료는 옥탄가가 높아야 하며, 연소시에 발열량이 크고, 기화성이 좋아야 하며, 내부식성이 크고 저장시 안전성이 있어야 한다.

문제 2. 다음 중 방향족을 나타내는 분자식은 어느 것인가?
㉮ C_nH_{2n} ㉯ C_nH_{2n+2}
㉰ C_nH_{2n-6} ㉱ $C_nH_{2n+1}OH$
[해설] 파라핀계(C_nH_{2n+2}), 방향족(C_nH_{2n-6}), 올리핀계(C_nH_{2n}), 나프텐족(C_nH_{2n})이다.

문제 3. 가솔린의 옥탄가는 대략 어느 정도인가?
㉮ 40~50 ㉯ 50~60
㉰ 60~70 ㉱ 70~80
[해설] 현재 시판되는 가솔린의 옥탄가는 대략 70~90이다.

문제 4. 다음 연료 중 발열량이 가장 높은 것은 어느 것인가?
㉮ 중유 ㉯ 석탄
㉰ 가솔린 ㉱ 코크스

[해설] ① 중유 : 10000 kcal / kg
② 석탄 : 5000~8000 kcal / kg
③ 가솔린 : 11000 kcal / kg
④ 코크스 : 7000 kcal / kg

문제 5. 대체 연료 중에서 사탕수수나 감자 등을 발효시켜 얻는 연료는?
㉮ 에틸 알코올 ㉯ 메틸 알코올
㉰ TBA ㉱ MTBE

문제 6. 연료를 공기 중에서 가열하면 어느 온도에서 자연발화하는데 이 발화를 시작하는 최저 온도를 무엇이라고 하는가?
㉮ 인화점 ㉯ 비등점
㉰ 발화점 ㉱ 기화점
[해설] 연료를 공기 중에서 가열하면 어느 온도에서 자연발화하는데 이 발화를 시작하는 최저온도를 발화점이라고 한다.

문제 7. 가솔린의 비중은 대략 어느 것인가?
㉮ 0.68~0.75 ㉯ 0.80~0.84
㉰ 0.84~0.89 ㉱ 0.89~0.99

문제 8. 파라핀계 탄화수소는?
㉮ C_nH_{2n-6} ㉯ C_nH_{2n}
㉰ C_nH_{2n+2} ㉱ C_nH_{2n}
[해설] 파라핀계(C_nH_{2n+2}), 올리핀계(C_nH_{2n}), 나프텐족(C_nH_{2n}), 방향족(C_nH_{2n-6})

문제 9. 가솔린 기관에서 이론적인 혼합비의 값은?
㉮ 8 : 1 ㉯ 10 : 1

[해답] 1. ㉰ 2. ㉰ 3. ㉱ 4. ㉰ 5. ㉮ 6. ㉰ 7. ㉮ 8. ㉰ 9. ㉰

㉰ 15 : 1　　　　㉱ 20 : 1

문제 10. 가솔린 기관에서 노크 현상을 일으키지 않는 가솔린의 성질을 무엇이라고 하는가?
㉮ 기화성　　　　㉯ 내폭성
㉰ 자기착화성　　㉱ 휘발성
[해설] 가솔린 기관에서 노크 현상을 일으키지 않는 가솔린 기관의 성질을 내폭성 혹은 안티 노크성이라 한다.

문제 11. 대체 연료에 속하지 않는 것은?
㉮ 나프타　　　　㉯ 에틸 알코올
㉰ 메틸 알코올　㉱ TBA
[해설] 대체 연료로는 에틸 알코올, 메틸 알코올, TBA, MTBE 등이 있다.

문제 12. 메타놀과 이소부틸렌을 합성시켜 얻으며, 옥탄가가 매우 높고, 무연 가솔린의 반노크제로 사용하는 연료는?
㉮ 등유　　　　㉯ 가솔린
㉰ 에틸 알코올　㉱ MTBE
[해설] 대체 연료 중에서 MTBE는 메타놀과 이소부틸렌을 합성시켜 얻으며 발열량과 옥탄가가 높고 상분리 현상이 일어나지 않는 연료이다.

문제 13. 다음 중 경유의 비중은 대략 어느 정도인가?
㉮ 0.65~0.73　　㉯ 0.74~0.79
㉰ 0.84~0.89　　㉱ 0.89~0.99

문제 14. 가솔린 450 cc를 연소시키기 위하여 몇 kg의 공기량이 필요한가? (단, 혼합비는 15 : 1, 비중은 0.70으로 한다.)
㉮ 6.75 kg　　　㉯ 4.73 kg
㉰ 0.32 kg　　　㉱ 6.57 kg

[해설] 혼합비 $= \dfrac{\text{공기의 중량}}{\text{가솔린의 중량}} = \dfrac{W_a}{W_b}$

$W_b = 450 \times 0.70 = 315\,g$

$W_a = W_b \times 혼합비 = 315 \times 15 = 4275\,g ≒ 4.725\,kg$

문제 15. 다음 중 공기를 구성하고 있는 주성분은 무엇인가?
㉮ 산소와 질소
㉯ 질소와 일산화탄소
㉰ 산소와 이산화탄소
㉱ 질소와 수소
[해설] 공기는 산소 21%와 질소 79%로 구성되어 있으며 이외에 아주 작은 양의 이산화탄소와 아르곤으로 이루어져 있다.

문제 16. 어선용 2사이클 기관의 연료는 다음 중 어느 것이 많이 사용되는가?
㉮ 중유　　　　㉯ 가스
㉰ 경유　　　　㉱ 가솔린

문제 17. 가솔린 연료 중에서 원유를 증류할 때 생기는 경유류분에 가까운 원료유를 접촉 분해하거나 수소화 분해하여 저분자의 탄화수소로 변환한 가솔린은?
㉮ 직류 가솔린　㉯ 개질 가솔린
㉰ 분해 가솔린　㉱ TBA
[해설] 가솔린 연료 중에서 원유를 증류할 때 생기는 경유류분에 가까운 원료유를 접촉 분해하거나 수소화 분해하여 저분자의 탄화수소로 변환한 가솔린은 분해 가솔린이다.

문제 18. 다음 액체 연료 중 증류온도가 가장 높은 것은?
㉮ 가솔린　　　㉯ 경유
㉰ 중유　　　　㉱ 등유

문제 19. 자동차용 디젤 연료의 세탄가는 약

[해답] 10. ㉯　11. ㉮　12. ㉱　13. ㉰　14. ㉯　15. ㉮　16. ㉮　17. ㉰　18. ㉰　19. ㉰

어느 정도인가?
- ㉮ 약 25
- ㉯ 약 35
- ㉰ 약 50
- ㉱ 약 60

[해설] 디젤유의 세탄값은 보통 50이다.

문제 20. 다음에서 가솔린에 첨가제로서 연료의 옥탄가를 높여주는 제폭제가 아닌 것은 어느 것인가?
- ㉮ 4에틸납
- ㉯ 철 카보닐
- ㉰ 벤젠
- ㉱ 이산화 망간

[해설] 다음 제폭제로서 벤진의 효과를 1이라 하며, 4에틸연(328), 니켈카보닐(277), 철카보닐(250), 2에칠테엘(250), 4에틸 주석(20.4), 옥화에틸(13.9), 알코올 (1.9), 톨오울 (1.1) 등이다.

문제 21. 옥탄가 80이란 무엇을 말하는가?
- ㉮ 이소옥탄 20에 노멀 헵탄 80의 혼합물
- ㉯ 이소옥탄 80에 노멀 헵탄 20의 혼합물과 같은 노킹 정도를 나타내는 가솔린 연료
- ㉰ 이소옥탄 80에 세탄 20의 혼합물과 같은 노킹 강도를 나타내는 가솔린 엔진
- ㉱ 이소옥탄 20에 세탄 80의 혼합물과 같은 노킹 강도를 나타내는 디젤 연료

문제 22. 다음 중 가솔린 기관에서 발생하는 노킹 현상의 원인이 아닌 것은?
- ㉮ 흡기온도가 낮을 때
- ㉯ 제동평균 유효압력이 높을 때
- ㉰ 회전속도가 낮을 때
- ㉱ 점화시기가 맞지 않을 때

[해설] 노킹 현상이 발생하는 원인은 제동평균 유효압력이 높을 때, 흡기온도가 높을 때, 실린더 온도가 높거나 배기밸브의 열점이 존재할 때, 회전속도가 낮을 때, 혼합비가 맞지 않을 때, 점화시기가 맞지 않을 때 발생한다.

문제 23. 다음 중 점도가 큰 디젤 연료를 사용하였을 경우에 발생하는 현상이 아닌 것은 어느 것인가?
- ㉮ 연료의 입자지름이 증가한다.
- ㉯ 분무의 관통력이 감소한다.
- ㉰ 분포가 좋지 못하다.
- ㉱ 불완전 연소와 그을음 (soot)가 발생한다.

[해설] 점도가 큰 디젤 연료를 사용하면 분무의 관통력이 감소하는 것이 아니고 증가하게 된다.

문제 24. 환원 촉매를 방법을 이용하여 발생량을 줄일 수 있는 배기가스는?
- ㉮ CO
- ㉯ CO_2
- ㉰ NOx
- ㉱ HC

[해설] 환원 촉매는 배기가스 중의 배기가스 중에 포함된 NO는 환원 촉매 변환기를 통과하여 NO를 N_2로 환원시켜 대기 중에 방출시키는 방법이다.

문제 25. 세탄가를 높여주는 착화 촉진제로 사용하는 것은?
- ㉮ C_6H_{14}
- ㉯ C_4H_{12}
- ㉰ C_2H_5NO
- ㉱ C_2H_4

[해설] 착화 촉진제로는 초산에틸 (C_2H_5NO), 아초산, 아밀 ($C_5H_{11}NO$) 등이 있다.

문제 26. 가솔린 기관에서 노킹이 발생할 경우 화염전파 속도는 얼마인가?
- ㉮ $20 \sim 30 \, m/s$
- ㉯ $200 \sim 250 \, m/s$
- ㉰ $300 \sim 2000 \, m/s$
- ㉱ $2000 \sim 4000 \, m/s$

문제 27. 다음 중 세탄의 분자식을 올바르게 나타낸 것은?
- ㉮ $C_{16}H_{32}$
- ㉯ C_6H_{34}

[해답] 20. ㉱ 21. ㉯ 22. ㉮ 23. ㉯ 24. ㉰ 25. ㉰ 26. ㉰ 27. ㉮

⒟ $C_5H_{11}NO$　　⒭ C_8H_{18}
[해설] 세탄은 $C_{16}H_{34}$, 세텐은 $C_{16}H_{32}$이다.

문제 28. 디젤의 노크 방지책으로 옳은 것은 어느 것인가?
⒜ 착화성이 나쁜 연료를 사용한다.
⒩ 압축비를 높인다.
⒟ 냉각수의 온도를 낮춘다.
⒭ 세탄가가 낮은 연료를 사용한다.

문제 29. 디젤 기관의 연소실 중 열효율이 가장 높고 고분사압력이 필요한 연소실은 어느 것인가?
⒜ 예연 연소실　　⒩ 와류실식
⒟ 직접 분사식　　⒭ 공기실식

문제 30. 디젤 기관을 바르게 설명하고 있는 것은 어느 것인가?
⒜ 연료비가 가솔린 기관보다 많이 든다.
⒩ 연료소비율이 가솔린 기관보다 높다.
⒟ 열효율이 가솔린 기관보다 나쁘다.
⒭ 고속에는 부적당하고 저속회전이 용이하다.

문제 31. 압축행정 때 피스톤 링의 홈에 밀려들어간 혼합기가 연소가스의 압력으로 연소하지 못한 상태로 크랭크실로 누출되는 가스를 무엇이라 하는가?
⒜ 증발가스　　⒩ 블로바이 가스
⒟ 연소가스　　⒭ 배기가스

문제 32. 다음 연료 중 인화점이 가장 낮은 것은 어느 것인가?
⒜ 가솔린　　⒩ 경유
⒟ 중유　　⒭ 등유

문제 33. 디젤 기관의 실린더 내의 압축압력은 약 어느 정도인가?
⒜ $15\sim25\,kg/cm^2$　　⒩ $30\sim55\,kg/cm^2$
⒟ $55\sim75\,kg/cm^2$　　⒭ $10\sim30\,kg/cm^2$
[해설] 실린더 내의 압축압력은 약 $30\sim55\,kg/cm^2$ 정도이다.

문제 34. 가솔린 기관의 연소에서 실린더 내에 혼합기가 정상연소할 때의 화염전파 속도는 얼마인가?
⒜ $20\sim25\,m/s$　　⒩ $10\sim20\,m/s$
⒟ $30\sim50\,m/s$　　⒭ $50\sim80\,m/s$

문제 35. 다음 디젤 기관의 연소과정 그림에서 연소기간은 그림에서 어느 구간인가?

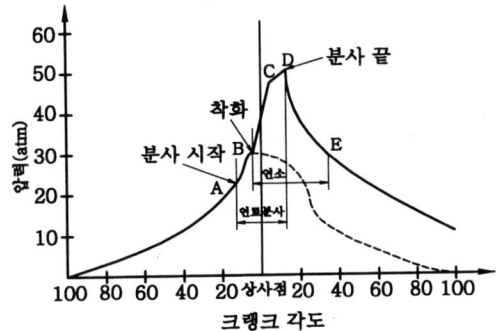

⒜ A−B　⒩ C−D　⒟ B−E　⒭ A−D
[해설] 디젤 기관은 4과정으로 이루어져 있다. 착화지연 과정(A−B), 폭발연소(B−C), 제어연소(C−D), 후연소(D−E)이며 착화지연 과정이 길어지면 노크를 일으킨다. 노크 방지책은 착화지연을 짧게 하면 되어 연소기간은 착화에서부터 후연소까지의 기간이다.

문제 36. 디젤 기관의 세탄가는?
⒜ 정헵탄과 이소옥탄의 비
⒩ α-메틸 나프탈렌과 세탄의 비
⒟ α-메틸 나프탈렌과 이소옥탄의 비

[해답] 28. ⒩　29. ⒟　30. ⒭　31. ⒩　32. ⒜　33. ⒩　34. ⒜　35. ⒟　36. ⒩

㉣ 정헵탄과 세탄의 비

문제 37. 다음에서 맞지 않는 것은?
㉮ 엔진의 압축압력이 높을수록 압축공기의 온도가 높아진다.
㉯ 연료의 착화온도는 압축압력이 높을수록 높아진다.
㉰ 경유의 착화점이 가솔린의 그것보다 낮다.
㉱ 배압이 높을수록 엔진의 출력이 증대된다.
[해설] 배압은 피스톤 운동에 저항으로서 작용하는 압력을 뜻한다. 따라서, 배압이 커지면 출력이 감소한다. 크랭크 케이스 내의 압력증대, 소음기의 막힘 등이 그 예이다.

문제 38. 다음은 LPG 연료에 관한 것이다. 틀린 것은?
㉮ LPG의 옥탄가는 가솔린의 옥탄가보다 높다.
㉯ LPG의 발열량은 약 12000 kcal/kg 정도이다.
㉰ 자동차용 LPG는 저장용 탱크에서 기체상태로 나오게 하여 베이퍼라이저에 보내진다.
㉱ 액상의 LPG는 물보다 가볍다.
[해설] LPG의 옥탄가는 약 91~125이므로 가솔린보다 약 10~20 높다. LPG를 저장용 용기에서 나오게 할 때 자정용은 기체로, 자동차용은 액체로 뽑아내어 베이퍼라이저에서 기화시킨다.

문제 39. 엔진이 운전상태의 온도에 도달할 때의 일어나는 출력감소의 원인은?
㉮ 베이퍼록
㉯ 과도한 회전저항
㉰ 진한 윤활유
㉱ 스로틀 밸브가 닫히지 않는다.
[해설] 엔진이 가열되면 연료 파이프가 가열되고 가솔린이 휘발되어 베이퍼록이 생겨서 연료 공급이 원활하지 못한다.

문제 40. 디젤 연료의 점화성은?
㉮ 옥탄가로 표시된다.
㉯ 세탄가로 표시된다.
㉰ 부탄가로 표시된다.
㉱ 프로판가로 표시된다.

문제 41. 가솔린 연료의 노크 방지성을 표시한 것은?
㉮ 부탄가   ㉯ 세탄가
㉰ 옥탄가   ㉱ 프로판가

문제 42. 다음 중 순수한 LP 가스의 성질을 바르게 표시하고 있는 것은?
㉮ 특유한 냄새를 가진다.
㉯ 특유한 맛을 가진다.
㉰ 온도증가와 더불어 증기압은 낮아진다.
㉱ 무색이다.

문제 43. 다음 중 가솔린 기관의 노크 방지책이 아닌 것은?
㉮ 연료의 착화온도를 높게 한다.
㉯ 압축비를 낮게 한다.
㉰ 회전속도를 느리게 한다.
㉱ 연소실 벽의 온도를 낮게 한다.
[해설] 노크를 방지하기 위해서는 회전속도를 빠르게 해야 한다.

문제 44. 디젤 기관의 NO 가스 발생을 억제하는 방법이 아닌 것은?
㉮ 연소온도를 낮춘다.

[해답] 37. ㉱ 38. ㉰ 39. ㉮ 40. ㉯ 41. ㉰ 42. ㉱ 43. ㉰ 44. ㉱

㉯ 흡기압력을 높인다.
㉰ O_2 농도를 낮춘다.
㉱ 반응시간을 길게 한다.

[해설] • NO 발생 저감방법
① O_2 농도를 낮춘다.
② 연소온도를 낮춘다.
③ 흡기압력을 높인다.
④ 흡기습도를 높인다.
⑤ 반응시간을 짧게 한다.
⑥ 흡기를 가열하지 않는다.

문제 45. 다음 옥탄가와 세탄가에 대한 설명 중 옳지 않은 것은?

㉮ 옥탄가의 연료는 안티노크성을 나타내는 척도이다.
㉯ 세탄가는 디젤 연료의 착화성을 나타내는 지표이다.
㉰ 옥탄가는 표준 연료 가운데 이소옥탄의 부피 백분율로 나타낸다.
㉱ 세탄가는 표준 연료 가운데 α-메틸 나프탈렌의 부피 백분율로 나타낸다.

[해설] ① 옥탄가 = $\dfrac{\text{이소옥탄의 부피}}{\text{이소옥탄의 부피+정헵탄의 부피}} \times 100$

② 세탄가 = $\dfrac{\text{세탄의 부피}}{\text{세탄의 부피}+\alpha-\text{메틸나프탈렌의 부피}} \times 100$

문제 46. 가솔린 1000 cc 를 완전연소시키는데 몇 m³의 공기가 필요한가? (단, 혼합비는 16, 가솔린 비중은 0.73, 공기의 비중량은 1.206 kg/m³이다.)

㉮ 9.68 m³   ㉯ 6.27 m³
㉰ 8.54 m³   ㉱ 4.78 m³

[해설] 혼합비 $\lambda = \dfrac{\text{공기의 양}}{\text{연료의 양}} = \dfrac{G_a}{G_f} = 16$

공기의 양 $G_a = 16\,G_f = 16 \times 1000 \times 0.73$
$= 11680\,g = 11.68\,kg$

부피로 나타내면

$V_a = \dfrac{G_a}{\gamma} = \dfrac{11.68}{1.206} = 9.684\,m^3$

문제 47. 다음 중 LPG 연료에 대한 설명 중 틀린 것은?

㉮ 액상의 LPG는 물보다 가볍다.
㉯ LPG의 옥탄가는 가솔린보다 높다.
㉰ LPG의 발열량은 약 12000 kcal/kg이다.
㉱ 자동차용 LPG는 저장탱크에서 기체상태로 나오게 하여 베이퍼라이저에서 기화시킨다.

[해설] LPG의 옥탄가는 약 90~125 정도로 가솔린보다 약 10~20 높다. LPG를 저장용기에서 나오게 할 때 가정용은 기체상태로, 자동차용은 액체상태로 뽑아내어 베이퍼라이저에서 기화시킨다.

문제 48. 제동 열효율 η_b와 제동 연료소비율 f_b [g/PS·h], 연료의 저위 발열량 Hl [kcal/kg] 사이의 관계를 옳게 나타낸 것은?

㉮ $\eta_b = \dfrac{632.5 \times 1000}{H_l \times f_b}$

㉯ $\eta_b = \dfrac{7500 \times 100}{H_l \times f_b}$

㉰ $\eta_b = \dfrac{10200 \times 100}{H_l \times f_b}$

㉱ $\eta_b = \dfrac{H_l \times f_b}{632.5 \times 1000}$

[해설] $\eta_b = \dfrac{632.5 \times 1000}{H_l \times f_b} \times 100\%$

문제 49. 액체 연료인 가솔린, 석유, 경유, 중유 등은 다음 어떤 원료로부터 채취되는가?

㉮ 식물계   ㉯ 동물계
㉰ 석유계   ㉱ 석탄계

[해설] ① 식물계 원료 : 콩기름, 알코올

해답 45. ㉱ 46. ㉮ 47. ㉱ 48. ㉮ 49. ㉰

② 동물계 원료 : 굳기름, 어유
③ 석유계 원료 : 석유, 경유, 중유, 등유
④ 석탄계 원료 : 벤졸

문제 50. ASTM 증류법에 의해 구할 수 있는 것은?

㉮ 안티노크성　　㉯ 기화성
㉰ 착화성　　　　㉱ 디젤지수

해설 · A.S.T.M (American Society Testing of Materials) : 증류법은 일정량의 연료를 가열하여 계속적으로 연료를 발생시키면서 대기 압하에서의 증발량(%)과 증류온도를 조사하여 가솔린의 기화성을 조사하는 것이다.

문제 51. 옥탄가를 측정하기 위한 특별한 장치를 한 기관으로 압축비를 임의로 변경시킬 수 있는 기관은?

㉮ R.T 기관　　　㉯ L.P.G 기관
㉰ O.H.C 기관　　㉱ C.F.R 기관

해설 · C.F.R : Cooperative Fuel Research의 약자다.

문제 52. 다음 중 디젤 기관의 노킹 방지책으로 옳은 것은?

㉮ 압축비를 높인다.
㉯ 착화성이 나쁜 연료를 사용한다.
㉰ 실린더 내의 공기를 와류가 일어나지 않도록 한다.
㉱ 세탄가가 낮은 연료를 사용한다.

해설 · 디젤 노크 방지책
① 압축비를 높인다.
② 착화성(세탄가)이 좋은 연료를 사용한다.
③ 실린더 내 냉각수를 높인다.
④ 연소실 내 공기를 와류를 형성시킨다.

문제 53. 다음 중 이소옥탄의 분자식으로 옳은 것은?

㉮ C_8H_{18}　　　㉯ C_2H_4
㉰ C_3H_8　　　㉱ CH_4

해설 ① C_2H_4 : 에틸렌, ② C_3H_8 : 프로판
③ CH_4 : 메탄, ④ C_8H_{18} : 이소옥탄

문제 54. 가솔린이 연료 파이프 속에서 증발하면 어떤 현상이 일어나는가?

㉮ 노킹　　　　　㉯ 베이퍼로크
㉰ 프리이그니션　㉱ 포스트이그니션

해설 연료 파이프 속에서 엔진의 더운 공기 등으로 인해 가솔린이 증발되어 연료의 흐름을 차단하는 현상을 베이퍼로크(증기폐쇄)라고 한다.

문제 55. 옥탄가가 100 이상인 경우 PN과 ON 사이의 관계를 옳게 나타낸 것은 어느 것인가?

㉮ $PN = \dfrac{1800}{128 - ON}$

㉯ $PN = \dfrac{1800}{ON - 128}$

㉰ $PN = \dfrac{2800}{128 - ON}$

㉱ $PN = \dfrac{2800}{ON - 128}$

해설 $PN = \dfrac{2800}{128 - ON}$ 의 관계로 나타난다.

문제 56. 다음 사항 중 잘못 짝지어진 것은 어느 것인가?

㉮ 디젤 노크 – 옥탄가
㉯ 압축비 – 조기점화
㉰ 안티 노크제 – 4에틸납
㉱ 가솔린 노크 – 자연 발화성

해설 디젤 노크는 세탄가와 관계가 있다.

문제 57. 다음은 가솔린 노크의 강도와 물 재킷 온도와의 관계를 나타낸 것이다. 설

해답　50. ㉯　51. ㉱　52. ㉮　53. ㉮　54. ㉯　55. ㉰　56. ㉮　57. ㉮

명이 바르게 되어 있는 것은?
㉮ 노크의 세기는 물 재킷의 온도 증가에 따리 증가한다.
㉯ 노크의 세기는 물 재킷 온도의 증가와 더불어 감소한다.
㉰ 노크의 세기는 물 재킷 온도 증가에 따라 급격히 감소한다.
㉱ 노크의 세기는 물 재킷 온도 증가와는 관계가 없다.
해설 노크의 세기는 물 재킷의 온도가 증가함에 따라 증가한다.

문제 58. 희박한 혼합기가 기관에 미치는 영향 중 틀린 것은?
㉮ 기동이 어렵다.
㉯ 저속 및 고속회전이 어렵다.
㉰ 연소속도가 빠르다.
㉱ 배기가스의 온도가 올라간다.
해설 • 희박한 혼합기가 엔진에 미치는 영향
 ① 저속 및 고속회전이 어렵다.
 ② 기동이 어렵다.
 ③ 동력의 감소, 노킹의 원인이 된다.
 ④ 아주 희박하면 점화불능 및 운전불능의 원인이 된다.
 ⑤ 배기가스의 온도가 올라간다.

문제 59. 농후한 혼합기가 기관에 미치는 영향에 적합한 사항은?
㉮ 저속 및 공회전이 곤란하다.
㉯ 연료의 손실이 크다.
㉰ 시동이 곤란하다.
㉱ 역화의 현상이 일어난다.
해설 • 농후한 혼합기가 엔진에 미치는 영향
 ① 조기점화 및 유해한 배기가스의 배출
 ② 기관의 과열 및 카본의 생성
 ③ 불완전연소
 ④ 동력의 감소

⑤ 매우 농후하면 점화불능의 원인이 된다.

문제 60. 제트 엔진이 300 m/s에서 작동하여 30 kg/s의 공기를 소비한다. 1000 kg의 추력을 만들기 위해 배출되는 연소가스의 속도는 몇 m/s인가?
㉮ 626.7 m/s ㉯ 424.7 m/s
㉰ 547.6 m/s ㉱ 745.6 m/s
해설 $u = \dfrac{gF}{G}$
$u' = \dfrac{9.8 \times 1000}{30} + 300 = 626.7 \, \text{m/s}$

문제 61. 기관의 rpm이 6000이다. 연소지연 시간이 1/800초라고 하면 연소지연 시간 동안 크랭크 축의 회전각은?
㉮ 30° ㉯ 45° ㉰ 60° ㉱ 90°
해설 1분간 크랭크축의 회전각도
 $600 \times 360 = 2160000$
1초간 크랭크축의 회전각도
 $2160000 \div 60 = 36000$
따라서, 연소지연 시간 동안 크랭크축의 회전각도는 $3600 \times (1/800) = 45°$

문제 62. 다음 중 탄화수소계의 연료가 완전연소시에 생성되는 물질이 아닌 것은?
㉮ CO_2 ㉯ H_2O
㉰ N_2 ㉱ CO
해설 탄화수소계의 연료가 완전연소시에 생성되는 물질은 CO_2, H_2O, N_2이다.

문제 63. 표면착화 현상에 속하지 않는 것은?
㉮ 조기 점화 ㉯ 포스트 점화
㉰ 노킹 ㉱ 런 온
해설 표면착화 현상에는 조기 점화, 포스트 점화, 런 온 등이 있다.

문제 64. 연소실 내에 존재하는 점화 플러그

해답 58. ㉰ 59. ㉯ 60. ㉮ 61. ㉯ 62. ㉱ 63. ㉰ 64. ㉯

나 배기밸브, 또는 연소 퇴적물 등에 열이 집중, 과열되어 화염이 발생하여 연소하는 현상을 무엇이라 하는가?
㉮ 노킹 ㉯ 표면착화
㉰ 자기착화 ㉱ 증기폐쇄
[해설] 이상연소 현상에는 노킹과 표면착화가 있고, 표면착화 현상은 점화시기와는 관계없이 스파크 방전 이외의 연소실 내에 존재하는 점화 플러그나 배기밸브, 또는 연소 퇴적물 등에 열이 집중, 과열되어 이것이 열점(hot spot)이 되어 정상화염 전파 이전에 화염이 발생하여 연소하는 현상이다.

문제 65. 연소실 내의 온도가 아주 높아져 연소로 생성된 이산화탄소와 수증기가 역변화를 일으켜 열을 흡수하는 현상을 무엇이라 하는가?
㉮ 런 온 ㉯ 열해리
㉰ 조기 점화 ㉱ 포스터 점화

문제 66. 가솔린 기관에서 배출물의 양을 결정하는 가장 중요한 변수는 무엇인가?
㉮ 회전수
㉯ 행정길이
㉰ 연료공기 당량비(ϕ)
㉱ 압축비
[해설] 가솔린 기관에서 대기 중으로 방출되는 배기가스의 배출물의 양을 결정하는 가장 중요한 변수는 연료-공기 당량비이다.

문제 67. 다음은 가솔린 기관의 배기가스 중 일산화탄소에 대한 설명이다. 틀린 것은?
㉮ 농후한 혼합기에서 연료의 불완전연소로 생성한다.
㉯ 고온에서 CO_2의 일부가 열해리되어 발생한다.
㉰ 인체에 흡입되면 산소 공급이 부족하게 되어 질식을 일으킨다.
㉱ 온실효과를 일으키는 원인이다.
[해설] 온실효과를 일으키는 배기가스는 이산화탄소이다.

문제 68. 다음은 가솔린 기관의 배기가스 중 질소 산화물 대한 설명이다. 틀린 것은 어느 것인가?
㉮ 1500℃ 이상의 고온에서 발생한다.
㉯ 호흡기 계통에 자극을 주는 정도나 심하면 점막이나 눈을 자극하게 된다.
㉰ NO, NO_2, N_2O 등을 총칭하여 질소 산화물이라 한다.
㉱ 연소실 내의 연소온도가 높으면 높을수록 그 양은 증가한다.

문제 69. 다음 중 자외선을 받아 스모그를 일으키는 원인이 되는 배기가스는?
㉮ 일산화탄소와 이산화탄소
㉯ 아황산가스와 납
㉰ 일산화탄소와 아황산가스
㉱ 질소 산화물과 탄화수소
[해설] 스모그 현상은 대기 중에 배출된 탄화수소나 질소산화물이 대기 속에서 강한 자외선을 받아 광화학반응을 되풀이하여 일어난다.

문제 70. 다음 중 가솔린 기관에서 배출되는 미연 탄화수소의 발생원인이 아닌 것은?
㉮ 연소실 내의 1500℃ 이상의 고온에서 공기와 접촉, 산화하여 발생한다.
㉯ 연소실벽 근처의 화염이 꺼지는 소염층에서 미연소가스로 인해 발생한다.
㉰ 피스톤과 실린더의 틈으로 압입된 미연소가스로 인해 발생한다.

[해답] 65. ㉯ 66. ㉰ 67. ㉱ 68. ㉯ 69. ㉱ 70. ㉮

라 피스톤과 실린더 헤드 및 실린더 벽 유막에 흡수된 탄화수소에 의해 발생한다.
[해설] 미연 탄화수소는 다음과 같은 원인에 의해 발생한다.
① 피스톤과 실린더의 틈으로 압입된 미연소가스로 인해 발생한다.
② 연소실벽 근처의 화염이 꺼지는 소염층에서 미연소가스로 인해 발생한다.
③ 피스톤과 실린더 헤드 및 실린더 벽 유막(엷은 윤활유의 막)에 흡수된 탄화수소에 의해 발생한다.

문제 71. 다음 중 산성비를 내리게 하는 원인이 되는 배기가스는?
㉮ 일산화탄소　㉯ 아황산가스
㉰ 미연화 탄화수소　㉱ 질소 산화물
[해설] 물과 혼합되어 황산성 에어로솔 또는 산성비를 일으키는 배기가스는 아황산가스이다.

문제 72. 다음 중 지구 온난화 현상을 일으키는 원인이 되는 배기가스는?
㉮ 일산화탄소　㉯ 이산화탄소
㉰ 납 화합물　㉱ 질소 산화물

문제 73. 다음은 가솔린 기관의 배기가스에 대한 설명이다. 틀린 것은?
㉮ 질소 산화물은 1500℃ 이상의 고온에서 발생량이 증가한다.
㉯ 탄화수소는 연료-공기 당량비가 증가할수록 감소한다.
㉰ 일산화탄소는 농후 혼합기에서 그 양이 증가한다.
㉱ 일산화탄소는 연료-공기 당량비가 증가할수록 배출량이 증가한다.
[해설] 탄화수소는 일산화탄소와 마찬가지로 연료-공기량이 증가할수록 배출량이 증가한다.

문제 74. 가솔린 기관에서 농후 혼합기에서 발생량이 증가하지만 디젤 기관에서는 희박연소가 이루어지기 때문에 문제가 되지 않는 배기가스는?
㉮ CO　㉯ CO_2
㉰ HC　㉱ NOx

문제 75. 산화 촉매를 이용하여 정화할 수 있는 배기가스는?
㉮ CO와 HC　㉯ CO와 CO_2
㉰ CO_2와 NOx　㉱ HC와 NOx
[해설] 산화 촉매는 배기가스 중의 CO와 HC를 공기와 함께 촉매 변환기를 통과시켜 CO_2와 H_2O로 산화시켜 대기중에 방출시키는 방법이다.

문제 76. 다음 중 산화 촉매제로 사용되는 금속은?
㉮ 4에틸납 [$PB(C_2H_5)_4$]
㉯ 로듐 (Rh)
㉰ 백금 (Pt)
㉱ 루테늄 (Ru)
[해설] 산화 촉매제로 사용하는 금속은 백금 (Pt) 또는 백금 (Pt)과 팔라듐 (Pd)의 혼합물이다.

[해답] 71. ㉯　72. ㉯　73. ㉯　74. ㉮　75. ㉮　76. ㉰

제 7 장 가솔린 기관 및 디젤 기관

이 장은 기관 본체 및 흡·배기 장치, 윤활장치, 냉각장치에서 제외된 가솔린 기관의 연료공급장치 및 기화기, 점화장치에 대한 내용과 디젤 기관의 연소실, 조속기, 연료분사장치에 대한 내용으로 이루어져 있다. 이 장에서는 기화기의 구조와 점화장치의 전원공급 방식, 조속기의 원리, 그리고 디젤 기관의 연소실 형상에 따른 특성 등에 대해서는 꼭 알아두는 것이 좋다.

key point

(1) 가솔린 기관에서 기화기 구조와 기화기를 통과할 때의 속도와 질량유량 구하는 문제
(2) 가솔린 기관에서 점화장치의 구성품과 전원공급 방식에 관한 문제
(3) 디젤 기관에서 연소실의 형상에 따른 특성과 비교
(4) 디젤 기관에서 조속기의 구성과 작동 원리
(5) 디젤 기관에서 연료분사의 3대 요건(무화, 관통력, 분포)

1. 가솔린 기관

가솔린 기관은 작동물질을 혼합기라 하며, 혼합기는 휘발유와 공기로 이루어져 있다. 자동차에서는 혼합기를 흡입하여 압축한다. 압축된 혼합기에는 화염원인 스파크 플러그로 불꽃을 발생시켜 폭발을 일으키도록 하고 폭발에 의한 팽창력으로 기계적인 에너지를 발생시키는 것이다.

이 때 발생한 열에너지는 피스톤의 왕복운동에 의해 기계적인 일로 바꾸고, 다시 피스톤의 왕복운동은 커넥팅 로드에 의해 회전운동으로 바뀌게 된다. 이러한 운동에너지의 변환은 연속적으로 이루어지므로 가솔린 엔진은 왕복형 사이클 엔진이라고 한다.

현재 자동차용 기관은 가솔린 옥탄가 65 이상, 항공기용 115~145 정도, 압축비 5~8.5, 제동 열효율은 25~32%, 마력당 중량은 2~4 kg/hp 까지 감소한다. 또한, 자동차용 4행정 가솔린 기관의 최대 회전수 3600~4400 rpm, 체적당 마력은 26~40 hp/l 이다. 그러므로 다른 기관보다 효율이 좋으므로 4사이클이 많이 쓰이고 있으며, 소형기관으로는 2사이클도 가끔 사용된다.

1-1 연소실

(1) 연소실 구비조건

① 화염 전파거리가 짧을 것
② 압축행정에서 적당한 와류를 줄 수 있을 것
③ 밸브 면적을 크게 하여 가스 교환이 원활하게, 작은 저항으로 행해질 수 있게 할 것
④ 실린더에 전도되는 열량을 적게 할 것
⑤ 가열되기 쉬운 돌기부나 공극이 없게, 또는 오염물이 고이지 않게 할 것
⑥ 밸브 구동이 간단한 기구로서 움직일 수 있게 할 것

(2) 연소실의 형상

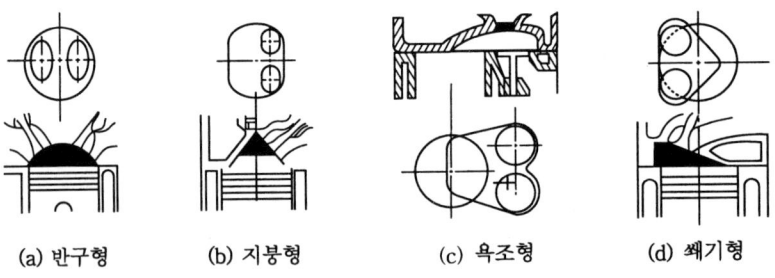

(a) 반구형   (b) 지붕형   (c) 욕조형   (d) 쐐기형

가솔린 기관의 연소실의 형상

① 오버 헤드 밸브식 : 실린더 헤드에 흡·배기 밸브 및 점화 플러그가 부착
  ㈎ 반구형 연소실 : 연소실의 형상이 반구형

㈏ 지붕형 연소실 : 연소실 형상이 지붕형

㈐ 욕조형 연소실 : 연소실 형상이 길쭉한 욕조형

㈑ 쐐기형 연소실 : 연소실 형상이 삼각쐐기형

② 사이드 밸브식 (L 헤드형) : 실린더 블록의 한쪽에 흡입 및 배기밸브가 나란히 설치

③ F 헤드식 : 실린더의 헤드에 흡기밸브를 설치하고 실린더 블록에 배기밸브를 설치

④ 저공해 기관의 연소실 : 연소실 개량하여 유해가스 발생 억제

㈎ 부연소실식 : 주연소실 옆에 부연소실 설치, 부연소실에서 연소한 화염이 주연소실로 분출하여 희박한 혼합기를 연소시키는 방식

㈏ 난류생성 포트식 : 혼합기에 난류를 일으키기 위해 연소실 안에 난류생성 포트 (TGP : turbulence generation port) 를 설치

㈐ 부흡기 밸브식 : 보조 흡기 밸브를 설치하여 혼합기에 고속분류를 보내어 난류를 일으켜 안전된 연소 진행

1-2 기화기

가솔린을 공기와 혼합시켜서 기화하는 장치로서 공기입구, 혼합기 출구, 플로트실, 혼합실 및 밸브로 구성되어 있고, 하중과 열이 작용하지 않으므로 주철과 경합금의 다이캐스트로 만들어진다.

(1) 기화기의 원리

가솔린은 연료 탱크에서 플로트실에 들어가는데 이 플로트실의 가솔린 면을 일정하게 하기 위하여 니들 밸브를 사용한다. 니들 밸브는 플로트실의 상하에 의하여 개폐한다. 벤투리관을 통과하는 공기의 압력의 저하를 이용하여 가솔린을 빨아들인다. 공기가 들어가는 양은 초크 밸브로 가감하고, 혼합된 가스가 실린더에 들어가는 양은 스로틀 밸브로서 가압한다.

벤투리관의 압력 P, 대기압 P_o, 벤투리 교축부의 공기속도 u, 공기비중량 r_a이면 $P_o - P = \dfrac{u^2}{2g} r_a$ 의 압력차의 고나계식이 성립된다.

(2) 기화기의 구성

① 메인 노즐 (main nozzle) : 주연료 노즐로 가솔린(연료)이 흡·출한다.

② 벤투리관(venturi tube) : 주요 노즐의 끝부분 압력을 저하시켜 연료가 주연료 노즐로부터 흡·출되도록 하는 효과를 얻는 관이다.
③ 플로트실(float chamber) : 뜨게(플로트)에 의한 연료의 액면조절
④ 에어 블리드(air bleeder) : 연료노즐을 지나는 동안 공기를 혼입시키는 통로이다.
⑤ 초크 밸브(choke valve) : 겨울철에 시동할 때 농후한 혼합기를 공급하는 경우 공기량을 조절하는 밸브이다.
⑥ 스로틀 밸브(throttle valve) : 실린더로 흡입되는 혼합기의 양을 조절하는 밸브이다.
⑦ 저속 밸브 : 저속상태로 운전할 때 연료를 공급하는 노즐이다.

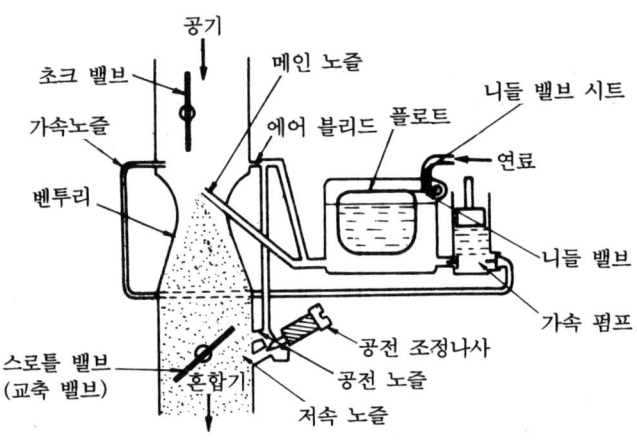

기화기의 기본 구조

(3) 기화기의 구비조건

① 조절이 쉬우며, 동결되지 않을 것
② 시동 및 가속에 대한 적응성이 클 것
③ 연료가 잘 무화되어 혼합비가 균일하게 유지될 것
④ 기관의 속도 출력변화에 대해 혼합비가 일정하게 유지될 것
⑤ 작동이 정확하고 흡입저항이 작을 것

(4) 기화기 내에서의 혼합비

기화기는 연료와 공기를 적당히 혼합시켜서 혼합가스를 만드는 역할을 한다. 공기와 연료와의 혼합비율을 혼합비 또는 공기비라고 하고, 연료가 완전연소하기 위한 이론상

필요한 혼합비를 이론 혼합비라고 한다.

가솔린과 공기의 이론 혼합비는 1 : 15이며, 농후 혼합비는 1 : 8 정도에서 희박 혼합비는 1 : 20 정도까지의 점화 범위 내를 가연한계라 하며 압력, 온도의 상승에 그의 한계가 달라진다.

① 혼합기가 너무 농후하면
- ㈎ 공기가 부족하여 연료가 완전연소하지 않고 연료소비량이 증가한다.
- ㈏ 연소실에는 불완전연소로 인하여 카본이 축적된다.
- ㈐ 엔진오일을 묽게 만든다.
- ㈑ 기관의 회전이 불규칙하여 출력이 저하된다.
- ㈒ 기관의 과열된다.
- ㈓ 배기가스의 색이 흑색이며, 가솔린의 냄새가 난다.

② 혼합기가 너무 희박하면
- ㈎ 기관의 시동이 곤란
- ㈏ 폭발력의 저하로 마력의 약화
- ㈐ 가속시 등에 역화(back fire)를 일으킬 때가 있다.
- ㈑ 저속회전이 어렵다.
- ㈒ 고속회전에서 실화(miss fire) 되기 쉽다.

(5) 기화기의 형식

① 상향 통풍식 : 혼합가스가 아래로부터 위로 흐르는 것으로서, 가솔린의 혼합가스가 중력의 방향과 반대 방향으로 흐르기 때문에 저항이 크다.

② 수평 통풍식 : 혼합기가 수평으로 흐르는 것으로 혼합가스가 실린더로 유입되는 과정에서 기관구조상 굽힘저항이 적으므로 흡입효율이 좋다.

③ 하향 통풍식 : 하향 통풍식은 연료와 공기의 혼합기가 위에서 아래 방향으로 흐르도록 제작된 기화기로 현재 가장 많이 사용된다.

1-3 연료장치

혼합기를 실린더 내에 공급하기 위한 연료장치들에서 연료공급 경로는 다음과 같다.

연료 탱크 → 연료 여과기 → 연료 펌프 → 기화기 → 흡기관 → 연소실

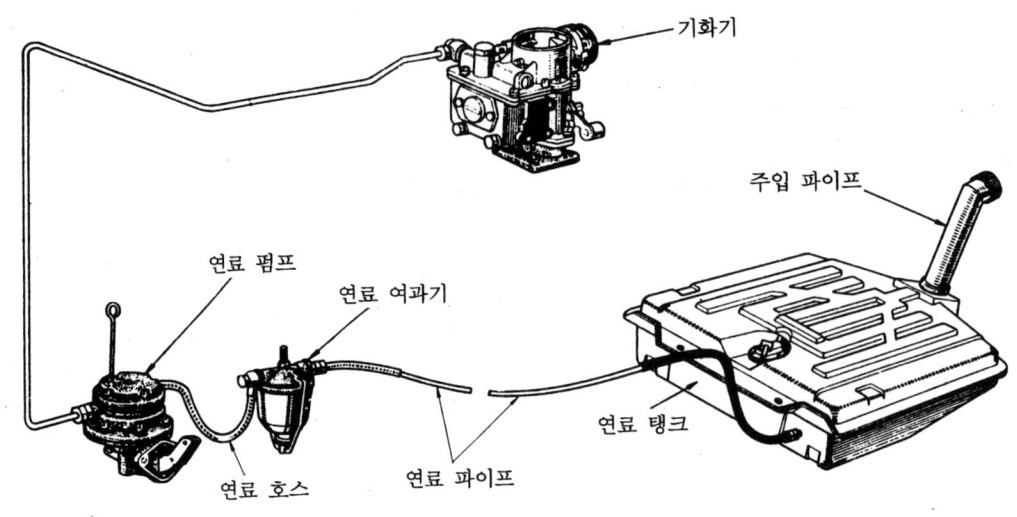

가솔린 기관의 연료장치 계통도

(1) 연료 탱크

연료 탱크(fuel tank) 연료를 저장하는 용기이며 강판으로 만들고 그 내면에 주석이나 아연으로 도금하여 녹이 쓰는 것을 방지하도록 되어 있다.

탱크 내부에는 2~3개의 별실로 칸막이가 설치되어 있고, 아래쪽에 드레인 플러그가 끼워져 있다. 연료 탱크의 1일 주행거리를 300~400 km로 하고 여기에 필요한 양을 기준으로 결정된다.

(2) 연료 여과기

연료 여과기는 연료중의 먼지나 불순물이 기화기에 들어가면 노즐이나 제트를 막아 연료의 흐름을 방해하므로 이러한 이물질이나 불순물을 제거하기 위해서 설치된다. 여과제로는 거름종이, 금속망 등을 사용하며 20000 km 주행 후 검사하고, 40000 km 주행 후 교환해주는 것이 좋다.

(3) 연료 펌프

연료 펌프는 연료 탱크 안에 들어 있는 연료를 빨아올려서 기화기로 보내는 작용을 한다. 이 연료 펌프의 종류에는 다이어프램식과 전기식이 많이 쓰인다.

1-4 점화장치

(1) 점화장치의 목적

이 장치는 점화 플러그에 높은 전압을 주어서 점화 플러그의 전극에 발생하는 전기불꽃에 의하여 혼합기를 점화시키는 장치이다. 실린더 내의 압축된 혼합기에 점화하기 위해서는 스파크 플러그(spark plug)의 전극 사이에 외부로부터 약 10~25 kV의 고전압이 발생되어야 한다. 이 고전압을 발생시키는데 사용되는 전원으로는 소형 기관에서는 마그넷 발전기, 그 이외의 기관에는 축전기를 쓰고 있다.

축전지로부터 점화코일의 1차 코일에 흐르는 전류를 캠으로 개폐하고 단속기로 급히 끊을 때 전류의 급변으로 2차 코일에 고전압이 발생한다. 이 전류를 배전기에 의하여 각 실린더의 점화순서에 따라 점화 플러그에 보내서 불꽃이 발생하며, 축전기는 발생하는 전기 에너지를 조절하는 역할을 한다.

(2) 점화방식

① 직류 점화방식

⑦ 단속기 점화방식 : 배터리로부터 점화코일로 통전된 1차 전류를 단속기에서 단속하여 2차쪽에 고전압을 얻는 방식이며 자동차에서 많이 사용하고 있다.

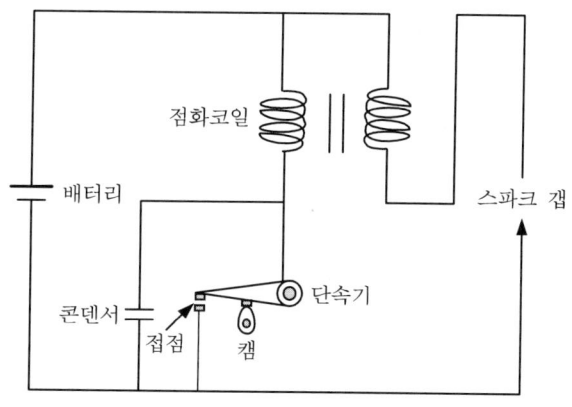

단속기 점화방식

⑭ 트랜지스터 방식 : 배터리 점화방식의 기계적 단속기를 트랜지스터로 바꾸어 놓은 것을 기본으로 한 직류 점화방식이다.

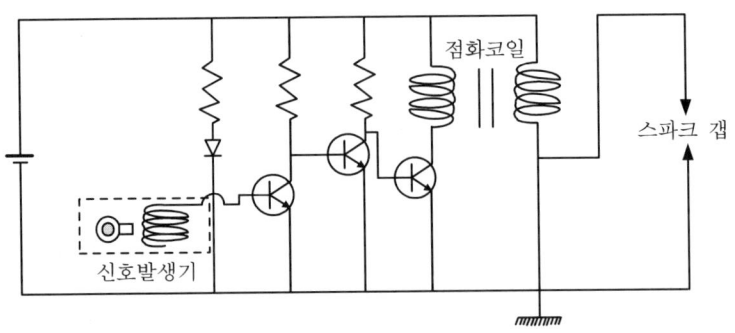

트랜지스터 방식

② 교류 점화방식

(개) 마그네토 방식 : 자석식 교류 발전기를 전원으로 한 점화방식이다. 이 방식은 발전기의 단락전류를 단속기로 차단하여 발전기 내의 전기자 코일에 자기 유도전압을 발생시켜 이것을 점화코일에 보내어 고전압을 발생시킨다.

배터리를 필요로 하지 않기 때문에 소형의 2륜차나 범용 가솔린 기관에서 사용된다.

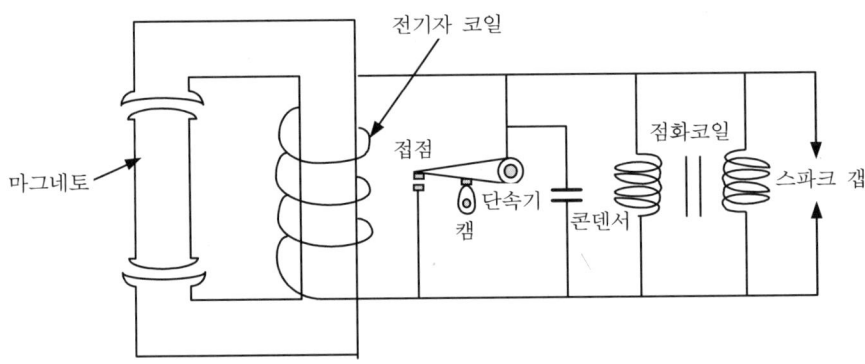

마그네트 방식

(내) 콘덴서 방전방식 : 수백 볼트를 발생하는 직류 또는 교류전원을 사용하여 콘덴서에 충전해 두고, 점화시기에 반도체 스위치 소자인 SCR(silicon controlled rectifire)을 통하여 점화코일에 통전하여 고전압을 발생시키는 방식이다.

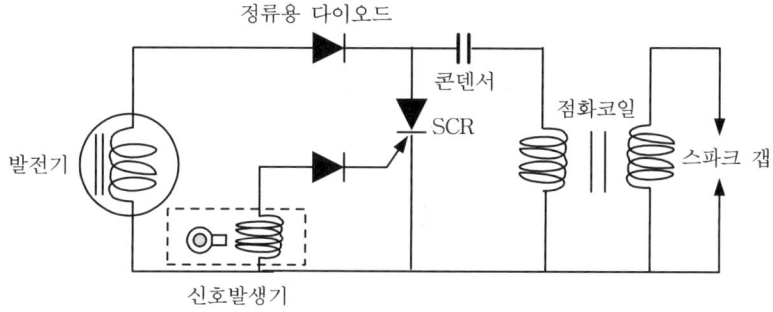

콘덴서 방전방식

③ 점화 플러그 : 중심 전극과 접지 전극이 있고, 그 사이에 스파크 캡을 형성한다. 이 틈새는 0.3~0.8 mm 정도로 조정한다. 중심 전극은 전기적이나 열적으로 절연되어 있으므로 매우 과열되기 쉽다. 여기에 가해진 열은 상방향으로 흘러 그 일부는 주위로부터 외부로, 일부는 리치의 나사로부터 실린더 헤드의 냉각수로 전달된다.

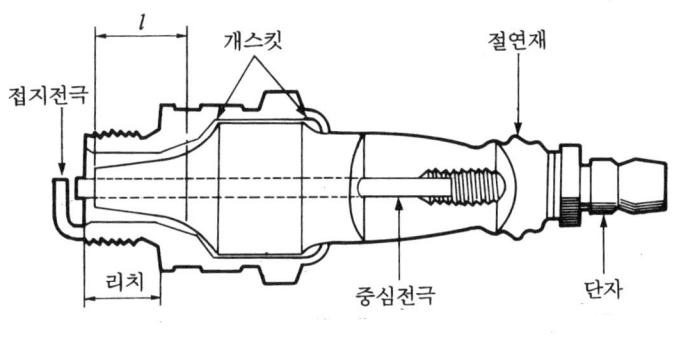

점화 플러그

④ 브리지 현상 : 점화 플러그에서 운전 중 절연제의 안쪽 면이 매우 큰 고온이 된다. 이 안쪽면에 윤활유의 분해로 생기는 탄소가 달라붙게 되면 중앙전극과 바깥 캐이싱 사이에 전류가 흐르게 되어 불꽃이 일어나는데 이와 같이 탄소로서 연결되는 현상을 말한다. 이와 같이 점화 플러그에 붙은 탄소를 태워 버리기 위한 온도를 자기 정화온도라 한다.

⑤ 점화시기를 조정하는 점화진각장치 : 피스톤이 혼합기를 압축하여 상사점에 도달하고 다시 하강하려는 순간에 점화폭발을 하도록 하는 것이 이상적인 점화시기인데 이것은 단속기의 암과 캠축과의 관계 위치를 변화시켜 단속점이 열리는 시기를 조정하

는 방법으로 다음과 같다.

㈎ 수동식 : 이 장치는 소형 자동차에 이용하며 수동에 의하여 단속기 판을 좌우로 조정하여 단속기 암과 캠의 작용시기가 조정되어 단속점의 개폐시기가 변한다.

㈏ 원심식 : 기관의 회전속도가 높아지면 원심추의 작용으로 캠의 판을 축의 회전방향과 역으로 회전하여 캠은 단속기 암에 그 각도만큼 변위가 생겨 단속점이 열리는 시기가 빨라진다. 저속일 때는 반대 현상이며, 이 장치는 단속기 밑에 설치되어 있고 조정범위는 20~40도 정도이다.

㈐ 진공식 : 기관의 흡기관의 부압 회전의 증감에 의하여 조정하는 장치이다. 경부하에 있어서는 기화기 안의 진공도가 커지므로 막판은 리턴 스프링의 힘에 이겨서 단속기판을 당기고 단속기판의 바깥쪽을 단속기 캠의 회전방향에 대해서 반대쪽으로 움직이게 되어 점화시기는 앞서게 된다.

1-5 시동장치

기관을 시동시키는 장치이다. 기관의 시동은 저속에서 큰 회전력을 요하므로 일반적으로 시동 전동기가 쓰인다. 그 구조는 발전기와 비슷하여 전동기, 전기자, 브러시 등의 주요부로 되어 있으며, 전원은 축전지이다.

2. 디젤 기관

디젤 기관은 가솔린 엔진과 거의 비슷하지만, 연료의 연소과정에 있어 가솔린 엔진은 공기과 연료의 혼합기를 압축한 다음 전기적인 불꽃으로 점화하는데 비해 디젤 엔진은 공기만을 흡입하고 고압축비로 압축하여 노즐에서 연료를 분사시켜 자기착화시키는 점이 다르다.

따라서, 디젤 엔진은 점화장치가 필요치 않고 연료분사 펌프와 연료분사 노즐 등으로 구성된 연료분사 장치를 필요로 한다.

대형에는 2사이클이, 중·소형에는 4사이클이 많이 쓰인다. 디젤 기관은 가솔린 기관에 비해 고속기관에 적합하지 않은 것은 가솔린 기관에 비하여 연소속도가 느린 경유나 중유를 사용하므로 기관의 회전을 높이기가 곤란하다.

또한, 피스톤, 커넥팅 로드, 크랭크 축 등의 운동부분이 가솔린 기관에 비해 강도면에서 무겁다.

2-1 연료분무의 3대 조건

분사노즐을 통해 연소실 안으로 분무되는 연료는 최대한 빠른 시간에 공기와 잘 혼합하여 완전연소하는 것이 이상적이다. 그러나 실제 기관에서 연료가 분사되면서 공기와 혼합되지 않은 공간이 존재하기 때문에 완전연소란 불가능하며 최대한 완전연소에 가깝게 연소시키기 위해서는 다음과 같은 조건이 만족되어야 한다.

(1) 무화 혹은 미립화 (atomization)

노즐로부터 고압으로 분사된 연료는 그 속도가 수백 m/s이며, 이것이 연소실 안의 공기와 충돌하면서 분쇄되어 $1 \sim 100 \mu m$ 크기의 미립자로 된다. 이것을 연료의 무화 혹은 미립화라 한다. 미립자의 크기(지름)이 작으면 작게 작을수록 단위 체적에서의 미립자의 수가 증가하고 공기와의 접촉면적이 넓어져 그만큼 공기와 연료의 혼합이 잘 이루어져 연소효율이 증가하게 되는 것이다.

무화가 잘 이루어지기 위한 조건(연료의 지름이 작아지는 조건)
① 분사노즐의 지름이 작을수록 무화가 잘 이루어진다.
② 연료의 표면장력 및 점성이 적을수록 무화가 잘 이루어진다.
③ 분사노즐의 압축압력이 높고 노즐에서의 액체의 유속이 빠를수록 무화가 잘 이루어진다.

(2) 관통성 (penetration)

분사노즐을 통과한 연료는 미립화되어 연소실 내의 공간으로 뻗어 나가게 되며 공기와 연료의 혼합이 잘 이루어지기 위해서는 연소실의 먼 거리까지 퍼져 나가야 한다. 즉, 분사된 미립자가 연소실 안에서 도달할 수 있는 거리가 길어야 하며, 이러한 성질을 관통성이라 한다.

(3) 분포성 (distribution)

미립화된 연료가 연소실 안의 먼 거리까지 관통하더라도 물총에서 물이 그냥 쭉 뻗어 나가듯 일직선으로 관통해서는 안되고 연소실의 전 영역에 고르게 미립화된 연료가 퍼져 나가야 연소실 전 영역에서 동시에 연소가 일어날 수 있다.
이와 같이 미립화된 연료가 연소실의 전 영역에 걸쳐 고르게 분포하고 있는 이것을 분포성이라 한다.

2-2 연소실

연소실에서는 연료의 무화와 공기가 충분히 혼합되어 완전연소할 수 있도록 되어야 한다. 그러므로 기관의 크기나 사용목적에 따라 적합한 연소실이 쓰이고 있다.

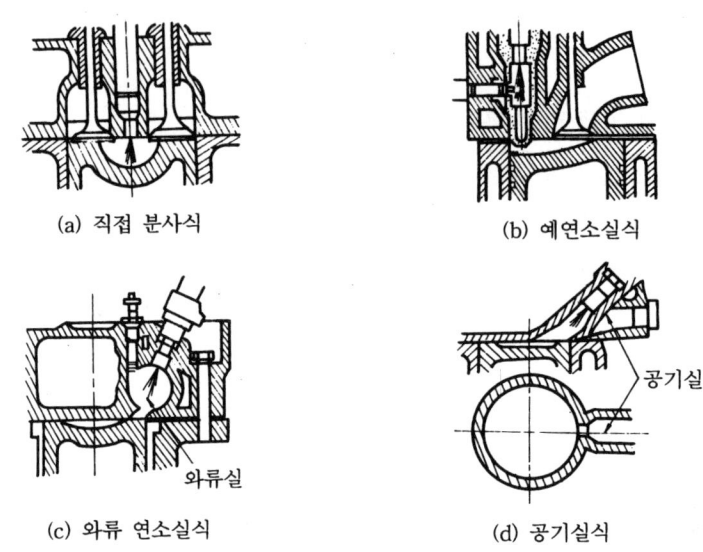

연소실의 종류와 구조

(1) 직접 분사식

실린더 헤드와 피스톤 헤드 사이에 단일 연소실이 마련되어 있고, 이 속에 직접 연료를 분사시킨다. 이 형식은 세탄가가 높은 연료를 사용하여야 되며 노즐의 분사압력은 $200 \sim 400 \, kg/cm^2$ 정도이며, 다른 연소실에 비해 연료소비가 가장 작으며($150 \sim 200 \, g/PS \cdot h$) 열효율이 높다.

① 장 점
 ㈎ 열효율이 높고, 기관시동이 용이하다.
 ㈏ 연소실의 구조가 간단하며, 평균유효 압력이 높다.
 ㈐ 연료소비율이 적으며, 연소실의 표면적도 작다.
 ㈑ 출력이 큰 기관에 적합하다.

② 단 점
 ㈎ 분사압력이 높으며, 세탄가가 높은 연료를 사용하여야 한다.

(나) 노즐 구멍이 미세하여 막히기 쉽다.
(다) 분무상태가 기관의 성능에 민감하게 작용한다.
(라) 디젤 노트가 발생하기 쉽다.

(2) 예연소실식

연료가 예연소실 내에 분사되고, 그 일부가 예연소실 내에서 연소하여 생성된 고압의 가스가 주연소실과 연결되는 작은 구멍을 통하여 주연소실에 분출되어서 새로운 공기와 혼합하여 다시 연소가 이루어진다.

① 장 점
 (가) 저질 연료를 사용할 수 있으며, 핀틀 노즐을 사용하므로 고장이 적다.
 (나) 공회전 운전상태가 양호하며 연소가 원활하게 이루어진다.
 (다) 노크 발생이 적고, 연료의 분사압력이 낮다.
 (라) 세탄가가 낮은 연료를 사용할 수 있다.
 (마) 공기와 연료의 혼합이 양호하므로 공기 과잉률이 비교적 적다.
 (바) 소형 고속기관일 경우 연소상태가 양호하다.

② 단 점
 (가) 구조가 복잡하여 균열이 잘 일어난다.
 (나) 연료소비율이 크고, 열효율이 낮다.
 (다) 연소실 냉각면적이 커지고, 압축온도가 떨어져 시동이 곤란하므로 예열 플러그를 사용한다.

(3) 와류실식

실린더 헤드나 실린더 블록쪽에 와류 연소실이 마련되어 있다. 압축행정 중 공기에 강한 와류가 발생할 때 여기에 연료를 분사함으로써 혼합을 양호하게 한다 (와류실식은 직접 분사식과 예연소실식의 중간 특성을 갖춘다).

① 장 점
 (가) 기관의 평균압력이 높으며, 고속운전이 가능하다.
 (나) 핀틀 노즐을 사용하므로 고장이 적다.
 (다) 회전속도를 증가시킬 수 있다.
 (라) 예연소실보다 연료소비율이 적다.
 (마) 연료의 대부분을 와류실 내에서 연소한다. 따라서, 예연소실과는 다르다.

㈎ 소형 기관에서 사용한다.

② 단 점

㈎ 한랭시 시동에는 예열 플러그가 필요하다.
㈏ 연료의 성질에 매우 민감하기 때문에 노크를 일으키기 쉽다.
㈐ 실린더 헤드에 와류실이 있으므로 구조가 복잡하고 균열이 일어날 염려가 있다.

(4) 공기실식

주연소실 이외에 다른 공기실이 따로 있다. 연료는 주연료실에 분사되나 주연소실 내의 공기는 비교적 적으므로 초기에는 완만한 연소가 일어나고 피스톤의 팽창행정에서 공기실의 압축공기가 분출하여 와류를 주면서 새로운 공기를 공급하여 연소를 완료한다.

① 장 점

㈎ 연료분사 압력($100 \sim 140 \, kg/cm^2$)이 낮다.
㈏ 노크가 잘 일어나지 않으며 운전이 비교적 조용하다.
㈐ 핀틀 노즐을 사용할 수 있다.
㈑ 직접 분사실과 같이 주연소실 내로 분사되기 때문에 시동성이 좋아 예열 플러그를 사용하지 않는 것이 많다.

② 단 점

㈎ 후기연소가 일어나므로 배기온도가 높다.
㈏ 연료소비율이 비교적 많다.
㈐ 평균유효 압력이 낮다.
㈑ 작동상태의 변화가 크므로 취급이 어렵다.

(5) 각 연소실의 특성

각 연소실의 특성

특성 \ 연소실	직접 분사실식	예연소실식	와류실식	공기실식
연료, 공기 혼합 정도	노즐로 약간의 공기 와류에 의하여 혼합 (4)	혼합이 양호 (1)	공기 와류에 의하여 혼합이 양호 (2)	공기실에 의하여 (3)
연소압력	$80 \, kg/cm^2$ (1)	$50 \sim 60 \, kg/cm^2$ (3)	$55 \sim 65 \, kg/cm^2$ (2)	$45 \sim 60 \, kg/cm^2$ (4)

노 크	많다 (1)	비교적 없다 (3)	약간 발생 (2)	아주 적다 (4)
압 축 비	13~16 (4)	16~20 (1)	15~17 (2)	13~17 (3)
와 류	압축행정 끝에서 약간 일어남 (2)	별로 일어나지 않음 (4)	압축행정 끝에서 급격히 일어남 (1)	(3)
열 손 실	적다 (1)	많다 (4)	약간 많다 (2)	많다 (3)
연료 소비	170~200 g/psh (1)	200~230 g/psh (3)	190~220 g/psh (2)	200~230 g/psh (4)
예열플러그 없을 때의 시동성	쉽다 (1)	약간 곤란 (3)	곤란 (4)	약간 곤란 (2)
예열플러그 있을 때의 시동성	곤란 (4)	쉽다 (1)	쉽다 (2)	약간 곤란 (3)

2-3 연료장치

연료 분사 계통도를 도시하면 아래와 같으며 연료공급 경로는 다음과 같다.

연료 탱크 → 연료 공급 펌프 → 연료 여과기 → 연료 분사 펌프 → 분사 노즐 → 연소실

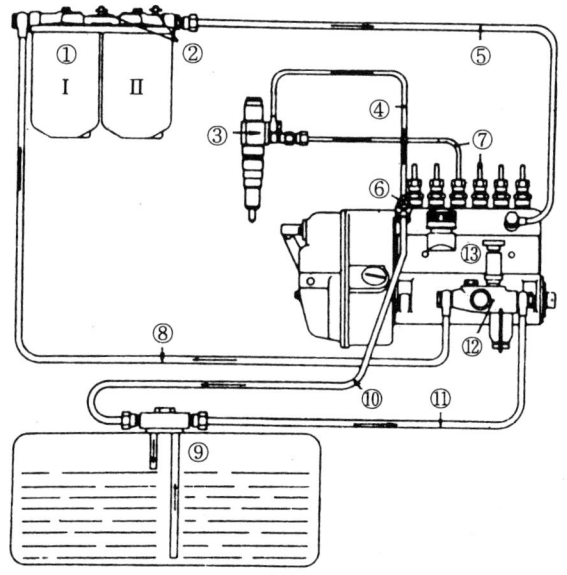

① 연료 필터
② 공기빼기 나사
③ 분사 노즐
④ 리턴 파이프
⑤ 연료 공급 파이프
⑥ 오버플로 밸브
⑦ 연료 분사 파이프
⑧ 연료 공급 파이프
⑨ 연료 탱크
⑩ 리턴 파이프
⑪ 흡입 파이프
⑫ 연료 공급 펌프
⑬ 분사 펌프

연료 분사 계통도

(1) 연료 공급 펌프

연료 탱크에 있는 연료를 분사 펌프에 공급해주는 역할을 한다. 종류로는 단동식과 복동식이 있다.

(2) 연료 여과기

연료 공급 펌프를 통해서 공급되는 연료 중의 먼지나 불순물을 제거하여 연료 분사 펌프로 공급해 주는 역할을 한다. 연료 여과기는 오버플로 밸브가 설치되어 있으며 여과기의 여과망은 종이 여과망과 면포 여과망을 사용한다.

연료 여과기의 교환시기는 종이 여과망은 3000 km 주행 후에, 면으로 된 여과망은 5000 km 주행 후에 교환해 주면 된다.

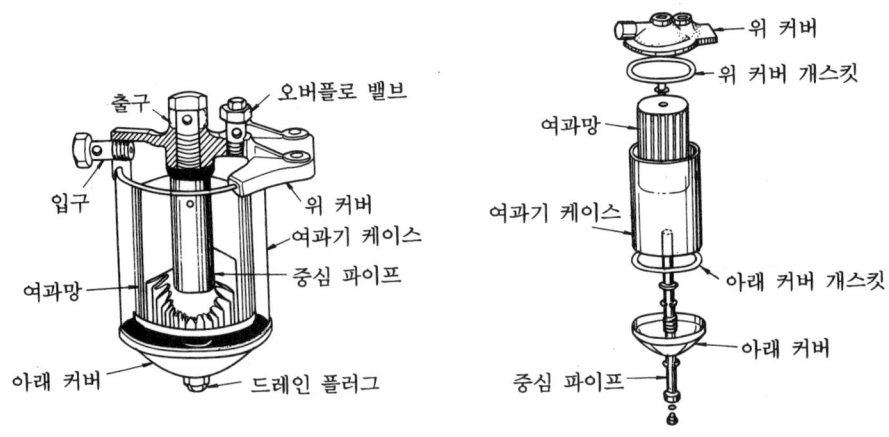

연료 여과기의 구조

(3) 연료 분사 펌프

분사 펌프는 분사압력(300~700 kg/cm^2)이 높으면서도 특히 적은 일정량의 연료를 확실하게 각 실린더 내에 유상으로 분사시켜야 하므로 대단히 정밀해야 한다. 연료 펌프는 일반적으로 플런저식 저크 펌프가 많이 쓰인다. 연료 분사 펌프는 연료분배 방식에 따라 열형, 분배형이 있다.

① **열형 분사 펌프** : 실린더 수와 같은 플런저가 1열로 배치된 분사 펌프로 연료공급 펌프, 펌프 본체, 조속기, 타이머(분사시기 조정장치) 등으로 구성되어 있으며 연료 공급 펌프, 조속기, 타이머가 펌프 본체의 바깥에 부착되어 있다.

(개) 펌프의 구조와 기능
- 캠축 : 크랭크축에 의해 타이밍 기어를 통해 구동
- 태핏 : 캠축의 회전운동을 플런저의 상하운동으로 변환시키는 역할을 한다.
- 플런저 : 플런저, 플런저 배럴, 플런저 스프링으로 구성되어 있고, 플런저 배럴 안을 플런저가 상, 하로 움직이면서 연료를 $100\,kg/cm^2$ 이상으로 가압한다.

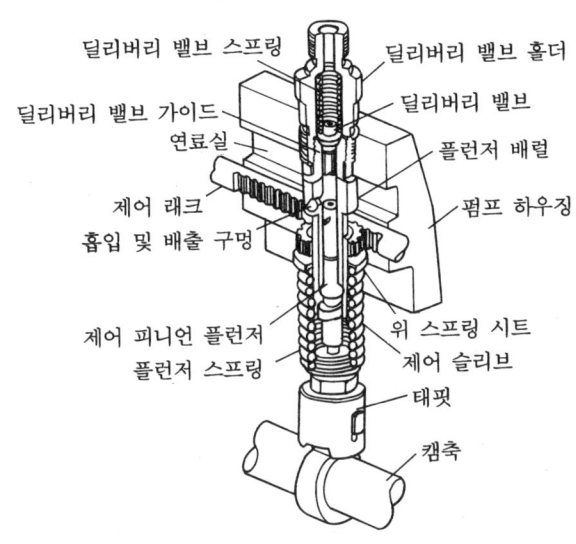

펌프 본체의 단면도

(나) 유효행정(연료의 분사시간) : 플런저에서 연료를 압송하는 기간은 플런저 배럴의 흡입 및 배출구멍을 플런저의 끝이 막기 때문에 플런저가 올라가 유량 조절 홈과 흡입 및 배출구멍이 마주칠 때까지 압송되며 이 때까지의 이동거리가 유효행정이 된다. 이 유효행정은 플런저의 회전수에 따라 달라지며, 유효행정이 길수록 분사량이 증가한다.

(다) 플런저의 종류
- 정리드 : 분사 시작점은 일정하나 분사 종료점이 변화
- 역리드 : 분사 시작점이 변하고 분사 종료점이 일정
- 양리드 : 분사를 시작할 때와 끝날 때 동시에 변화

(라) 플런저의 회전방향에 따른 분류
- 오른쪽 리드 : 플런저를 오른쪽으로 회전시켜 유효행정이 증가하여 분사량이 증가한다.

• 왼쪽 리드 : 플런저를 왼쪽으로 회전 시켜 유효행정이 증가하여 분사량이 증가한다.

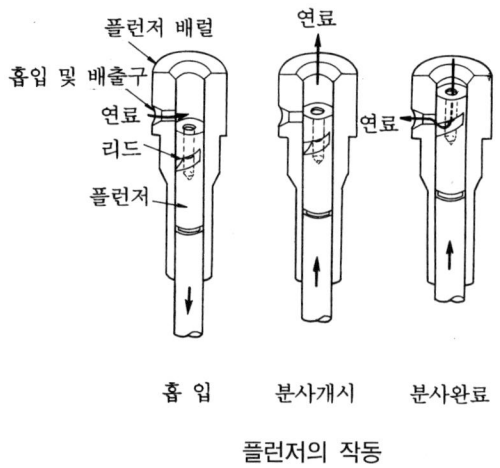

플런저의 작동

㈐ 분사량 제어기구 : 연료의 분사량을 제어하는 것은 가속페달 혹은 조속기이며, 그 작동을 플런저에 전달하는 장치가 분사량 제어기구이다. 제어 래크(control rack), 제어 슬리브, 제어 피니언 등으로 구성되어 있다. 캠의 구동에 의해 상하운동을 하고 제어 슬리브에 의해 회전운동을 한다.

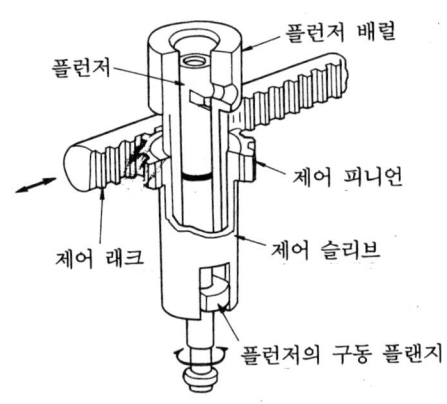

연료의 제어기구

㈑ 딜리버리 밸브 : 딜리버리 밸브, 밸브 가이드 및 밸브 스프링으로 구성되어 있으며 분사 파이프에서 펌프 연료가 역류하는 것을 방지하고, 분사 노즐의 분사 단절을 좋게 하여 후적(after drop) 현상을 방지한다.

② **분배형 분사 펌프** : 1개의 플런저로 회전 왕복운동에 의해 각 실린더에 분배하는 분사 펌프로 연료 공급 펌프, 조속기, 타이머 등이 모두 펌프 하우징 안에 부착되어 있다.

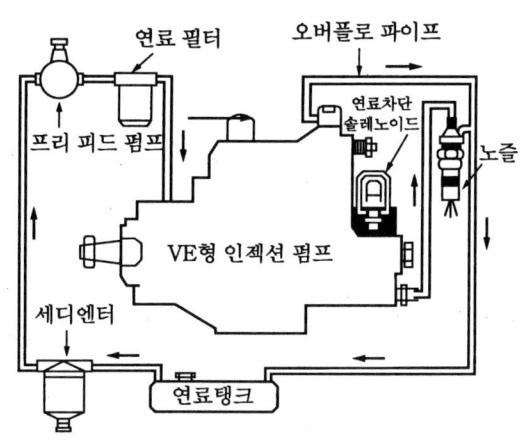

분배형 연료장치 계통도

㈎ 펌프의 구조와 기능
- 구동축과 캠 : 구동축은 캠과 구동판(driving disc)으로 접촉하고 회전하며 공급 펌프, 캠 디스크 및 플런저를 동시에 구동한다.
- 플런저 : 캠과 접촉하여 회전운동과 왕복운동을 한다.
- 연료공급펌프 : 연료를 연료 탱크에서 흡입하여 연료 여과기를 거쳐 분사 펌프 실 안으로 연료를 이송한다.
- 조정밸브 : 연료공급 펌프의 송유압력을 조정하여 펌프실의 연료압력이 펌프의 회전속도에 비례하여 상승하도록 하는 역할을 한다.
- 분사량 조절작용 : 연료의 분사량 조절은 제어 슬리브를 이동시켜 분사량을 조절
- 조속기 : 플런저 속에 흡입하는 연료량을 자동으로 조절한다.
- 자동 타이머 : 조정 밸브로 제어된 펌프실 압력에 의해 작동하는 유압식의 타이머이다.

(4) 분사노즐

① **역 할** : 분사노즐은 연료를 고압으로 연소실 안에 분사하는 역할을 한다. 노즐은 강

력한 스프링으로 늘어져 있는 니들 밸브에 의하여 밀폐되어 있어 유압이 올라가면 니들 밸브의 원추면에 작용하는 압력에 의하여 밸브가 열려서 연료를 분사한다.

② 종 류
  ㈎ 개방식
  ㈏ 밀폐식
   • 자동식(단공노즐, 다공노즐, 핀틀노즐, 교축노즐, 와류노즐) 또는 유압 작동식
   • 기계 작동식
   • 유압실식

(5) 조속기

기관에 작용하는 부하의 변동에 따라서 연료의 분사량을 자동적으로 조절하여 제어 래크에 전달하는 장치가 바로 조속기이다. 디젤 기관의 회전은 분사펌프 조절 래크의 움직임에 지배되나 분사량이 적은 저속시에 특히 래크의 움직임에 민감하고 회전이 불안정하게 되기 쉽다.

또, 고속시에도 부하의 변동에 따라 회전의 급변을 일으키므로 이것을 방지하여 안정된 운전상태를 유지하는 목적으로 사용한다.

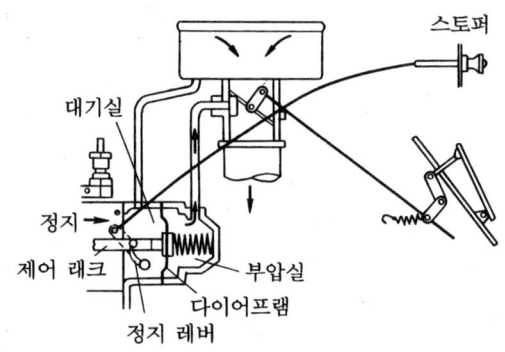

공기식 조속기의 작용방법

① 구조상의 분류
  ㈎ 공기식 조속기 : 부압을 이용하여 조절
  ㈏ 기계식 조속기(원심식) : 원심력을 이용하여 조절
  ㈐ 복합형 조속기 : 부압과 원심력을 병용하여 조절

② 성능상의 분류
   ㈎ 고저속 조속기 : 공회전 및 최고회전 속도만을 조절
   ㈏ 전속도 조속기 : 고속과 저속의 모든 회전영역을 조정

③ 앵글라이히 장치 : 제어래크의 변동에 따라 연료 분사량을 감소시켜주는 장치이다. 특히, 저속시 연료 분사량이 줄어듬에 따라 공기의 흡입량을 작게 자동으로 조절해 주는 역할을 한다.

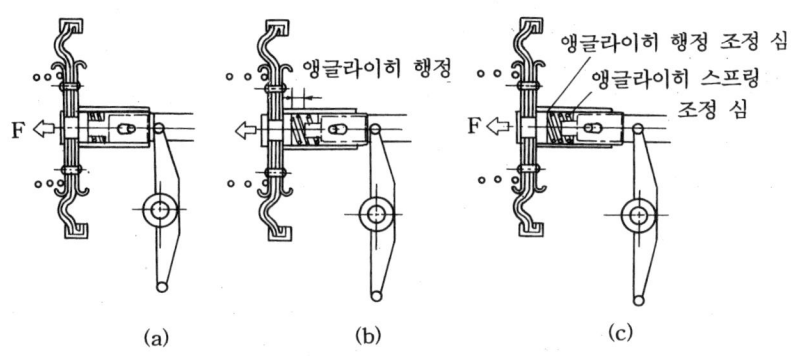

앵글라이히 장치의 작동

예상문제

문제 1. 다음 중 기관의 시동 때 농후한 혼합기를 실린더 내에 공급하도록 하는 기화기의 회로는?

㉮ 고속회로 ㉯ 가속 회로
㉰ 시동회로 ㉱ 완속·저속회로

[해설] 기관의 시동 때는 연료의 기화가 곤란하므로 초크 밸브와 스로틀 밸브를 완전히 닫고 공기의 흡입량을 감소시키고 아이들 포트에 의하여 연료의 공급량을 증가시켜 농후한 혼합기 분출한다.

문제 2. 공기와 가솔린의 이론 혼합비는 중량비로 약 어느 정도인가?

㉮ 15 : 1 ㉯ 12 : 1
㉰ 18 : 1 ㉱ 8 : 1

문제 3. 가솔린 기관에서 전기 점화할 수 있는 혼합비의 가연 범위는 대략 어느 정도인가?

㉮ 6~15 ㉯ 8~15
㉰ 12~20 ㉱ 8~20

[해설] 농후한 혼합비는 1 : 8, 희박한 혼합비는 1 : 20 정도이다.

문제 4. 기화기에서 공기의 온도가 저하되면 공기 속의 수증기로 인하여 빙결이 생긴다. 빙결이 생기기 쉬운 곳은?

㉮ 기화기의 교축밸브의 직전부근
㉯ 공기밸브 부근
㉰ 기화기의 교축밸브의 직후부근
㉱ 에어 크리너의 출구

[해설] 대기온도 5~0도 근처에서 빙결하기 쉽고, 교축밸브가 1/2~1/4 정도 열렸을 때 공기 속의 수증기가 빙결하기 쉽다.

문제 5. 4기통 4행정 엔진에서 크랭크축이 1회전할 동안에 몇 개의 점화 플러그가 점화되는가?

㉮ 1개 ㉯ 2개 ㉰ 3개 ㉱ 4개

문제 6. 점화순서가 1, 2, 4, 3인 가솔린 기관에서 3번 실린더가 압축행정일 때 2번 실린더는 무슨 행정인가?

㉮ 흡입 ㉯ 압축 ㉰ 팽창 ㉱ 배기

문제 7. 기화기는 연료를 기화시키는 일보다도 바른 비율로 혼합시키는 것이 주목적이다. 연료의 기화에 관계되는 조건 중 관계가 없는 것은 다음의 어느 것인가?

㉮ 잔류가스의 양
㉯ 흡입관 내의 압력
㉰ 흡입관 내의 온도
㉱ 연료와 공기와의 혼합비

[해설] ASTM 증류곡선에 의한 기화의 정도는 실험실에서의 조건이므로 실제 기관의 기화기나 흡입관 내에서의 기화에 대한 것은 판단하기 어렵다. 이것은 실제 기관의 경우는 액체연료와 연료증기 외에 다량의 공기가 존재하기 때문이다.
  이와 같은 상태하에서의 기화성은
① 혼합기의 전압
② 혼합기의 온도
③ 연료의 포화 증기압

[해답] 1. ㉰ 2. ㉮ 3. ㉱ 4. ㉰ 5. ㉯ 6. ㉱ 7. ㉮

④ 공기와 연료와의 혼합비에 따라서 좌우된다.

문제 8. 기화기 부분에서 연료를 흡·출시키는 역할을 하는 것은?

㉮ 플로트실 ㉯ 초크 밸브
㉰ 스로틀 밸브 ㉱ 벤투리

해설 벤투리 관이며 주연료 노즐의 선단부근의 압력을 저하시켜서 연료가 노즐로부터 분출되도록 하는 역할을 한다.

문제 9. 기화기 부근에서 연료의 기화를 잘 되도록 도와주는 역할을 하는 것은 다음 중 어느 것인가?

㉮ 저속 노즐 ㉯ 에어 브리너
㉰ 초크 밸브 ㉱ 블로트실

해설 연료가 노즐로부터 분출하기 쉽도록 하고 기화하기 쉽도록 하기 위하여 연료 노즐의 도중에 공기를 흡입시키는 역할을 에어 브리너가 한다.

문제 10. 다음 중 기화기, 플로트실 부분에 해당되는 것은?

㉮ 니들 밸브 ㉯ 스로틀 밸브
㉰ 초크 밸브 ㉱ 메인 노즐

문제 11. 다음 중 혼합기의 흡입량을 조절하는 부분은?

㉮ 초크 밸브 ㉯ 메인 노즐
㉰ 스로틀 밸브 ㉱ 저속 노즐

문제 12. 벤투리 교축부의 공기속도는 흡기류가 연속적인 다실린더 기관일 경우 대략 얼마 이하로 억제하고 있는가?

㉮ 약 80 m/s ㉯ 약 90 m/s
㉰ 약 106 m/s ㉱ 약 120 m/s

문제 13. 축전지 점화방식에서 1차 회로의 구성요소가 아닌 것은?

㉮ 배전기 ㉯ 단속기
㉰ 기관 스위치 ㉱ 축전기

해설 배전기는 2차 회로의 고전압 전류를 각 실린더의 점화순서에 따라서 분배하는 역할을 한다.

문제 14. 가솔린 기관에 많이 사용되는 점화 플러그의 불꽃 간극은 대략 어느 정도인가?

㉮ 0.3~0.35 mm ㉯ 0.9~1.7 mm
㉰ 0.7~0.8 mm ㉱ 1.7~2.0 mm

문제 15. 단속기 접점 간극은 대략 어느 정도인가?

㉮ 0.3 mm ㉯ 0.45 mm
㉰ 0.55 mm ㉱ 0.25 mm

문제 16. 가솔린 기관의 열수지 중에서 가장 큰 손실에 속하는 것은?

㉮ 냉각손실 ㉯ 배기손실
㉰ 기계손실 ㉱ 방사손실

해설 연료의 발열량을 100%로 하는 에너지의 분배를 열정계라 하며, 자동차용 가솔린 기관의 손실은 냉각손실 28.5%, 배기손실 34%, 기계 방사손실 9.5% 등으로 나타난다.

문제 17. 완전 충전된 축전지의 전해액 비중은 20℃에서 어느 정도인가?

㉮ 1.280 ㉯ 1.250
㉰ 1.120 ㉱ 1.210

문제 18. 마그넷 점화방식의 설명으로 옳은 것은?

㉮ 축전지와 자석 발전기를 사용한다.
㉯ 축전지 대신에 영구 자석 발전기를 사용한다.
㉰ 기관 시동의 불꽃이 강하다.

해답 8. ㉱ 9. ㉯ 10. ㉮ 11. ㉰ 12. ㉱ 13. ㉮ 14. ㉰ 15. ㉯ 16. ㉯ 17. ㉮ 18. ㉯

라 고전압을 얻은 회로의 구성이 축전지식과 다르다.

해설 축전지 대신에 자석 발전기를 사용하며, 시동시에는 불꽃이 약하고 고전압을 얻는 회로의 구성은 축전지식과 같다.

문제 19. 배기가스 중의 유해물질 중에 고압, 고온에 의하여 생성되는 물질은?
  가 NO_x
  나 HC
  다 CO
  라 $Pb(C_2H_5)_4$

해설 NO_x는 고압, 고온에 의하여 연소 중 발생된다.

문제 20. 다음 중 가솔린 기관에 대한 디젤기관의 장점이라고 할 수 없는 것은 어느 것인가?
  가 연료소비량이 적다.
  나 열효율이 높다.
  다 기관의 출력당 중량이 적다.
  라 대형기관의 제작이 가능하다.

해설 디젤 기관은 압축압력($30 \sim 35 \, kg/cm^2$) 및 폭발압력($70 \sim 90 \, kg/cm^2$)이 높기 때문에 출력당 중량이 크다.

문제 21. 다음 설명 중 옳지 않은 것은?
  가 스로틀 밸브는 혼합기의 흡입량을 조절한다.
  나 초크 밸브는 흡입 연료량을 조절한다.
  다 에어 노즐은 연료를 흡출하는 노즐이다.
  라 니들 밸브는 플로트실 연료 주입량을 조절한다.

해설 초크 밸브는 흡입 공기량을 조절해주는 역할을 한다.

문제 22. 다음 가솔린 기관의 손실 중 가장 큰 것은?
  가 배기손실
  나 기계손실
  다 냉각손실
  라 복사손실

해설 배기손실이 가장 크고 냉각손실, 기계손실의 순이다.

문제 23. 가솔린은 무엇과 무엇의 화합물인가?
  가 수소와 산소
  나 탄소와 질소
  다 탄소와 산소
  라 탄소와 수소

해설 연료는 탄화수소(C_mH_n)의 혼합물이다.

문제 24. 다음 중 기화기의 회로에 속하지 않는 것은?
  가 초크 회로
  나 역전회로
  다 뜨게 회로
  라 공전 및 저속회로

해설 · 기화기의 6개 회로
  ① 공전 및 저속회로, ② 고속회로
  ③ 동력회로,   ④ 뜨게회로
  ⑤ 가속펌프 회로,   ⑥ 초크회로

문제 25. 전류의 3대 작용이 아닌 것은?
  가 자기작용
  나 물리작용
  다 화학작용
  라 발열작용

해설 전류의 3대 작용이란 발열작용(전열기), 화학작용(전기분해), 자기작용(전자식) 등을 말한다.

문제 26. 다음 중 기동 회전력이 큰 것은 어느 것인가?
  가 분권 전동기
  나 직권 전동기
  다 복권 전동기
  라 모두 같다.

해설 직권 전동기는 전기자의 전류가 클수록 발생되는 회전력이 커지고 부하가 클 때는 전기자에 큰 전류가 흘러 큰 회전력을 내는 특성이 있다.

문제 27. 다음 중 기화기의 저속계통과 관계 없는 것은?

해답 19. 가 20. 다 21. 나 22. 가 23. 라 24. 나 25. 나 26. 나 27. 가

㉮ 미터링 로드　　㉯ 공전 노즐
㉰ 저속 노즐　　㉱ 저속 제트

[해설] 미터링 로드는 고속계통으로 기관의 부하에 따라 연료공급량을 조절한다.

문제 28. DC (직류) 발전기에서 전류가 발생하는 부분은?
㉮ 계자　　㉯ 스테이터
㉰ 전기자　　㉱ 계철

[해설] 직류 발전기는 전기자에서 교류 발전기는 스테이터에 발생된다.

문제 29. 20℃에서 전해액의 비중이 1.160이었다. 이 축전지의 충·방전 상태는 다음 중 어느 것에 속하는가?
㉮ 1/4 방전　　㉯ 1/2 방전
㉰ 3/4 방전　　㉱ 완전방전

문제 30. 기화기에서 빙결이 일어나기 쉬운 온도는 대략 몇 도인가?
㉮ −15℃　　㉯ −30℃ 이하
㉰ 10℃ 부근　　㉱ +5~0℃ 부근

[해설] 기화기의 방열온도는 대기온도 +5~0℃ 사이에서 스로틀 밸브가 1/2~1/4 정도 열린 경우에 일어나기 쉽다.

문제 31. 다음 중 연료에 압력을 가하여 분사하는 분사법은?
㉮ 무기분사　　㉯ 공기분사
㉰ 압축분사　　㉱ 혼합기 분사

[해설] 분사방법에는 무기분사와 공기분사 2가지가 있다. 무기분사는 공기는 분사하지 않고 연료만 가압하여 분사하는 방법이며, 공기분사는 연료분사시 공기와 함께 분사되는 방법이다.

문제 32. 축전지의 전해액 면의 규정 위치는 얼마인가?

㉮ 극판 위 8~9 mm
㉯ 극판 위 10~13 mm
㉰ 극판 위 20 mm
㉱ 극판과 같은 위치

문제 33. 다음 중 가솔린 기관과 디젤 기관을 비교하여 말한 것 중 옳은 것은?
㉮ 가솔린 기관의 열효율이 디젤 기관의 열효율보다 높다.
㉯ 가솔린 기관의 열효율은 30~40%이고 디젤 기관의 열효율은 20~30% 정도이다.
㉰ 디젤 기관의 연료소비율은 가솔린 기관에 비해 크다.
㉱ 가솔린 기관은 고속에 유리하고, 디젤 기관은 2사이클 기관이 유리하다.

문제 34. 가솔린 기관의 기화기에서 대기압과 노즐 목부의 정압차가 $P_1 - P_2 = 50$ mmHg이고 유량계수 0.83, 혼합비 13.5, 연료의 비중량을 730 kg/m³이라 할 때 벤투리관 목부의 단면적은 몇 m²인가? (단, 연료의 유량은 0.2 kg/s, 공기의 비중량은 $\gamma_a = 1.226$ kg/m³이다.)
㉮ 0.001885　　㉯ 0.002462
㉰ 0.01885　　㉱ 0.02462

[해설] $G_a = AC_a\sqrt{2g\gamma_a(P_1-P_2)}$ 에서

$$A = \frac{G_a}{C_a\sqrt{2g\gamma_a(P_1-P_2)}}$$
$$= \frac{0.2}{0.83\sqrt{2\times9.8\times1.226\times50\times13.6}}$$
$$= 0.001885 \text{ m}^2$$

문제 35. 전기 점화장치 기관이 아닌 것은?
㉮ 가스 기관　　㉯ 가솔린 기관

㉰ 등유 기관   ㉱ 중유 기관

문제 36. 가솔린 기관에서 크랭크축의 회전수와 점화진각과의 관계는?
㉮ 회전수와는 무관하다.
㉯ 회전수의 감소와 함께 점화진각은 커진다.
㉰ 회전수의 증가와 함께 점화진각은 커진다.
㉱ 회전수와 관계없이 일정하다.
[해설] 회전수의 증가에 따라 와류가 형성되어 연소가 빨라진다.

문제 37. 다음 중에서 디젤 기관의 장점은 무엇인가?
㉮ 2사이클에 비교적 유리하다.
㉯ 마력당 무게가 작다.
㉰ 저속운전에서 진동이 비교적 적다.
㉱ 기관의 회전수를 높일 수 있다.
[해설] • 디젤 기관의 장점
① 연료소비율이 적고 열효율이 높다.
② 연료의 인화점이 높아서 화재의 위험성이 작다.
③ 점화장치가 필요 없으므로 고장률이 적다.
④ 2행정 사이클이 비교적 유리하다.
⑤ 경부하일 때 효율이 나쁘지 않다.
⑥ 연료의 선택 범위가 넓다.

문제 38. 다음 중 디젤 기관의 연료분사 3대 요건이 아닌 것은?
㉮ 분포   ㉯ 혼합
㉰ 무화   ㉱ 관통성
[해설] 유입자를 세밀하게 분쇄하여 연소를 돕도록 무화하고, 유입자가 새로운 공기층으로 돌입하여 완전 연소되도록 관통시킬 수 있어야 하며 연소실의 구석 끝까지 확산, 분포되도록 해야 한다.

문제 39. 열효율이 가장 좋은 연소실의 형식은 어느 것인가?
㉮ 공기실식   ㉯ 예연소실식
㉰ 와류실식   ㉱ 직접 분사실식
[해설] 열효율이 가장 좋은 것은 직접 분사실이다.

문제 40. 다음 연소실 중 냉각손실이 가장 큰 것은?
㉮ 공기실식   ㉯ 예연소실식
㉰ 와류실식   ㉱ 직접 분사실식
[해설] 냉각손실이 가장 큰 것은 와류실식이며, 예연소실식은 직접 분사식과 와류실식의 중간이다.

문제 41. 디젤 기관의 연료분사 펌프의 조속기는 어떤 작용을 하는가?
㉮ 착화성 조정   ㉯ 분사시기 조정
㉰ 분사량 조정   ㉱ 분사압력 조정
[해설] 분사시기 조정은 타이머로, 분사압력은 노즐 스프링의 장력으로, 착화성은 연료의 세탄가로 조정한다.

문제 42. 연료분사의 관통도는 노즐의 연료 입자에 주어지는 운동에너지에 비례한다. 분수의 관통도와 관계없는 것은?
㉮ 노즐의 유효지름   ㉯ 연료펌프의 크기
㉰ 분무입자의 지름   ㉱ 연료비중
[해설] 관통도는 연료의 비중, 분무입자의 지름, 노즐의 유효지름 등이 클수록 크다.

문제 43. 다음에서 초기 분사량이 적은 것은?
㉮ 스로틀 노즐   ㉯ 핀틀노즐
㉰ 단공노즐   ㉱ 다공노즐
[해설] 핀틀노즐은 니들 밸브의 끝이 분구의 앞까지 돌출하고 있어 밸브가 열리면 분무는 그의 환상의 틈새로부터 원추상의 분무가 분산되며, 저압에서도 분무의 분포가 좋으며

[해답] 36. ㉰   37. ㉮   38. ㉯   39. ㉱   40. ㉰   41. ㉰   42. ㉯   43. ㉮

분사초의 양을 감소할 수 있으므로 같은 유압에서도 분무의 입자지름이 작아진다.

문제 44. 디젤 기관의 압축비는 얼마 정도인가?
㉮ 6~7 ㉯ 6~9
㉰ 9~12 ㉱ 12~15
해설 ① 소구 기관 : 6~7
② 가솔린 기관 : 6~9
③ 디젤 기관 : 12~15

문제 45. 디젤 엔진에 사용되는 과급기와 가장 관계가 있는 것은?
㉮ 윤활성의 증대 ㉯ 배기의 정화
㉰ 출력의 증대 ㉱ 냉각효율의 증대
해설 과급기는 엔진의 충전효율을 높여 엔진의 출력, 회전력, 연료소비율을 향상시키기 위해 흡기에 압력을 가하는 일종의 공기 펌프이다.

문제 46. 다음에서 디젤 사이클에 관계가 없는 것은?
㉮ 경유를 연료로 한다.
㉯ 압축기관이다
㉰ 압축비가 15~20 : 1이다.
㉱ 점화장치 내에 배전기가 있다.
해설 연료분사 압축기관이다.

문제 47. 가솔린 엔진에 대한 디젤 엔진의 장점이라고 할 수 없는 것은?
㉮ 열효율이 높다.
㉯ 대형 엔진에 사용한다.
㉰ 연료소비량이 적다.
㉱ 엔진의 출력당 중량이 적다.

문제 48. 다음 중 열효율이 가장 좋은 연소실의 형식은?

㉮ 직접 분사식 ㉯ 공기실식
㉰ 와류실식 ㉱ 예연소실식

문제 49. 공기 분사식의 분사펌프의 압력은 대략 어느 정도인가?
㉮ $300~700\,kg/cm^2$
㉯ $150~200\,kg/cm^2$
㉰ $60~70\,kg/cm^2$
㉱ $80~150\,kg/cm^2$

문제 50. 디젤 기관의 앵글라이히 장치의 작용에 알맞은 것은?
㉮ 박판의 위치를 조정하여 분사량을 알맞게 조정한다.
㉯ 조정 래크의 위치를 변경시켜 분사량을 크게 한다.
㉰ 조정 래크의 위치가 동일할 때 기관의 흡입공기에 열연료를 분사한다.
㉱ 조정 래크의 위치를 변경시켜 분사량을 적게 한다.

문제 51. 다음은 연료 분사시 유입자 크기의 영향을 설명한 것이다. 옳지 않은 것은 어느 것인가?
㉮ 노즐 지름이 크면 유입은 크다.
㉯ 배압이 높으면 유입이 크다.
㉰ 분사압력이 높으면 유입이 작다.
㉱ 공기온도가 높으면 유입이 작다
해설 배압이 높으면 공기마찰이 크게 되므로 유입은 작아진다.

문제 52. 공기분사의 단점으로 부적당한 것은 어느 것인가?
㉮ 공기 압축기가 필요 없다.
㉯ 부하변동에 따르는 공기 분사량의 조절

해답 44. ㉱ 45. ㉰ 46. ㉱ 47. ㉱ 48. ㉮ 49. ㉰ 50. ㉱ 51. ㉯ 52. ㉮

이 어렵다.
㉰ 마력손실이 크다.
㉱ 기관 전체가 커진다.

문제 53. 고속 디젤 기관의 프랭크 샤프트는 비틀림 진동으로 소음, 각종 손실, 출력저하 등 많은 문제점을 야기시키고 있는데 이 진동 감쇠를 위하여 댐퍼(damper)를 최근 많이 사용하고 있다. 다음 중 어떤 댐퍼를 가장 많이 사용하는가?
㉮ 마찰댐퍼   ㉯ 고무댐퍼
㉰ 점성댐퍼   ㉱ 전기댐퍼

문제 54. 다음 중 초기 분사량을 적게 한 노즐은 어느 것인가?
㉮ 단공노즐   ㉯ 다공노즐
㉰ 교축노즐   ㉱ 핀틀노즐
[해설] 핀의 끝이 2단으로 되어 돌출하여 분사초기의 개공면적이 교축되어서 착화지연 중의 분사량이 적어지므로 노크를 방지한다.

문제 55. 연료분사 밸브를 조절할 때 유의할 점은 소형기관에서는 (①), 대형기관에서는 (②)이다. ( ) 속에 적당한 말은?
㉮ ① 무화,   ② 관통력
㉯ ① 관통력, ② 분포
㉰ ① 관통력, ② 무화
㉱ ① 분포,   ② 관통력

문제 56. 다음은 직접 분사식 연소실의 장·단점을 든 것이다. 적당하지 않은 것은?
㉮ 2000 rpm 이상의 고속회전이 어렵다.
㉯ 소형기관에 적합하다.
㉰ 평균 유효압력이 높다.
㉱ 연료성질에 민감하다.

문제 57. 디젤 기관의 연소실 중 폭발압력이 가장 낮은 연소실은 다음의 어느 것인가?
㉮ 예연소실식   ㉯ 직접 연소실식
㉰ 와류실식   ㉱ 리카도식
[해설] 예연소실 식은 예연소실에서 일부의 연료가 폭발을 일으키고 나머지가 주 연소실에 분출되어 연소할 때는 폭발압력이 낮아진다. 또, 와류실식은 연료와 공기가 잘 혼합하여 연소가 빨라 고속기관에 적합하며, 직접 분사식은 연소실 표면적이 다른 형식에 비하여 작으므로 열손실이 적고 열효율이 높다.

문제 58. 디젤 기관은 와류에 의하여 어느 정도의 출력 증가를 얻을 수 있나?
㉮ 20~100%   ㉯ 120~150%
㉰ 150~200%   ㉱ 200~250%

문제 59. Bosh 펌프의 감속 압력밸브의 역할은 무엇인가?
㉮ 노크의 발생을 억제한다.
㉯ 고속시 분사량을 증가시킨다.
㉰ 연료분사의 차단을 신속하게 한다.
㉱ 분사 늦음을 작게 해 준다,
[해설] 분사노즐의 니들 밸브가 차단될 때 분사관 내의 연료를 되빨아 들여 드립핑을 방지한다.

문제 60. 후연소가 기관에 미치는 영향 중 가장 큰 것은?
㉮ 노크를 유발한다.
㉯ 기관을 과열시킨다.
㉰ 열효율이 증가된다.
㉱ 연료비율이 커진다.
[해설] 배기의 온도가 높아지고 배기가 가지고 나가는 열손실이 커지므로 연료소비율이 증대되고 열효율이 떨어진다.

문제 61. 다음은 스필 밸브식(deutz)과 스필

[해답] 53. ㉰ 54. ㉱ 55. ㉮ 56. ㉯ 57. ㉮ 58. ㉮ 59. ㉰ 60. ㉱ 61. ㉰

포트식(bosh 분사펌프)의 차이점을 든 것이다. 옳지 않은 것은?
㉮ 스필 밸브식 펌프는 스필 밸브가 안전 밸브의 작용을 한다.
㉯ 스필 밸브식 펌프는 편심핀으로 유량을 조절한다.
㉰ 스필 포토식 펌프는 안전밸브가 부착되었다.
㉱ 스필 포토식 펌프는 래크, 피니언으로 유량을 조절한다.
[해설] bosh 펌프는 안전밸브가 없다. 노즐 폐쇄에 주의해야 한다.

[문제] 62. 디젤 기관의 연료분사 노즐의 특징을 잘못 설명한 것은?
㉮ 개방형 분사노즐은 나사형 홈이 있어 연료 무화가 좋다.
㉯ 반개방형 분사노즐은 볼 체크 밸브가 있어 가스 역류를 방지한다.
㉰ 자동식 분사노즐은 유압에 의하여 니들 밸브를 열어준다.
㉱ 기계식 분사노즐은 캠에 의하여 밸브를 열어준다.
[해설] 개방형은 연료 차단장치가 없어 분사 시작과 끝의 낮은 압력에서도 분사되므로 나선형 홈이 있어도 무화가 좋지 못하다.

[문제] 63. 스피드 드롭에 대한 설명 중 옳은 것은?
㉮ 스피드 드롭을 가지게 되면 부하가 변하여도 기관의 속도는 변하지 않는다.
㉯ 스피드 드롭을 가지게 되면 부하의 변화에 따라 기관의 속도로 변화한다.
㉰ 유압 조속기는 원리상 스피드 드롭을 가질 수 없다.
㉱ 기계식 조속기는 원리상 스피드 드롭을 가질 수 없다.

[문제] 64. 다음 중 제2필터에 대하여 옳게 설명한 것은 어느 것인가?
㉮ 120메시 정도의 브래스망으로 여과시킨다.
㉯ 간극 0.01~0.02 mm 정도의 틈으로 여과시킨다.
㉰ 200메시 정도의 세망으로 여과시킨다.
㉱ 100메시 정도의 철사망으로 여과시킨다.
[해설] 연료펌프 입구에는 제2필터가 있어 펌프 플런저 및 밸브의 마모를 감소시킨다. 이는 200메시 정도의 세망이나 세극형 필터를 쓴다. 특히, 스필 포트식 펌프에는 천이나 여과기를 사용한다.

[문제] 65. 다음은 예연소실식 기관의 장점에 합당하지 않은 것은?
㉮ 열부하가 낮다.
㉯ 연소조건의 유연성이 높다.
㉰ 연소 소음이 낮다.
㉱ 배기중 NO_x 양이 적다.

[문제] 66. 디젤 기관의 연료공급 경로를 표시한 것이다. 순서가 바르게 된 것은?

① 연료탱크	② 연료 여과기
③ 연소실	④ 분사펌프
⑤ 연료공급 펌프	⑥ 분사노즐

㉮ ①-⑤-④-②-⑥-③
㉯ ①-②-⑤-④-⑥-③
㉰ ①-②-④-⑤-⑥-③
㉱ ①-⑤-②-④-⑥-③

[해답] 62. ㉮ 63. ㉰ 64. ㉰ 65. ㉮ 66. ㉱

제 8 장 회전형 왕복기관

이 장은 내연기관 중에서 회전형 내연기관인 가스터빈과 로터리 기관의 작동원리 및 구조에 대해서 설명한 장이다. 이 장은 다른 장들에 비해 비중이 그리 크지 않으나 다음과 같은 사항을 중점으로 한번은 꼭 정독을 하고 문제를 풀어보기 바란다.

> **key point**
> (1) 가스터빈과 왕복형 내연기관의 비교
> (2) 열역학적 사이클(브레이톤 사이클)에서 효율을 구하는 문제
> (3) 가스터빈의 구성요소(압축기, 연소기, 터빈)를 그림으로 묻는 문제
> (4) 로터리 기관도 마찬가지로 특징과 작동원리 및 압축비를 구하는 문제

1. 가스터빈 기관

작동유체인 공기를 흡입하여 기계에너지를 공급받아서 압축되고 연료로 열에너지를 공급받아 가열된 후에 팽창을 하면서 동력을 발생시키는 회전형 내연기관이다.

가스터빈은 항공산업의 발달에 따라 급속히 발전해 왔으며 근래에는 제철, 화학 등 각종 플랜트 설비에 이르기까지 산업전반에 걸쳐 그 사용범위가 넓어지고 있다.

가스터빈은 기존의 왕복기관이 갖고 있는 한계들(회전수, 소음, 진동)을 뛰어넘어 다가오는 21세기에는 그 활용범위가 산업전반으로 더욱 확대될 전망이다.

1-1 열역학적 사이클에 의한 분류

가스터빈은 엔진 내부를 흐르는 작동유체를 대기에 배출해 버리느냐 또는 재사용하느냐에 따라 밀폐 사이클과 개방 사이클로 크게 분류된다.

(1) 밀폐 사이클

엔진 내부에 작동유체를 밀폐시켜 놓고 순환 재사용하는 사이클을 말한다. 압축기에서 나오는 압축가스는 열교환기를 통하면서 배기가스의 열을 흡수하여 1차 가열되고 다시 가열기에서 온도가 높아진 후 터빈으로 들어간다. 터빈을 돌리고 나온 가스는 열교환기에서 자체열의 일부를 압축기에서 나온 가스에게 전달하고, 예냉각기(precooler)에서 다시 압축기 입구의 온도까지 냉각시킨 후에 재사용하여 새로운 사이클이 되풀이된다.

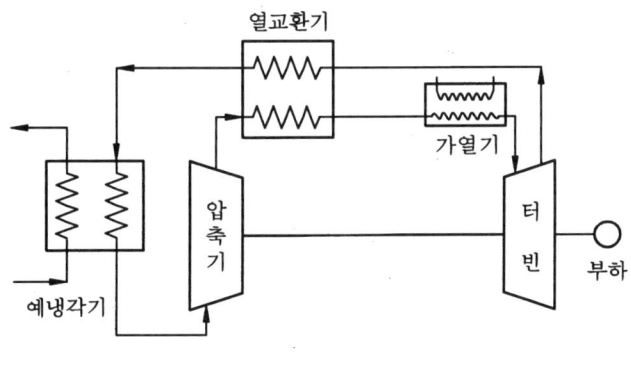

밀폐 사이클

① 밀폐 사이클의 특징
  (가) 작동가스에 연료를 주입하여 연소를 하지 못하기 때문에 시스템 외부에서 가열을 하여야 하므로 터빈 입구 가스온도의 상한값은 가열기의 열전달 표면 재질의 내열도에 의해서 제한 받기 때문에 개방 사이클에 비해서 온도가 낮다.
  (나) 기관의 비출력과 열효율은 터빈 입구 가스온도의 상승과 함께 증가하기 때문에 밀폐 사이클은 비출력에 제한을 받는다
  (다) 가열기, 열교환기, 냉각기, 순환장치 등의 추가장비로 인하여 부피와 중량이 크고 제작비가 많이 소모된다.
  (라) 고온의 열을 값싸게 얻을 수 있고, 냉각수가 풍부한 환경에서 엔진의 크기와 중량이 2차적인 경우와 같은 제한된 용도에만 응용된다.

(2) 개방 사이클

엔진에 흡입된 대기 공기는 엔진을 작동시킨 후에 배기가스로서 대기에 배출되므로 항상 새로운 대기공기를 사용하게 된다. 따라서, 배기열을 회수 활용하지 않는 한 열효율이 낮다는 단점이 있다. 그러나 구조가 간단하고 부피가 적기 때문에 항공기의 동력기관과 같은 용도에는 아주 적합하다.

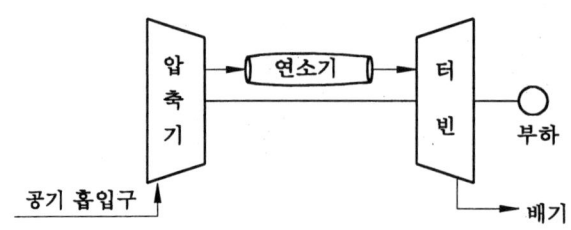

개방 사이클

1-2 개방 사이클의 종류

모든 가스터빈 엔진에 있어서 가스 발생기는 모두 같지만, 동력발생 부분의 형태와 구조에 따라서 터보 프롭, 터보 샤프트, 터보 제트, 터보 팬 또는 바이패스 엔진으로 4가지 분류를 한다. 가스 발생기 부분은 압축기, 연소기, 압축기 구동용 터빈으로 구성되어 있으며, 가스 발생기에서 생성되는 가스가 동력용 에너지로 활용하게 된다.

(1) 터보 프롭

터보 프롭 엔진

동력발생 부분에 동력 터빈과 배기 노즐을 장치하여 동력 터빈으로는 프로펠러를 돌리고, 나머지 가스 에너지는 노즐을 통해서 분사시켜서 추력으로 활용하는 것을 터보 프롭 엔진이라고 한다. 제트 추력은 총 추력의 1/4 내지 1/5에 해당한다. 이 엔진은 업무용기, 소형 운송기, 초등 훈련기 등 비교적 저속의 항공기에 사용된다.

(2) 터보 제트

배기 노즐을 가스 발생기의 하류에 부착하여 순전한 제트 추력을 동력으로 사용하는 것을 터보 제트 엔진이라고 한다. 가스 발생기와 배기 노즐 사이에 후부 연소기(afterburner)를 추가하여 가스를 재가열한 후에 배기 노즐로 분사시켜서 추력을 증강하는 것을 후부 연소 터보 제트라고 하며, 전투기와 같이 짧은 시간 동안 급속한 추력의 증가를 필요로 하는 경우에 응용된다.

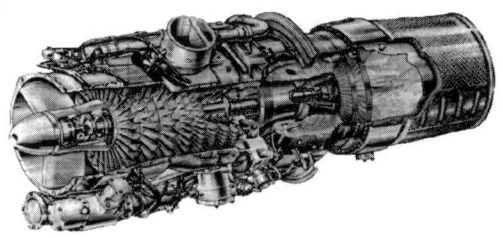

터보 제트 엔진

(3) 터보 샤프트

순전히 회전식 기계 에너지만을 공급하는 것으로서, 가스 발생기 하류에 동력 터빈만을 연결시키고 감속장치를 통해서 동력을 전달한다. 이 엔진은 주로 지상, 선박, 차량 등의 동력용으로 사용되며, 고속용이 아니므로 공기 흡입구는 벨 마우스(bell mouth)형으로 되어 있다. 작동가스는 터빈에서 대기압으로 팽창을 막기 때문에 제트 추력은 발생하지 않는다. 헬리콥터용 동력으로 사용한다.

터보 샤프트 엔진

(4) 터보 팬

터보 프롭과 터보 제트 엔진의 특성을 합하였다고 볼 수 있으며, 이 엔진은 동력 터빈과 배기 노즐이 동력발생 부분을 이루고 있다. 여기서 동력 터빈으로는 저압, 저온이지만 다량의 공기흐름을 발생하는 팬을 회전시킨다. 제트의 추력은 가스의 유량과 흐름속도를 곱한 것이기 때문에 팬에서 나오는 흐름은 속도는 적지만 유량이 크기 때문에 상당한 양의 추력을 얻을 수가 있다. 배기 노즐에서 분사되는 속도는 크지만 유량이 비교적 적다. 터보 제트 엔진에 비해서 연료 소모율이 적고 성능이 우수할 뿐 아니라 소음 또한 적다. 아음속으로 순항하는 민항공기용 엔진에 많이 사용한다.

※ **바이패스비** : fan에서 외부로 분사되는 저속 저온의 공기량 / 엔진 내부를 통하여 배기 노즐로 분사되는 고속 고온의 가스유량

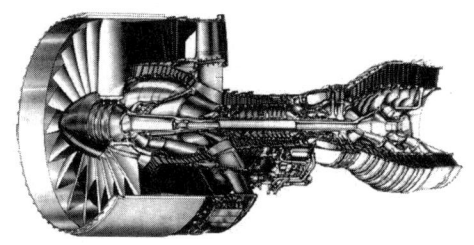

터보 팬 엔진

1-3 가스터빈 구성요소

가스터빈을 구성하고 있는 요소들은 크게 공기 흡입구, 압축기, 연소기, 터빈, 노즐로 이루어져 있다. 각각의 구성요소들의 역할에 대해서 알아보면 다음과 같다.

(1) 공기 흡입구

연소시 필요한 공기를 흡입하여 속도를 감속시켜서 동압을 정압으로 바꾸는 디퓨저 (diffuser) 역할을 하며 이 흡입된 공기는 압축기로 유도된다.

① 아음속 공기 흡입구 : 항공기용 가스터빈의 공기 흡입구는 음속 이하로 비행하는 경우에 사용되며, 압축기 입구에서의 속도를 마하수 0.4~0.5 정도로 유지시켜 주기 위해 디퓨저형으로 만든다. 산업용 가스터빈의 공기 흡입구는 비행하지 않고 지상에 고정되어 있기 때문에 공기 유량을 증가시키기 위하여 벨 마우스(bell mouth) 형으로 만든다.

② 초음속 공기 흡입구 : 음속 이상으로 비행하는 경우에 사용되며 초음속 디퓨저와 아음속 디퓨저로 구성되어 있다.
  ㈎ 초음속 디퓨저(단면 수축) : 공기 흐름이 충격파와 수축압축에 의해서 감속
  ㈏ 아음속 디퓨저(단면 확대) : 충격파 발생 뒤에 비교적 높은 아음속 흐름이 디퓨저에 의해 감속

> **알아두세요**
> 1. 아음속에서는 덕트의 단면이 수축하면 속도는 증가하고 단면이 확대되면 속도는 감소한다.
> 2. 초음속에서는 덕트의 단면이 수축하면 속도는 감소하고 단면이 확대되면 속도는 증가한다.

(2) 입구 안내 깃 (inlet guide vane)

공기 흡입구와 압축기 사이에 설치되며 압축기의 서징(surging)이나 실속(stall)을 방지하는 역할을 한다.

(3) 압축기

연소시에 필요한 고압을 낼 수 있도록 공기를 압축시키는 것이 목적이며 이 압축기의 종류에는 원심 압축기와 축류 압축기가 있다.

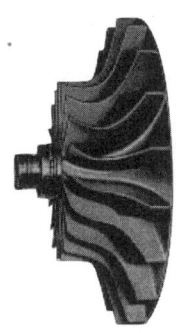 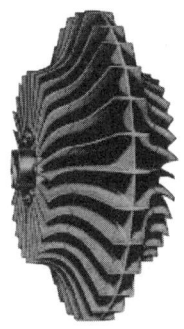

원심 압축기의 형상

① 원심 압축기
  ㈎ 원심 압축기의 구성요소 : 임펠러, 디퓨저, 압축기 매니포드 또는 압축기 컬렉터 등으로 구성되어 있다.
    • 임펠러 : 공기 흡입구를 통해 유입된 공기를 가속시키는 역할을 한다.

- 디퓨저 : 면적이 확대되면서 가속된 공기유동을 감속시켜서 압력으로 전환시키는 역할을 한다.
- 압축기 컬렉터(압축기 매니폴드) : 압축된 공기를 모아 연소실로 유도해주는 역할을 한다.

㈏ 원심 압축기의 특징
- 단당 압력비가 높고 안정된 운전 범위가 넓다.
- 주속도는 450~470 m/s이고, 압력비는 4~5이다.
- 소형 가스터빈 또는 제트엔진에 많이 사용한다.
- 효율은 축류형 보다 나쁘며 82 % 정도이다.

② **축류 압축기** : 에어포일 형상의 블레이드로 구성된 정익(stator)과 동익(rotor)으로 구성되어 있다.

㈎ 축류 압축기의 구성요소
- 정익(stator) : 엔진 몸체에 고정되어 있는 블레이드이며, 운동에너지를 압력에너지로 전환시켜주는 역할을 한다.
- 동익(rotor) : 축으로 터빈과 연결되어 있어 터빈의 회전으로 구동된다. 공기의 속도를 가속시켜주는 역할을 한다.

㈏ 축류 압축기의 특징
- 단당 압력비는 원심 압축기에 비해 낮으나 다단으로의 연결이 용이하기 때문에 대용량용으로 사용한다.
- 효율이 85~90 % 정도로 원심 압축기에 비해 높다.
- 높은 압력비를 내기 위해서는 단수가 많아야 하기 때문에 구조가 복잡하고 중량이 무겁다.

③ **원심 축류식 압축기** : 원심 압축기와 축류 압축기가 혼합된 형태로 압축기 앞부분은 축류식 압축기로 되어 있고 뒷부분은 원심 압축기로 이루어져 있다. 소형 터보 프롭이나 터보 샤프트 엔진에 많이 사용된다.

(4) 연소기

압축기를 통과한 고압의 공기를 연소실 안에서 연료를 분사시켜 연소시 발생한 높은 고온, 고압의 연소가스를 발생키는 역할을 하며, 이 고온, 고압의 연소가스를 터빈으로 전달한다.

항공기용 연소기의 종류로는 크게 원통형(can type), 원환형(annular type), 혼합형(cannular type)이 있다.

① 연소기의 종류

(가) 원통형(can type) : 원심 압축기에 연결되어 사용되는 연소기이며 원심 압축기의 임펠러(impeller)에서 나오는 고속의 공기가 디퓨저를 통해 감속되어 나오며 이 디퓨저의 출구는 여러 개의 흐름 통로로 나눠져 있으므로 각 통로에서 나오는 공기 흐름은 엔진의 축을 중심으로 원주상으로 배열시킨 원통형 연소기에 연결된다. 그리고 연소기 전부가 동일한 압력에서 작동하도록 되어 있다. 소형 가스터빈 엔진에 사용한다.

(나) 원환형(annular type) : 축류 압축기에 연결되어 사용하며 축류 압축기의 블레이드(blade)를 통해서 빠져 나오는 유동이 원통형과는 달리 분리되지 않은 하나의 환형 통속으로 들어온다. 이 연소기는 연소기 길이를 감소시킬 수 있기 때문에 연소기 내에서의 압력 손실이 적고 중량과 제작비도 절약된다. 그러나 원주방향으로 균일한 양의 연료를 주입하고, 균일한 온도분포를 유지하기 위한 설계의 어려움이 있다. 현재 항공기용 가스터빈의 연소기에서 가장 많이 사용되고 있다.

(다) 혼합형(cannular type) : 원통형과 원환형을 결합한 형태의 연소기이며 원통형 연소기의 화염통을 원환형 케이싱 내부에 균일하게 배열한 것이며, 화염통에 공급되는 공기는 전부 원환형 케이싱 재부의 같은 공간에서 공급한다. 즉, 원통형 연소기에서도 원주를 따라서 원환형으로 배열시키지만 이 때는 통 하나하나가 연소기인 반면에, 혼합형은 화염통을 원주를 따라서 배열하지만 화염통 하나하나가 독립된 연소기가 아니며 전체가 하나의 연소기이다.

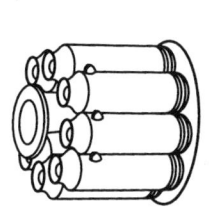

캔형 연소기

애뉴러형 연소기

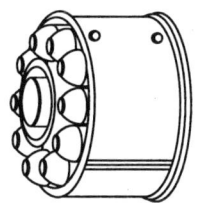

캐뉼러형 연소기

(5) 터 빈

연소기로부터 연소되어 나오는 고온, 고압의 연소가스를 정익과 동익으로 구성된 블레이드를 통과시켜 높은 추력을 낼 수 있도록 유동을 충분히 가속시켜주는 것이 주목적이다. 종류에는 레이디얼(radial) 터빈과 축류 터빈이 있으며 유동을 가속시키는 것이 목적이며 이 형태는 압력을 높이는데 사용하는 압축기와는 반대이다. 즉, 압축기의 앞과 뒤를 바꾸어 거꾸로 놓았다고 생각하면 된다.

(6) 노 즐

터빈에서 나온 고온의 가스를 대기압으로 팽창시킴으로써 거의 음속이나 초음속으로 가속시켜서 추력을 발생시키는 역할을 한다. 따라서, 터보 제트와 터보 프롭 엔진, 터보 팬 엔진에만 해당되고 모든 터보 샤프트 엔진에는 사용되지 않는다.

① 터보 샤프트 엔진의 배기노즐 : 배기가스가 추력을 내는데 사용되지 않기 때문에 노즐을 디퓨저 형태로 만들어 배기가스를 저속으로 대기중에 방출한다.

② 터보 제트 엔진의 배기노즐
  (가) 수축형 노즐 : 마하수 1 이하의 아음속 항공기의 엔진에 사용한다.
  (나) 수축확산 노즐 : 마하수 1 이상의 초음속을 내기 위해 노즐 목 하류에 확산부분을 부착시켜 초음속 유동을 발생시키며 초음속 항공기에 사용한다.
  (다) 가변형 노즐 : 항공기의 비행속도에 따라 노즐의 단면적을 변화시킬 수 있도록 한 노즐을 사용한다.

1-4 가스터빈 엔진의 연료

(1) 종 류

원유에서 나오는 산물은 원유의 산지와 성분에 따라서 종류와 구성비율이 크게 차이가 있다. 그 중에서 대표적인 것을 보면 다음과 같다.

① JP-1 : kerosene이 주성분이며, 항공기 개발 초기에 주로 사용되었으나 원유에서 뽑아낼 수 있는 양이 매우 작기 때문에 제트기의 수요가 증가하면서 연료공급이 어려워지고 추운 날씨에 엔진의 시동이 어렵고 높은 고도에서 화염소멸 현상이 쉽게 나타나 JP-3로 대처되었다.

② JP-3 : 휘발유와 kerosene, 디젤유를 혼합한 것이며, 원유에서 확보할 수 있는 양이 많이 많고 성능면에서도 JP-1보다 우수하다.

③ JP-4 : JP-3의 증기압(vapor pressure)을 저하시키기 위해 개발되었으며, kerosene 성분을 제거한 휘발유로 구성, 특성면에서 kerosene 과 저증기압 휘발유를 합한 것과 같다. 낮은 증기압은 연료 탱크에서의 손실을 감소시키고 증기폐쇄(vapor lock)를 억제하는데 도움이 된다. 현재 군용기와 민항기에서 가장 널리 사용한다.

④ JP-5 : 높은 flash point의 kerosene과 비슷한 연료로서 폭발의 위험도를 줄이고 항공모함의 연료 탱크에 저장하기 편리하도록 개발되었다. 증기압이 낮아서 고급 bunker 유와 비슷하고 몇 종류의 엔진을 제외하고는 용도가 극히 제한적이다.

⑤ JP-6 : 초음속 고공비행용으로 개발된 것으로 휘발성이 적고, 열적 안정성이 JP-4 보다 높고 어는점은 JP-5 보다 낮다. 이러한 특성은 저온과 고공에서 사용하기 적합하다.

⑥ 민항기에 사용되는 연료 : Jet A, Jet A-1, Jet B의 세 가지가 있다.

　(개) Jet A, Jet A-1 : kerosene 계통의 연료로서 JP-5에 유사하나, freezing point가 서로 약간 다르다.

　(나) Jet B형 : JP-4와 비슷한 연료이며, kerosene 보다 끓는 점이 낮고, 비중이 JP-4 와 거의 같다.

1-5 가스터빈과 타기관과의 비교

(1) 가스터빈과 증기기관과의 비교

① 가스터빈

　(개) 가스 사이클이므로 압축일량이 크다.
　(나) 온도와 압력을 임의로 선정할 수 있어서 비교적 저압으로 작동시킬 수 있다.
　(다) 효율을 높이기 위하여 온도를 높일 수 있다.
　(라) 복수를 위한 복수기나 냉각수가 필요 없다.
　(마) 보일러가 필요 없어 소형으로 할 수 있다.

② 증기터빈

　(개) 증기 사이클이므로 압축일량이 작다.
　(나) 액체, 기체 2상으로 구성되어서 포화조건이 관계되며 일반적으로 고압으로 된다.
　(다) 복수용 냉각수가 다량으로 필요하다.
　(라) 보일러가 있어서 대형으로 된다.

(2) 가스터빈과 왕복형 기관과의 비교

① 가스터빈

　(개) 터빈 블레이드나 노즐이 작동가스의 온도 가까이까지 올라가므로 터빈 입구의 가스온도가 700~1000℃로 제한되며 열효율이나 비추력이 작다.
　(나) 대용량의 작동유체가 처리된다.

㈐ 회전운동만이므로 회전수가 높고 진동이 적으며 윤활이 용이하다.

② 왕복형 기관

㈎ 최고 가스온도가 2500℃ 정도까지 되어도 구조재의 온도는 충분히 저온으로 되어 열효율이나 비추력이 비교적 크다.
㈏ 왕복 운동부의 윤활이나 크랭크축의 평형을 고려하여야 한다.
㈐ 회전수를 피스톤 속도보다 높일 수 없다.
㈑ 다량의 동작유체를 처리하기가 어렵다.

(3) 가스터빈 엔진의 특징

① 진동이 아주 적고 고속운전이 가능하다.
② 마찰부분이 없으므로 윤활유의 소비는 베어링의 윤활 정도로 극히 적다.
③ 자동차 엔진의 시동과 같은 어려움도 없다.
④ 가속성이나 감속성이 우수하다.
⑤ 대기온도가 높아지면 출력이 현저하게 저하한다.

2. 로터리 기관

로터리 기관은 Felix Wankel에 의하여 개발되었으며 자동차용 엔진으로 별로 사용되지 않고 있다. 로터리 기관의 구조는 로터 하우징 안에 1개의 로터가 3개의 작동실을 이루고 있으며 로터와 사이드 하우징 안에는 각각 기어비가 3 : 2로 되는 내접기어와 고정된 외접기어가 부착되어 있고 있다. 이 로터리 기관은 출력축 3회전에 대해 로터는 1회전하며 흡입, 압축, 폭발, 배기의 4행정과정이 수행되는 4행정기관에 속한다.

2-1 로터리 기관의 작동원리

로터 1회전에 동력축 3회전, 연소가 3번 일어난다.

(1) 흡입행정

작동실의 체적은 1상태에서 가장 적으며 이 위치에서 흡입행정이 시작, 로터가 회전함에 따라 흡기구멍이 점차 열려서 혼합기가 흡입되고 작동실은 2, 3, 4로 체적이 증가하여 5에서 작동실은 최대로 된다.

(2) 압축행정

5를 지나면 흡기구멍은 로터에 의해 닫히고 혼합기의 흡입이 완료되며 작동실은 6, 7, 8, 9까지 압축되어 11의 상태에서 압축이 거의 끝나고 전기 스파크에 의해 점화를 시작한다. 그리고 10에서 작동실 체적은 다시 최소로 된다.

(3) 폭발행정

10에서 점화된 혼합기는 연소하여 11, 12, 13, 14까지 팽창한다. 이 과정이 연소행정이며 연소가스의 압력이 로터 표면에 작용하여 편심축을 통해 동력으로 나가게 된다.

(4) 배기행정

연소행정이 끝난 15, 16, 17, 18까지 작동실이 축소됨에 따라 배기구멍에서 빠져나가 대기로 방출된다. 이 과정이 배기행정이며 배기가 끝나면 1로 돌아가서 다시 같은 과정을 반복한다.

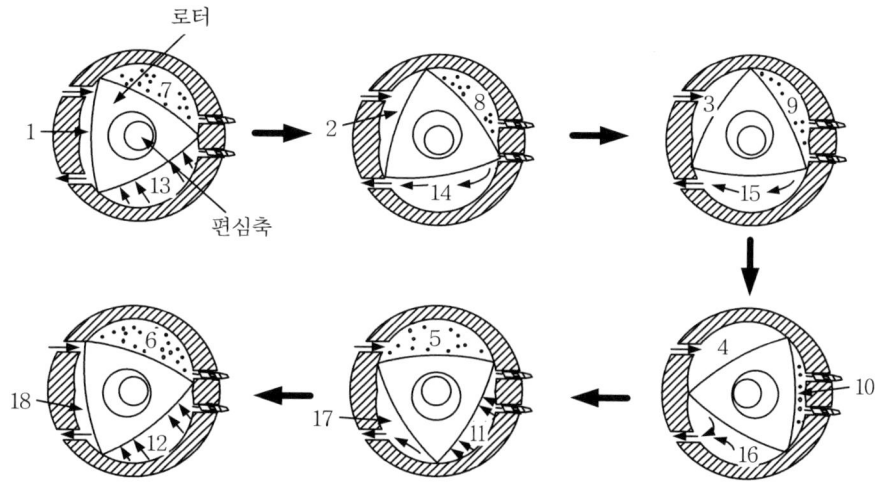

로터리 기관의 작동과정

2-2 로터리 기관의 압축비

로터리 기관에서 작동실의 최대체적 V_{max}, 최소체적 V_{min}, 연소실 체적을 ΔV 라 할 때, 압축비 $(\varepsilon) = \dfrac{V_{max} + \Delta V}{V_{min} + \Delta V}$

예 상 문 제

문제 1. 압력비(r)가 10인 브레이턴 사이클의 열효율은 얼마인가? (단, $k = 1.4$이다.)
㉮ 48.2 % ㉯ 38.2 %
㉰ 58.2 % ㉱ 28.2 %

[해설] $\eta_{th} = 1 - \left(\dfrac{1}{r}\right)^{\frac{k-1}{k}} = 1 - \left(\dfrac{1}{10}\right)^{\frac{0.4}{1.4}}$
$= 0.482$

문제 2. 다음은 가스터빈의 다른 내연기관에 비한 장점이다. 틀린 것은?
㉮ 가볍고 구조가 간단하다
㉯ 저질 연료를 쓸 수가 있다.
㉰ 저속 운전시 성능이 양호하다.
㉱ 윤활유의 소비가 적고 유지비가 싸다.

[해설] 열효율이 낮고, 특히 부분부하, 저속 운전시 성능이 나쁘고 운전시 소리가 크며 시동시에는 비교적 큰 마력이 필요하다.

문제 3. 가스터빈의 가장 중요한 구성요소로 짝지어진 것은?
㉮ 압축기, 냉각기, 가열기
㉯ 압축기, 연소기, 터빈
㉰ 터빈, 연소기, 냉각기
㉱ 연소기, 터빈, 발전기

[해설] 가스터빈의 구성요소는 압축기, 연소기, 터빈, 열교환기이다.

문제 4. 가스터빈에서 터빈 입구의 가스온도는 대략 몇 도인가?
㉮ 700~1000℃ ㉯ 1000~1500℃
㉰ 1500~2000℃ ㉱ 2000~2500℃

문제 5. 가스터빈의 열효율 향상 대책에 관계가 없는 것은 어느 것인가?
㉮ 단열효율 ㉯ 연소효율
㉰ 온도의 비 ㉱ 기계효율

문제 6. 다음 중 입구 안내 깃(inlet guide vane)의 역할은 무엇인가?
㉮ 공기 흡입구를 통해 유입된 공기를 가속시키는 역할을 한다.
㉯ 높은 추력을 낼 수 있도록 유동을 충분히 가속시켜주는 역할을 한다.
㉰ 고온의 가스를 대기압으로 팽창시킴으로써 음속이나 초음속으로 가속시켜서 추력을 발생시키는 역할을 한다.
㉱ 압축기의 서징(surging)이나 실속(stall)을 방지하는 역할을 한다.

[해설] 공기 흡입구와 압축기 사이에 설치되는 입구 안내 깃(inlet guide vane)은 압축기의 서징(surging)이나 실속(stall)을 방지하는 역할을 한다.

문제 7. 가스터빈 기관의 작동원리에 대한 설명으로 올바르지 못한 것은?
㉮ 압축기는 유입공기의 압력을 높이는 역할을 한다.
㉯ 압축기를 통과한 공기는 연소실로 들어와 연료분사에 의해 연소한다.
㉰ 터빈은 연소가스의 속도를 증가시키는 역할을 한다.
㉱ 압축기와 터빈은 같은 축으로 연결되어

[해답] 1. ㉮ 2. ㉰ 3. ㉯ 4. ㉮ 5. ㉱ 6. ㉱ 7. ㉱

있으며 압축기의 회전에 의해 터빈이 구동된다.

해설 압축기와 터빈은 같은 축으로 연결되어 있는 것은 맞지만 터빈의 구동에 의해서 터빈축과 연결된 압축기가 구동된다.

문제 8. 다음 중 터보 프롭 엔진에 대한 설명으로 올바르지 못한 것은?
㉮ 가스터빈의 개방 사이클에 해당된다.
㉯ 프로펠러의 회전에 의해서만 추력이 발생한다.
㉰ 프로펠러의 영향으로 회전수가 제한되기 때문에 감속장치가 필요하다.
㉱ 소형 운송기, 초등 훈련기 등 저속의 항공기에 사용한다.

해설 터보 프롭 엔진은 프로펠러의 회전과 그 크기는 작지만 배기가스의 분출에 의해서 추력이 발생한다.

문제 9. 다음 중 초음속 항공기의 엔진에 사용되는 가스터빈 엔진은?
㉮ 터보 프롭   ㉯ 터보 제트
㉰ 터보 팬   ㉱ 터보 샤프트

해설 터보 프롭은 소형 운송기, 초등 훈련기 등 저속의 항공기에, 터보 제트는 초음속으로 비행하는 전투기에, 터보 팬은 대형의 여객 운송용에, 터보 샤프트는 헬기용으로 많이 사용된다.

문제 10. 다음 중 터보 팬 엔진에 대한 설명으로 올바르지 못한 것은?
㉮ 전방에 다량의 공기를 흡입하는 팬이 부착되어 있다.
㉯ 배기가스의 분출과 외부로 바이패스되는 공기로 추력을 발생시킨다.
㉰ 터보 제트 엔진에 비해 연료소모율이 크고 성능이 떨어진다.
㉱ 아음속으로 순항하는 민항공기용 엔진으로 많이 사용한다.

해설 터보 팬 엔진은 터보 제트 엔진에 비하여 연료소모율이 작고 성능 우수하며 소음이 작다.

문제 11. 다음 중 축류 압축기를 구성하는 요소로만 짝지어진 것은?
㉮ 임펠러, 정익
㉯ 압축기 매니폴드, 임펠러
㉰ 동익, 압축기 매니폴드
㉱ 정익, 동익

해설 축류 압축기는 정익(stator)과 동익(rotor)로 구성되어 있고, 원심 압축기는 임펠러, 디퓨저, 압축기 매니폴드로 구성되어 있다.

문제 12. 다음은 축류 압축기와 원심 압축기에 대한 설명이다. 옳지 못한 것은?
㉮ 축류 압축기는 원심 압축기에 비해 단당 압력비가 낮다.
㉯ 효율은 축류 압축기가 원심 압축기 보다 높다.
㉰ 축류 압축기는 다단으로의 연결이 용이하기 때문에 대용량에 사용된다.
㉱ 원심 압축기는 축류형 압축기 보다 무게가 무겁고 구조가 복잡하다.

문제 13. 아음속 항공기의 엔진에 사용되는 배기노즐 형태는?
㉮ 수축 노즐   ㉯ 확산 노즐
㉰ 수축확산 노즐   ㉱ 가변 노즐

해설 아음속 항공기의 노즐은 노즐을 통해서 연소가스의 유동을 가속시킬 수 있는 수축 노즐을 사용한다.

문제 14. 가스터빈의 전 출력에 대한 유효 출력의 비율을 무엇이라 하는가?

해답 8. ㉯ 9. ㉯ 10. ㉰ 11. ㉱ 12. ㉱ 13. ㉮ 14. ㉰

㉮ 공기율　　㉯ 비출력
㉰ 일의 비　　㉱ 열효율

문제 15. 주로 가스터빈에 의하여 프로펠러를 돌려서 추진력을 얻는 제트 추진기관에 속하는 것은?
㉮ 터보 제트　　㉯ 터보 프롭
㉰ 램 제트　　　㉱ 로켓

문제 16. 단순 가스터빈 사이클에서 압축 압력비를 r 이라 할 때, 열효율 η_{th}를 구하는 식은?
㉮ $\eta_b = 1 - \left(\dfrac{1}{r}\right)^{\frac{k-1}{k}}$
㉯ $\eta_b = 1 - \left(\dfrac{1}{r}\right)^{\frac{1}{k-1}}$
㉰ $\eta_b = 1 - \left(\dfrac{1}{r}\right)^{\frac{1-k}{k}}$
㉱ $\eta_b = 1 - \left(\dfrac{1}{r}\right)^{\frac{1}{k-1}}$

문제 17. 가스터빈 원동소를 제작 설계하는 데 있어서 증가시켜야 할 3대 요소 중에 속하지 않는 사항은?
㉮ 비출력　　㉯ 열효율
㉰ 공기율　　㉱ 일의 비
[해설] 공기율의 증가는 원동소의 크기 및 제작비의 증가

문제 18. 브레이톤 사이클의 열효율이 57.5 % 라면 압력비 (r)는 얼마인가? (단, $k=1.4$ 이다.)
㉮ 15　㉯ 20　㉰ 25　㉱ 30
[해설] $\eta_{th} = 1 - \left(\dfrac{1}{r}\right)^{\frac{0.4}{1.4}} = 0.575$
∴ $r = 20$

문제 19. 다음 중 노즐에서 발생하는 제트 추력을 사용하지 않는 가스터빈은?
㉮ 터보 프롭　　㉯ 터보 제트
㉰ 터보 샤프트　㉱ 터보 팬
[해설] 가스터빈의 종류 중에서 제트 추력을 사용하지 않고 배기가스를 저속으로 대기중에 배출하는 가스터빈은 터보 샤프트이다.

문제 20. 제트기관의 정미추력 F_N, 총추력 F_G, 램 항력 D_N 과의 관계를 바르게 표현한 것은?
㉮ $F_N = D_M - F_G$
㉯ $F_N = 2D_M - F_G$
㉰ $F_N = F_G - D_M$
㉱ $F_N = 2F_G - D_M$

문제 21. 다음 각 제트 형식 중 같은 한계온도와 압력하에서 비행속도와 비행마력이 가장 큰 것은 어느 것인가?
㉮ 터보 제트　　㉯ 램 제트
㉰ 프롭 제트　　㉱ 터보 팬
[해설] 램 제트는 같은 조건하에서 마하 2의 비행속도가 되므로 마력이 크다.

문제 22. 다음 경우의 램 제트 추진력은 얼마나 되는가? (단, 램 제트 속도 450 m/s, 분출량 6 kg/s, 분출속도 1500 m/s)
㉮ 632.9 kg　　㉯ 624.9 kg
㉰ 642.9 kg　　㉱ 654.9 kg
[해설] $F = \dfrac{Q}{g}(v_2 - v_1) = \dfrac{6}{9.8}(1500 - 450)$
$= 642.9 \text{kg}$

문제 23. 제트기관의 추진효율 η_p를 바르게 표시한 것은?

㉮ $\eta_p = \dfrac{\text{추진에 소비되는 일}}{\text{추진에 사용되는 에너지}}$

㉯ $\eta_p = \dfrac{\text{소비 연료의 에너지}}{\text{추진에 사용되는 에너지}}$

㉰ $\eta_p = \dfrac{\text{추진에 소비되는 에너지}}{\text{소비 연료의 에너지}}$

㉱ $\eta_p = \dfrac{\text{총 연료의 에너지}}{\text{소비 연료의 에너지}}$

문제 24. 다음 브레이턴 사이클 가스터빈에서 압축기의 실제 출구온도는 얼마인가? (단, 흡입 공기온도 20℃, 압축기의 이론적 출구온도 200℃ $C_p = 0.24\,\text{kcal/kg}℃$, 압축기의 단열효율은 $\eta_c = 0.89$이다.)

㉮ 465 K ㉯ 495 K
㉰ 515 K ㉱ 565 K

해설 • 압축기의 단열효율의 정의

$$\eta_c = \dfrac{\text{이론일량}}{\text{실제일량}} = \dfrac{T_2 - T_1}{T_2' - T_1}$$

따라서, 실제 압축기 출구온도는

$$T_2' = \dfrac{1}{\eta_c}(T_2 - T_1) + T_1$$
$$= \dfrac{1}{0.89}(473 - 293) + 293 = 495\,\text{K}$$

문제 25. 문제 24에서 가스터빈 출구의 온도는 몇 도인가? (단, $C_p = 0.24\,\text{kcal/kg}℃$, $t_1 = 100℃$이다.)

㉮ 802 K ㉯ 852 K
㉰ 902 K ㉱ 952 K

해설 터빈 출구온도 T_4는 정압하에서 방출하므로 $Q_2 = C_p(T_4 - T_1)$
그런데 $Q_2 = Q_1 - AW = 163 - 60 = 103\,\text{kcal}$

$$T_4 = \dfrac{Q_2}{C_p} + T_1 = \dfrac{103}{0.24} + (273 + 100)$$
$$= 802\,\text{K}$$

문제 26. 문제 24에서 압축기의 출구온도는 몇 도인가?

㉮ 370 K ㉯ 590 K
㉰ 690 K ㉱ 790 K

해설 압축기의 출구온도 T_2는 단열압축이므로 단열변화 공식

$$\dfrac{T_2}{T_1} = \left(\dfrac{P_2}{P_1}\right)^{\frac{k-1}{k}} \text{에서}$$

$$T_2 = T_1 \times \left(\dfrac{P_2}{P_1}\right)^{\frac{k-1}{k}} = T_1 \times (r)^{\frac{k-1}{k}}$$
$$= 373 \times (5)^{\frac{0.4}{1.4}} = 590\,\text{K}$$

문제 27. 문제 24에서 터빈 입구온도는 몇 도인가?

㉮ 1250°K ㉯ 1260°K
㉰ 1270°K ㉱ 1280°K

해설 터빈 출구(T_4)가 802°K이므로 터빈 내에서는 단열팽창이므로 단열변화 공식

$$\dfrac{T_3}{T_4} = (r)^{\frac{k-1}{k}}$$

$$T_3 = T_4 \times (r)^{\frac{k-1}{k}} = 802 \times (5)^{\frac{0.4}{1.4}}$$
$$= 802 \times 1.583 = 1270°\text{K}$$

문제 28. 압축기로 유입되는 공기의 속도는 얼마가 적당한가?

㉮ 마하 0.1~0.2
㉯ 마하 0.4~0.5
㉰ 마하 0.7~0.8
㉱ 마하 1.0~마하 1.1

해설 공기 흡입구를 통하여 압축기로 유입되는 공기의 속도는 마하 0.4~0.5가 적당하다.

문제 29. 단순 가스터빈 원동소에서 대기압인 공기는 압축기에 의하여 어느 정도 압축되는가?

㉮ 2.5~6.5 kg/cm²

해답 24. ㉯ 25. ㉮ 26. ㉯ 27. ㉰ 28. ㉯ 29. ㉮

㉯ 6.5~10.5 kg/cm²
㉰ 15~20.5 kg/cm²
㉱ 20.4~25.6 kg/cm²

문제 30. 다음 중 가스터빈의 3대 구성요소가 아닌 것은?
㉮ 압축기 ㉯ 디퓨저
㉰ 터빈 ㉱ 연소기
해설 • 가스터빈의 3대 구성요소 : 압축기, 연소기, 터빈 등

문제 31. 원심 압축기에서 디퓨저(diffuser)가 하는 역할은 무엇인가?
㉮ 가속된 공기유동을 감속시켜서 압력으로 전환시키는 역할을 한다.
㉯ 공기 흡입구를 통해 유입된 공기를 가속시키는 역할을 한다.
㉰ 압축된 공기를 모아 연소실로 유도해주는 역할을 한다.
㉱ 압축기의 서징(surging)이나 실속(stall)을 방지하는 역할을 한다.
해설 원심 압축기는 임펠러, 디퓨저, 압축기 컬렉터로 이루어져 있으며 디퓨저는 가속된 공기유동을 감속시켜서 압력으로 전환시키는 역할을 한다.

문제 32. 어떤 항공 피스톤 기관이 다음과 같은 제원을 가지고 있다. 이 기관의 축마력을 1900 PS로 보면 제동평균 유효압력은 몇 kg/cm²인가? (단, 제원 : 4사이클, 실린더 안지름 155 mm, 행정 160 mm, 실린더 수 : 18, 크랭크 회전속도 2800 rpm)
㉮ 11.25 ㉯ 22.47
㉰ 337.2 ㉱ 674.4
해설 $V_s = \dfrac{\pi d^2 \times S \times Z}{4 \times 1000} = \dfrac{\pi 155^2 \times 160 \times 18}{4 \times 1000}$
$= 54343 \text{cc} = 54.3 \, l$
제동마력 $= \dfrac{P_{mb} \times V_s \times \eta}{900}$
$P_{mb} = \dfrac{제동마력 \times 900}{V_s \, n}$
$P_{mb} = \dfrac{1900 \times 900}{54.3 \times 2800} = 11.247 \text{kg/cm}^2$

문제 33. 병원이나 대형 건물의 자가 발전에 용되는 산업용 가스터빈의 공기 흡입구 형태로 적당한 것은?
㉮ 디퓨저(diffuser) 형태
㉯ 수축부 형태
㉰ 벨 마우스(bell mouth) 형태
㉱ 수축확산 형태

문제 34. 터보 제트 기관을 공기 49 kg/s, 연료 1 kg/s의 비율로 운전한다. 추력이 2000 kg일 때 가스의 출구속도는 몇 m/s인가?
㉮ 408.3 m/s ㉯ 392 m/s
㉰ 40 m/s ㉱ 999 m/s
해설 $F_{th} = \dfrac{G_a + G_f}{g} \times v$
$\therefore v = \dfrac{F_{th} g}{G_a + G_f} = \dfrac{9.8 \times 2000}{49 + 1}$
$= 392 \text{ m/s}$

문제 35. 가스터빈 원동소를 계획 또는 설계하는데 증가시켜야 할 3대 목표에 속하지 않는 것은?
㉮ 일의 비 ㉯ 열효율
㉰ 비출력 ㉱ 공기율
해설 공기율의 증가는 원동소의 크기 및 제작비의 증가를 가져온다.

문제 36. 다음 중 입구 안내 깃(inlet guide vane)의 역할은 무엇인가?
㉮ 공기 흡입구를 통해 유입된 공기를 가

해답 30. ㉯ 31. ㉮ 32. ㉮ 33. ㉰ 34. ㉯ 35. ㉱ 36. ㉱

속시키는 역할을 한다.
㉯ 높은 추력을 낼 수 있도록 유동을 충분히 가속시켜 주는 역할을 한다.
㉰ 고온의 가스를 대기압으로 팽창시킴으로써 음속이나 초음속으로 가속시켜서 추력을 발생시키는 역할을 한다.
㉱ 압축기의 서징(surging)이나 실속(stall)을 방지하는 역할을 한다.

[해설] 공기 흡입구와 압축기 사이에 설치되는 입구 안내 깃(inlet guide vane)은 압축기의 서징(surging)이나 실속(stall)을 방지하는 역할을 한다.

문제 37. 가스터빈 기관의 이상적인 열역학적 사이클은 무엇인가?
㉮ 오토 사이클   ㉯ 디젤 사이클
㉰ 사바테 사이클   ㉱ 브레이톤 사이클

[해설] 오토 사이클은 가솔린 기관의 열역학적 사이클이고, 디젤 사이클은 디젤 기관의 열역학적 사이클이고, 가스터빈 기관의 열역학적 사이클은 브레이톤 사이클이다.

문제 38. 가스터빈의 특징으로 옳지 않은 것은 어느 것인가?
㉮ 토크 변동이나 진동이 작고 고속회전이 가능하다.
㉯ 연료소비가 많다.
㉰ 열효율이 피스톤 기관보다 낮다.
㉱ 부품수가 많고 구조가 복잡하다.

문제 39. 다음 중 가스터빈 기관의 연료에 속하는 것은?
㉮ 가솔린   ㉯ 경유
㉰ MTBE   ㉱ JP-6

[해설] 가솔린은 가솔린 기관, 경유는 디젤 기관, MTBE는 대체 연료이고, 가스터빈 기관에 사용하는 연료는 JP-1~JP-6까지, 그리고 JET A, JET-1, JET B가 있다.

문제 40. 가스터빈 기관의 연료 중에서 JP-3의 증기압(vapor pressure)을 저하시키기 위해 개발되었으며 kerosene 성분을 제거한 휘발유로 구성된 연료는?
㉮ JP-1   ㉯ JP-4
㉰ JP-5   ㉱ JP-6

문제 41. 초음속 고공비행용으로 개발된 것으로 휘발성이 적고 저온과 고공에서 사용하기 적합한 연료는?
㉮ JP-3   ㉯ JP-5
㉰ JP-6   ㉱ JET A

문제 42. 브레이턴 사이클에서 단위 작동유체 당 외부에 하는 일량은 60 kcal이다. 이 일을 하기 위하여 필요한 실제 공급열량은 몇 kcal인가? (단, $P_1 = 1\,\mathrm{kg/cm^2}$, $P_2 = 5\,\mathrm{kg/cm^2}$, $k = 1.4$이다.)
㉮ 150 kcal   ㉯ 170 kcal
㉰ 180 kcal   ㉱ 163 kcal

[해설] 열효율 $\eta_{th} = 1 - \left(\dfrac{1}{r}\right)^{\frac{k-1}{k}}$
$= 1 - \left(\dfrac{1}{P_2/P_1}\right)^{\frac{k-1}{k}} = 1 - \left(\dfrac{1}{5}\right)^{\frac{0.4}{1.4}}$
$= 0.368$
$AW = Q_1 - Q_2 = 60\,\mathrm{kcal}$이므로
$\eta_{th} = \dfrac{AW}{Q_1} = \dfrac{Q_1 - Q_2}{Q_1}$로부터
실제 공급열량 Q_1은
$Q_1 = \dfrac{Q_1 - Q_2}{\eta_{th}} = \dfrac{60}{0.368} = 163\,\mathrm{kcal}$

문제 43. 다음은 로터리 기관의 작동을 설명

[해답] 37. ㉱   38. ㉰   39. ㉱   40. ㉯   41. ㉰   42. ㉱   43. ㉱

한 것이다. 옳지 않은 것은?
㉮ 가스교환 작용은 4사이클식과 같다.
㉯ 흡기, 배기 포트나 연소실로 보다 2사이클 기관에 해당한다.
㉰ 로터가 1회전할 때 편심축은 3회전한다.
㉱ 기관의 출력계산은 4사이클식과 같다.
[해설] 기관 출력계산은 2사이클과 같고, 로터가 1회전할 때 편심축은 3회전하도록 되어 있다.

문제 44. 다음은 로터리 특징을 설명한 것이다. 옳지 않은 것은?
㉮ 배기가스의 정화가 쉽다.
㉯ 사용 회전 범위가 넓다.
㉰ 소형, 경량이고, 고출력이다.
㉱ 진동, 소음이 비교적 크다.
[해설] 로터리 엔진은 소형, 경량, 고출력이고, 진동과 소음이 적으며 배기정화가 쉽다.

문제 45. 로터리 기관에서 로터가 1회전하는 사이에 축은 몇 회전하는가?
㉮ 1회전 ㉯ 2회전
㉰ 3회전 ㉱ 4회전
[해설] 로터의 회전과 축의 회전비는 1 : 3으로 되어 있어서 로터가 1회전하는 사이에 축은 3회전한다.

문제 46. 로터리 기관에서 로터가 몇 회전에 흡기, 압축, 팽창, 배기의 동작이 완료되는가?
㉮ 1회전 ㉯ 2회전
㉰ 3회전 ㉱ 4회전

문제 47. 로터리 기관의 특징으로 옳지 않은 것은 어느 것인가?

㉮ 회전력의 변동이 크다.
㉯ 마력당 중량이 가볍다.
㉰ 높은 회전수를 얻을 수 있다.
㉱ NOx의 생성이 적다.

문제 48. 로터리 기관에서 출력축 1회전에 폭발횟수는?
㉮ 1번 ㉯ 2번
㉰ 3번 ㉱ 4번

문제 49. 로터리 기관에서 축토크가 T [kg·m], 축출력을 N_e [PS], 회전수를 n [rpm], 단실 작동체적을 V_n [cm³]라 할 때, J를 구하는 식은?
㉮ $T = \dfrac{75 \times 60 \times N_e}{2\pi n}$
㉯ $T = \dfrac{2\pi n V_n}{75 \times 60}$
㉰ $T = \dfrac{75 \times 60 \times N_e}{2\pi n V_n}$
㉱ $T = \dfrac{75 \times 60 \times V_n}{2\pi n}$

문제 50. 다음은 로터리 기관의 작동을 설명한 것이다. 이 중 틀린 것은?
㉮ 가스 교환작용은 4사이클식과 같다.
㉯ 흡기·배기 포트나 연소실로 보아 2사이클 기관에 해당한다.
㉰ 로터 1회전에 편심축은 3회전한다.
㉱ 로터 기어와 고정기어의 기어비는 1 : 2이다.
[해설] 기관 출력계산은 2사이클과 같고 로터 기어와 고정 기어의 기어비는 3 : 2이다.

[해답] 44. ㉱ 45. ㉰ 46. ㉮ 47. ㉮ 48. ㉮ 49. ㉮ 50. ㉱

부록

과년도 출제 문제

과년도 출제 문제

건설기계 기사

1. 내연기관에서 가스압력이 미는 힘은 300 N, 관성력이 50 N이고 커넥팅 로드 각이 30°일 경우 커넥팅 로드의 길이방향으로 작용하는 힘(F_C)과 실린더 축에 직각인 힘(F_S)은 각각 얼마인가?

㉮ 390 N, 300 N
㉯ 404 N, 202 N
㉰ 300 N, 390 N
㉱ 202 N, 404 N

2. 기관 본체의 소음 원인으로 짝지어진 것은?

㉮ 연소 소음, 기계 소음
㉯ 연소 소음, 배기 소음
㉰ 흡기 소음, 배기 소음
㉱ 흡기 소음, 기계 소음

[해설] 기계 본체의 소음 원인으로 바르게 짝지어진 것은 연소 소음과 기계 소음이다.

3. 디젤 기관의 진동방지를 위하여 특히 주의해야 할 사항이 아닌 것은?

㉮ 크랭크축과 평형추의 조정
㉯ 피스톤과 커넥팅 로드의 조립품의 중량차
㉰ 각 실린더의 연료 분사시기 및 분사량
㉱ 윤활유 펌프의 유압조정

[해설] 윤활유 펌프의 유압조정은 디젤기관의 진동방지를 위해 특히 주의해야 할 사항은 아니다.

4. 다음에 열거한 디젤 기관의 연소실 중 가장 노크를 일으키기 쉬운 연소실은?

㉮ 직접 분사식   ㉯ 예연소실식
㉰ 와류실식   ㉱ 공기실식

[해설] 디젤 기관의 연소실 중 가장 노크를 일으키기 쉬운 연소실은 직접 분사식이다.

5. 점화순서가 1-2-4-3인 가솔린 엔진에서 3번 실린더가 압축 행정일 때, 2번 실린더는 무슨 행정인가?

㉮ 흡입   ㉯ 압축
㉰ 폭발   ㉱ 배기

[해설] 행정순서는 시계방향으로, 폭발(점화순서)은 반시계방향으로 진행된다. 따라서 3번 실린더 압축행정에 맞추고 반시계방향으로 회전시키면 2번 실린더는 배기행정을 한다.

6. 총 행정체적 4000 cm³, 3000 rpm의 4행정 가솔린 기관의 도시 평균 유효압력이 9 kgf/cm²이고 기계효율은 85 %이다. PS로 계산한 제동마력은?

㉮ 141 ㉯ 71
㉰ 102 ㉱ 51

[해설] $\eta_m = \dfrac{\text{BPS(제동마력)}}{\text{IPS(도시마력)}}$

$\text{BPS} = \eta_m \times \text{IPS} = \eta_m \times \dfrac{P_{mi} V_t N}{900000}$

$= 0.85 \times \dfrac{9 \times 4000 \times 3000}{900000}$

$= 102 \text{ PS}$

7. 일반적으로 건설기계 기관에 사용되는 연료에서 세탄가(cetane number)는?

㉮ 디젤 연료(diesel fuel)의 착화성을 정량적으로 표시하는 것이다.
㉯ 가솔린(gasoline)의 anti-knock성을 수량적으로 표시한다.
㉰ 디젤 오일(diesel oil)의 발열량을 표시한다.
㉱ 가솔린(gasoline)의 발화점 측정치를 말한다.

[해설] 건설기계 기관에서 사용되는 연료에서 세탄가(cetane number)는 디젤연료의 착화성을 정량적으로 표시하는 것이다.

8. 연료 분사노즐 중 폐지형 노즐에 속하는 구멍형(hole type) 노즐의 장점으로 가장 적합하지 않는 것은?

㉮ 분사압력이 낮아도 분무의 분포가 좋다.
㉯ 기관의 기동이 쉽다.
㉰ 연료가 완전 연소될 수 있어 연료 소비량이 적다.
㉱ 분사압력이 높기 때문에 무화가 좋다.

9. 다음 중 로터리 기관의 장점으로 맞는 것은?

㉮ 단위출력당 중량이 가볍다.
㉯ 기계적 손실이 크다.
㉰ 연소실 온도가 높아 NO_x 발생이 많다.
㉱ 회전력 변동 및 소음이 많다

10. 다음 그림은 어떤 사이클의 압력(P)-체적(v) 선도인가?

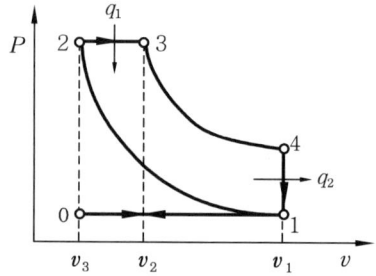

㉮ 오토 사이클
㉯ 디젤 사이클
㉰ 사바테 사이클
㉱ 카르노 사이클

[해설] $P-v$ 선도에 나타낸 사이클은 등압연소(가열) 단열변화 2개와 등적방열로 구성된 디젤 사이클이다.

[정답] 6. ㉰ 7. ㉮ 8. ㉮ 9. ㉮ 10. ㉯

건설기계 기사

1. 디젤기관에서 직접분사식의 특징이 아닌 것은 어느 것인가?
㉮ 간접분사식에 비하여 분사압력이 높다.
㉯ 간접분사식에 비하여 구조는 간단하나 열효율이 낮다.
㉰ 간접분사식에 비하여 진동이 크다.
㉱ 양질의 연료를 사용해야 한다.
[해설] • 직접분사식의 특징 : 간접분사식에 비해 구조는 간단하나 열효율이 높다.

2. 1 kgf의 탄소를 완전 연소시키는데 필요한 산소량은 얼마인가?
㉮ 0.67 kgf
㉯ 1.67 kgf
㉰ 2.67 kgf
㉱ 3.67 kgf
[해설] $C + O_2 = CO_2 + 97200 kcal/kmol$
　　　12 kg　32 kg　44 kg
∴ 산소량$(O_0) = 32 \times \dfrac{1}{12} = 2.67$ kgf

3. 다음 중 디젤 기관의 노킹을 방지하기 위한 대책으로 가장 적당한 것은?
㉮ 착화성이 나쁜 연료를 사용한다.
㉯ 세탄가가 낮은 연료를 사용한다.
㉰ 실린더 내의 공기를 와류가 일어나지 않도록 한다.
㉱ 압축비를 높여 준다.
[해설] 디젤기관의 노킹(이상 연소)을 방지하려면 압축비를 높여 주어야 한다.

4. 어떤 디젤 기관이 압축 상사점에서 체적이 19 : 1로 압축되어 온도가 30℃로부터 600℃로 되었다고 한다. 이때의 압축압력은 약 얼마인가?
㉮ 45기압
㉯ 50기압
㉰ 55기압
㉱ 60기압
[해설] $\dfrac{T_2}{T_1} = \left(\dfrac{V_1}{V_2}\right)^{k-1} = \left(\dfrac{P_2}{P_1}\right)^{\frac{k-1}{k}}$

5. 다음 중 기관의 맥동적인 출력을 원활하게 하는 것은?
㉮ 크랭크 축
㉯ 캠 축
㉰ 변속기
㉱ 플라이 휠
[해설] 기관의 맥동적인 출력을 원활하게 하는 것은 플라이 휠이다.

6. 기관의 회전속도가 4500 rpm이다. 연소 지연시간이 1/600초이면, 연소 지연시간 동안에 크랭크 축의 회전각은?
㉮ 15°
㉯ 30°
㉰ 45°
㉱ 60°
[해설] 크랭크 축의 회전각 ($\theta°$)
　　 $= 6RT = 6 \times 4500 \times \dfrac{1}{6000} = 45°$

정답 1. ㉯ 2. ㉰ 3. ㉱ 4. ㉰ 5. ㉱ 6. ㉰

7. 제트기관이 0.300 m/s에서 작동하여 60 kgf/s 공기를 소비한다. 배출 연소가스 속도가 626.7 m/s면 이때 제트기관의 추진력은 약 몇 kgf인가?
㉮ 1000
㉯ 1500
㉰ 2000
㉱ 2500

해설 $F = \rho Q(V_2 - V_1)$
$= \dfrac{\gamma}{gQ}(V_2 - V_1)$
$= \dfrac{60}{9.8}(626.7 - 300) = 2000 \text{ kgf}$

8. 디젤 기관의 연료분사 펌프에서 회전속도를 제어하는 기구로 적합한 것은?
㉮ 펌프 엘리먼트 (pump element)
㉯ 조속기 (governor)
㉰ 분사 타이머 (injection timer)
㉱ 공급펌프 (supply pump)

해설 거버너(조속기)는 디젤기관의 연료분사 펌프에서 회전속도를 제어하는 기구이다.

9. 다음 중 디젤기관의 연료분사 요건에 해당하는 것은?
㉮ 원심력
㉯ 관통력
㉰ 구심력
㉱ 압축력

해설 • 디젤기관의 연료분사 3대 요건
① 무화성
② 분포성
③ 관통성

10. 기관의 압축비가 9.5 이상으로 높은 경우 노킹음과 다른 저주파의 둔한 뇌음을 내고, 기관의 운전이 거칠어지며 연소실이 오염되었을 때 주로 발생되는 현상을 무엇이라고 하는가?
㉮ 와일드핑(wild ping)
㉯ 럼블(rumble)
㉰ 서드(thud)
㉱ 런온(run on)

해설 위의 설명은 럼블(rumble)현상에 관한 것이다.

건설기계 기사

1. 가솔린 연료에 첨가하는 안티노크제가 아닌 것은?
㉮ 벤졸
㉯ 질산메틸
㉰ 에틸알코올
㉱ 철 카보닐

[해설] 질산메틸은 가솔린 연료에 첨가하는 안티노크제(노킹방지제)가 아니다.

2. 암(arm)의 길이가 716 mm인 동력계가 200 rpm으로 운전할 때의 동력계의 하중이 7 kgf로 측정되었다. 이 기관의 출력은?
㉮ 5 PS
㉯ 7 PS
㉰ 10.3 PS
㉱ 14 PS

[해설] $T = 71600 \dfrac{PS}{N}$ 에서,
$PS = \dfrac{TN}{716200} = \dfrac{(Pl) \times N}{716200}$
$= \dfrac{7 \times 716 \times 2000}{716200} = 14 \text{ PS}$

3. 3000 kW의 디젤기관 발전소에서 기관을 전개(全開)운전하면 1일의 연료 소비량은 몇 kg인가? (단, 저위 발열량 10000 kcal/kgf, 효율은 40 %이다.)
㉮ 11381
㉯ 15480
㉰ 15740
㉱ 24768

[해설] $\eta = \dfrac{60 \, kW}{H_l \times G}$ 에서,
$G = \dfrac{860 \times kW}{H_l \times \eta} = \dfrac{860 \times 3000}{10000 \times 0.4}$
$= 645 \text{ kgf/hr}$
$= 645 \times 24 \text{ kgf/day} = 15480 \text{ kgf/day}$

4. 디젤 기관의 와류실식 연소실은 노즐 가까이에서 큰 공기와류를 얻을 수 있도록 설계된 것이다. 이 와류실식 연소실의 장점 중 가장 거리가 먼 것은?
㉮ 주실의 연소 최고압은 6~8 MPa로 높다.
㉯ 실린더 헤드가 간단하며, 직접 분사식보다 열효율이 높다.
㉰ 고속운전이 가능하며 리터 마력이 크다.
㉱ 발연 한계 혼합비 $\lambda = 1.3$ 정도이므로 직접 분사식에 비해 공기 이용률이 높다.

[해설] 와류실식 연소실은 직접분사식보다 열효율이 낮다.

5. 디젤기관에서 압력-상승률($dp/d\theta$)이 가장 큰 연소 구간은 어느 것인가?
㉮ 착화지연기간
㉯ 급격연소기간
㉰ 제어연소기간
㉱ 후기연소기간

[해설] 디젤기관에서 압력상승률이 제일 큰 연소 구간은 급격연소기간이다.

6. 가스 터빈 기관 사이클의 가장 기본이 되는 열역학적 사이클은?

정답 1. ㉯ 2. ㉱ 3. ㉯ 4. ㉯ 5. ㉯ 6. ㉮

㉮ Brayton 사이클
㉯ Sabathe 사이클
㉰ 2중 연소 사이클
㉱ Rankine 사이클

[해설] 가스 터빈의 기본(이상) 사이클은 브레이턴(Brayton) 사이클이다.

7. 다음 고속 디젤 기관에 대한 설명으로 잘못된 것은?

㉮ 넓은 회전 속도 영역에 걸쳐 회전 토크가 크다.
㉯ 일산화탄소와 탄화수소 배출물이 적다.
㉰ 부분부하 영역에서는 오토기관보다 연료 소비율이 크다.
㉱ 제동 열효율이 높고, 수명이 길다.

[해설] 부분부하 영역에서는 오토기관보다 연료 소비율이 작다.

8. 내연기관의 출력을 증가시키기 위한 방법과 관련된 사항이다. 해당되지 않는 것은?

㉮ 회전수를 높인다.
㉯ 평균 유효압력을 높인다.
㉰ 실린더 지름을 크게 한다.
㉱ 플라이휠을 크게 한다.

[해설] 플라이휠(fly-wheel)은 관성차로 내연기관의 출력을 증가시키기 위한 방법과는 관련이 없다.

9. 디젤기관에서 분사노즐의 분사요건에 가장 관계가 없는 것은?

㉮ 분포
㉯ 발열량
㉰ 관통력
㉱ 무화

[해설] 디젤기관에서 분사노즐의 분사 3대 구성요건은 분포성, 관통성, 무화성이다.

10. 어떤 4행정 사이클 디젤 기관의 폭발순서가 1-2-4-3이다. 4번 실린더가 압축행정 시 2번 실린더는 어떤 행정을 하는가?

㉮ 흡입행정
㉯ 압축행정
㉰ 폭발행정
㉱ 배기행정

[해설] 행정순서는 시계방향(흡입-압축-폭발-배기)이고, 폭발(점화)순서는 기준을 설정 반시계방향으로 회전시킨다. 즉, 4번 실린더 압축 시 2번 실린더는 폭발행정이다.

정답 7. ㉰   8. ㉱   9. ㉯   10. ㉰

건설기계 기사

1. 디젤 기관의 착화성을 정량적으로 표시하는 세탄가(CN)를 나타내는 것은?

㉮ α-메틸나프탈렌($C_{11}H_{10}$)과 이소옥탄(C_3H_{18})의 비
㉯ 노멀헵탄(C_7H_{16})과 이소옥탄(C_3H_{18})의 비
㉰ 세탄($C_{16}H_{34}$)과 α-메틸나프탈렌($C_{11}H_{10}$)의 비
㉱ 세탄($C_{16}H_{34}$)과 이소옥탄(C_3H_{18})의 비

[해설] 세탄가(CN)
$= \dfrac{\text{세탄}(C_{16}H_{34})}{\text{세탄}(C_{16}H_{34}) + \alpha\text{메틸나프탈렌}(C_{11}H_{10})} \times 100\%$

2. 링기어의 잇수는 113개이고, 피니언 잇수가 9개일 경우, 총 배기량이 1,500 cc인 기관의 회전저항이 6 kgf·m일 때 기동전동기의 필요한 최소 회전력은 몇 kgf·m인가?

㉮ 0.48   ㉯ 4.8
㉰ 0.96   ㉱ 75.3

[해설] 기동전동기 최소회전력(T)
= 감속비(ε) × 엔진회전저항(T_R)
= $\dfrac{\text{피니언잇수}}{\text{링기어잇수}} = \left(\dfrac{9}{113}\right) \times 6 = 0.48$ kgf·m
× 엔진의 회전저항

3. 가스 터빈의 사이클을 바꾸어 열역학적으로 효율을 향상시키는 방법으로 적당치 않은 것은?

㉮ 열 교환기로 방출열량을 회수하는 방법
㉯ 압축비를 올리고 터빈 입구 온도를 낮추는 방법
㉰ 단열팽창이 등온팽창에 가깝도록 팽창을 몇 단으로 나누어 재열하는 방법
㉱ 단열압축을 등온압축에 가깝도록 압축기 사이에 중간 냉각하는 방법

[해설] 가스 터빈 사이클(브레이턴 사이클)은 압력비를 높이고 터빈 입구온도를 높일수록 열효율은 향상된다.

4. 디젤 기관에서는 혼합기 형성과정이 기관의 성능, 배기가스 소음에 결정적인 영향을 미친다. 이 혼합기 형성에 중요한 영향을 미치는 연료분무의 구비요건이 아닌 것은?

㉮ 무화   ㉯ 관통력
㉰ 분포   ㉱ 착화지연

[해설] • 디젤 기관의 연료분무의 3대 구성요건
① 무화성   ② 관통성   ③ 분포성

5. 다음은 자동차용 기관에서 배출되는 가스 중의 유해물질들이다. 고압, 고온의 영향에 의하여 생성되는 물질과 가장 관계 깊은 것은?

㉮ CO_2 ㉯ H_2O
㉰ NO_x ㉱ Pb

[해설] 자동차(디젤기관 및 가솔린기관)의 배기가스에서 나오는 유해가스는 CO, HC, NO_x, SO_2 등이 있으며 고온고압에서 발생하는 것은 NO_x(질소산화물)이고 과농혼합비에서 발생하는 것은 CO(일산화탄소)이며 연료성분에서 나오는 것은 HC(탄화수소) 및 SO_2(아황산가스) 등이 있다.

정답 1. ㉰   2. ㉮   3. ㉯   4. ㉱   5. ㉮

6. 점화순서가 1-3-4-2인 4기통 4행정 기관에서 1번 실린더가 흡입행정을 할 때 4번 실린더는 어떤 행정이 일어나고 있는가?

㉮ 흡입   ㉯ 압축
㉰ 폭발   ㉱ 배기

[해설] 행정순서는 시계방향, 점화(폭발)순서는 반시계방향이다.
방향으로 점화순서를 결정한다. 실린더 수가 4개이므로, $\left(\theta_4 = \dfrac{720}{4} = 180°\right)$ 폭발간격은 180°이다(1→3→4→2 폭발순서).

7. 크랭크축의 비틀림 진동에 대한 설명 중 틀린 것은?

㉮ 동력 행정 시 피스톤 어셈블리가 하향할 때 크랭크핀에 큰 충격하중을 가한다.
㉯ 동력 행정 말기에는 크랭크 핀에 가해지는 하중이 제거되어 크랭크축은 원상태로 복귀하게 되며 비틀리게 된다.
㉰ 비틀림 진동은 매 동력행정마다 반복하게 된다.
㉱ 비틀림 진동을 제어하기 위한 장치를 진동 댐퍼라 하며 진동 댐퍼 구동링은 크랭크축에 고정되어 있는 관성링과 탄성적으로 연결되어 있다.

8. 브레이크 암의 길이가 0.55 m인 전기 동력계로 기관의 출력을 2000 rpm에서 측정하였더니 축마력이 33.86 kW이었다. 동력계하중은 약 얼마이겠는가?

㉮ 15 kgf   ㉯ 30 kgf
㉰ 35 kgf   ㉱ 60 kgf

[해설] $T(=WL) = 974\dfrac{kW}{N}$ kg·m에서
$W = \dfrac{974 \times kW}{LN} = \dfrac{974 \times 33.86}{0.55 \times 2000}$
$= 29.98$ kgf($\fallingdotseq$30 kgf)

9. 디젤 기관에서 히트 레인지식 예열장치는 주로 어떤 형식의 연소실에 사용되는가?

㉮ 직접분사실식
㉯ 와류실식
㉰ 예연소실식
㉱ 공기실식

[해설] 디젤 기관에서 히트(heat) 레인지식 예열장치는 주로 직접분사실식에 주로 사용한다.

10. 다음 중 디젤 기관의 시동이 가장 곤란한 경우는?

㉮ 흡기온도가 높을 때
㉯ 노즐 분사압력이 높을 때
㉰ 냉각수 온도가 적당할 때
㉱ 윤활유 온도가 낮을 때

[해설] 디젤 기관(disel engine)의 시동이 가장 곤란한 경우는 윤활유 온도가 낮을 때이다.

건설기계 기사

1. DOHC 엔진의 장점이 아닌 것은?
- ㉮ 흡입 효율의 향상
- ㉯ 연소 효율의 향상
- ㉰ 응답성의 향상
- ㉱ 동력 전달 효율의 향상

[해설] • DOHC(Double Over Head Cam) 엔진의 장점
① 흡입 효율 향상
② 연소 효율 향상
③ 응답성 향상
④ 저배기량으로 높은 출력을 얻을 수 있다.

2. 로터리 기관의 특징으로 옳지 않은 것은?
- ㉮ 마력당 중량이 가볍다.
- ㉯ 높은 회전수를 얻을 수 있다.
- ㉰ NO_x의 생성이 적다.
- ㉱ 회전력의 변동이 크다.

[해설] • 로터리 엔진의 특징
① 소형·경량이며, 중량당 출력이 크다.
② 부품수가 적어 내구성이 크다(고장이 적다).
③ 회전력이 균일하다.
④ 진동과 소음이 적다.
⑤ 왕복 부분이 없어 고속이 가능하다.
⑥ 질소산화물(NO_x)의 생성이 적다.

3. 행정체적 482 cm³의 4행정 기관이 1800 rpm으로 운전될 때 6 PS를 발생한다. 제동 평균 유효 압력은 몇 kgf/cm²인가?
- ㉮ 5.8
- ㉯ 6.2
- ㉰ 6.8
- ㉱ 7.2

[해설] $BPS = \dfrac{P_{mb} V_s N Z}{75 \times 60 \times 100 \times 2}$

$P_{mb} = \dfrac{75 \times 60 \times 100 \times 2 \times BPS}{V_s N Z}$

$= \dfrac{75 \times 60 \times 100 \times 2 \times 6}{482 \times 1800 \times 1} = 6.22 \text{ kgf/cm}^2$

4. 가솔린 기관에서 크랭크 축의 회전수와 점화 진각과의 관계는?
- ㉮ 회전수의 증가와 더불어 점화 진각은 커진다.
- ㉯ 회전수의 증가와 더불어 점화 진각은 작아진다.
- ㉰ 회전수의 감소와 더불어 점화 진각은 커진다.
- ㉱ 회전수에 관계없이 점화 진각은 일정하다.

[해설] 가솔린 엔진에서 크랭크 축의 회전수와 점화 진각의 관계는, 회전수의 증가와 더불어 점화 진각도 커진다.

5. 가솔린 기관에서 압축 행정 중 점화 시기에 도달하기 전에 연소실내의 과열된 부분에 의하여 점화되는 현상은?
- ㉮ 포스트 이그니션(post-ignition)
- ㉯ 프리 이그니션(pre-ignition)
- ㉰ 데토네이션(detonation)
- ㉱ 노킹(knocking)

[해설] 프리 이그니션이란 가솔린 기관에서 압축 행정 중 점화 시기에 도달하기 전 연소실 내의 과열된 부분에 의해 점화되는 현상을 말한다(조기 점화).

[정답] 1. ㉱ 2. ㉱ 3. ㉯ 4. ㉮ 5. ㉯

6. 어떤 4행정 4사이클 기관의 폭발 순서가 1-2-4-3이다. 2번 실린더가 압축 행정을 할 때 4번 실린더는 어떤 행정을 하는가?

㉮ 흡입행정
㉯ 압축행정
㉰ 폭발행정
㉱ 배기행정

[해설] 행정 순서(시계 방향), 점화(폭발) 순서 (반시계 방향), 2번 실린더 압축 시 4번 실린더는 흡입 행정을 한다.

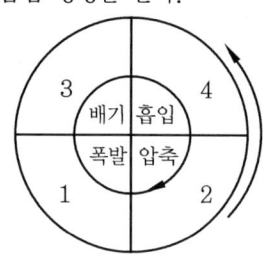

7. 내연 기관의 노킹이 기관에 미치는 영향으로 가장 관련이 적은 것은?

㉮ 열효율이 떨어진다.
㉯ 기관 각부의 응력이 증가한다.
㉰ 실린더가 과열된다.
㉱ 출력이 증가한다.

[해설] 노킹이 발생하면 출력이 감소된다.

8. 다음의 디젤 분사 노즐에서 초기 분사량을 적게 한 노즐은?

㉮ 스로틀 노즐
㉯ 다공 노즐
㉰ 핀틀 노즐
㉱ 단공 노즐

[해설] 디젤 분사 노즐에서 초기 분사량을 적게 한 노즐은 스로틀(throttle) 노즐이다.

9. 가솔린 기관의 점화시기를 제어하기 위한 설명으로 잘못된 것은?

㉮ 혼합비와 충진율이 일정할 때 기관의 회전 속도가 증가하면 점화 시기를 진각시킨다.
㉯ 배기가스의 온도를 상승시키기 위하여 점화 시기를 진각시킨다.
㉰ 잔류 가스량이 많아지면 점화 시기를 진각시킨다.
㉱ 충진율이 적어지면 점화 시기를 진각시킨다.

10. 가솔린 400 cc를 완전 연소시키기 위해 필요한 공기의 무게는 이론상 몇 kgf인가? (단, 이론 혼합비 $\left(\dfrac{\text{공기의 무게}}{\text{가솔린 무게}}\right)=15$, 가솔린 비중 $=0.73$)

㉮ 4.38
㉯ 3.25
㉰ 3.05
㉱ 2.19

[해설] 공기의 무게(W_a)
$= \gamma V = 15 \times 730 \times 400 \times 10^{-6} = 4.38$ kgf

[정답] 6. ㉮ 7. ㉱ 8. ㉮ 9. ㉯ 10. ㉮

건설기계 기사

1. 디젤 기관의 매연 발생 원인과 가장 관계없는 것은?
㉮ 에어 필터 불량
㉯ 연료 필터 불량
㉰ 오일 필터 불량
㉱ 연료 분사 펌프 불량
[해설] 오일 필터 불량은 디젤 기관의 매연 발생 원인과 관계없다.

2. GDI 엔진은 연소실 내에 연료를 직접 분사하는 엔진으로 희박한 공연비에서도 연소가 가능하도록 한 엔진인데, 다음 중 이 엔진의 특징이라고 볼 수 없는 것은?
㉮ 연료가 회전하면서 분사되어 최적의 확산과 미립화 및 침투성을 갖춘 고압 스월 인젝터를 사용한다.
㉯ 공기 흡입시 상하 방향의 공기 유동과 더불어 실린더 헤드 쪽에서 역 텀블을 주어 연료와 공기의 혼합을 용이하게 하였다.
㉰ 피스톤 헤드가 편평한 피스톤을 사용하였다.
㉱ 연비와 출력이 향상되었다.

3. 디젤 기관의 연료 분사에서 연료 분사의 3대 조건이 아닌 것은?
㉮ 미립화
㉯ 관통성
㉰ 분포성
㉱ 분배성
[해설] • 디젤 기관의 연료 분사시 3대 구성 요건 : 무화성(미립화), 관통성, 분포성

4. 제동 열효율 35 %, 100 PS의 디젤 기관에서 저위 발열량 10500 kcal/kgf의 중유를 사용하면, 이 때 시간당 연료 소비량은 몇 kgf/h인가?
㉮ 15.3
㉯ 16.7
㉰ 17.2
㉱ 18.4

[해설] $\eta_b = \dfrac{632.3\,PS}{H_l \times G} \times 100\,\%$

시간당 연료 소비량 $(G) = \dfrac{632.3\,PS}{H_l \times \eta_b}$
$= 632.3 \times \dfrac{100}{10500 \times 0.35} = 17.2$ kgf/h

5. 평형추의 설치 목적이 아닌 것은?
㉮ 진동의 제거
㉯ 메인 베어링의 부하 경감
㉰ 크랭크 케이스의 굽힘응력과 변형 방지
㉱ 회전 토크의 균일화
[해설] • 평형추의 설치 목적 : 진동 (vibration)의 제거, 크랭크 케이스 굽힘응력과 변형 방지, 메인 베어링의 부하 경감 등

6. 실린더 블록과 실린더를 별개로 한 실린더 라이너(liner)를 이용하는 이점이 아닌 것은?
㉮ 실린더 마모시 링의 교체가 용이하다.

정답 1. ㉰ 2. ㉰ 3. ㉱ 4. ㉰ 5. ㉱ 6. ㉮

㈐ 라이너 부분을 내마모성 재료로 쓸 수 있다.
㈑ 열응력이 적다.
㈒ 실린더 주조가 쉽다.

[해설] 실린더 마모시 링의 교체가 용이한 것은 실린더 블록과 실린더를 별개로 한 라이너(liner)를 이용하는 이점이 아니다.

7. 가솔린 엔진에서 배기 밸브의 열림 시기를 적절히 빠르게 함으로써 얻을 수 있는 효과가 아닌 것은?

㈎ 팽창 행정에서의 출력 증대
㈏ 흡입 효율 증대
㈐ 엔진 출력 증대
㈑ 잔류 가스 압력 저하

[해설] 가솔린 엔진에서 배기 밸브 열림을 적절히 빠르게 함으로써 얻을 수 있는 효과는 흡입 효율 증대, 엔진 출력 증대, 잔류 가스 압력 저하 등을 들 수 있으며, 팽창 행정의 출력 증대는 얻을 수 있는 효과가 아니다.

8. 이소옥탄(isooctane)에 대한 설명 중 틀린 것은?

㈎ 분자식이 C_8H_{16}이다.
㈏ 옥탄가가 100이다.
㈐ 헵탄에 비해 노킹이 안 일어난다.
㈑ 저위 발열량이 44.3 MJ/kg이다.

[해설] 이소옥탄의 분자식은 C_8H_{18}이다.

9. 행정 체적 12 L, 회전수 2200 rpm, 도시 평균 유효 압력 9.5 kgf/cm²인 4행정 4 cycle 기관의 제동 마력을 구하면? (단, 기계 효율 $\eta_m = 86$ %이다.)

㈎ 60 PS   ㈏ 120 PS
㈐ 180 PS   ㈑ 240 PS

[해설] $\eta_m = \dfrac{BPS}{IPS}$

$= \dfrac{\text{제동 마력 (brake horse power)}}{\text{도시 마력 (indicator horse power)}}$

$BPS = \eta_m IPS = 0.86 \times \dfrac{P_{mi} V_s NZ}{900000}$

$= 0.86 \times \dfrac{95 \times 12000 \times 2200 \times 4}{900000} = 240$ PS

10. 다음 그림은 단순 가스 터빈의 구성을 표시한 것이다. 그림에서 ②와 ③은 무엇을 가리키는가?

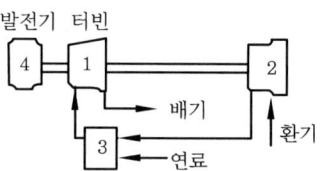

㈎ ② : 압축기, ③ : 연소실
㈏ ② : 압축기, ③ : 냉각기
㈐ ② : 연소실, ③ : 재생기
㈑ ② : 재열기, ③ : 연소실

[해설] • 단순 가스 터빈의 3대 구성 요건 : 압축기, 연소기, 터빈
그림에서 2는 압축기, 3은 연소기를 나타낸다.

건설기계 기사

1. 소구기관이 소형 어선용으로 많이 사용되는 이유는 무엇 때문인가?

㉮ 열효율이 높기 때문에
㉯ 고속회전에 적합하므로
㉰ 다른 기관보다 압축비가 높기 때문에
㉱ 기관 자체의 역회전이 가능하기 때문에

[해설] 소구기관(hot bulb engine)=열구기관=표면점화기관=세미 디젤 기관(semi diesel engine)은 기관 자체 내에서 조기점화를 일으키면 역전시킬 수 있으므로 열전장치가 필요 없으며 저질 연료를 사용하므로 연료비가 저렴하며 출력은 5~1000PS 정도까지 다양하다.

2. 디젤 기관에서 연료 분사의 3대 요건과 관계가 적은 것은?

㉮ 무화(atomization)
㉯ 관통력(penetration)
㉰ 분포(distribution)
㉱ 디젤 지수(diesel index)

[해설] • 디젤 기관의 연료 분사 3대 요건
① 무화(atomization)
② 관통력(penetration)
③ 분포(distribution)

3. 그림과 같은 수압기에서 지름 $D_2 = 2D_1$ 일 때, 누르는 힘 F_1과 F_2의 관계를 나타낸 식으로 올바른 것은?

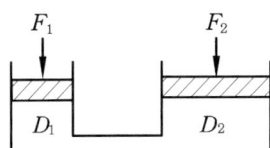

㉮ $F_2 = F_1$
㉯ $F_2 = 2F_1$
㉰ $F_2 = 4F_1$
㉱ $F_2 = \dfrac{1}{4} F_1$

[해설] 파스칼의 원리를 이용한 수압기(hydraulic pressure)에서,

① $P_1 = P_2$ ② $\dfrac{F_1}{A_1} = \dfrac{F_2}{A_2}$

③ $\dfrac{F_1}{D_1^2} = \dfrac{F_2}{(2D_1)^2}$

$\left(A_1 = \dfrac{\pi D_1^2}{4} , A_2 = \dfrac{\pi (2D_1)^2}{4} \right)$

∴ $F_2 = 4F_1$

4. 전자제어 디젤 기관(electronic controlled diesel)에서 컴퓨터(ECU)가 제어하는 사항이 아닌 것은?

㉮ 연료 분사 시기
㉯ 자기진단 페일 세이프
㉰ 흡입 공기량
㉱ 공기 과잉률

[해설] • 디젤 기관의 ECU 역할
① 분사량, 분사 시기, 공전 속도, 공기 흡입량
② 자기진단
③ EGR 밸브 제어
④ 전동 냉각팬 제어
⑤ 예열 플러그 제어
⑥ 예열장치 제어
⑦ 연료 압력 제어

5. 작동유가 갖고 있는 에너지를 잠시 저축했다가 이것을 이용하여 완충작용도 할 수 있는 부품은?

㉮ 제어 밸브   ㉯ 축압기
㉰ 스테이터   ㉱ 유체 커플링

정답 1. ㉱ 2. ㉱ 3. ㉰ 4. ㉱ 5. ㉯

[해설] • 어큐뮬레이터(accumulator) : 축압기란 유체 에너지를 축적할 수 있는 용기로서, 다음과 같은 목적으로 사용된다.
① 유체 에너지 축적 및 충격파 흡수
② 부하에 따른 회로 내 오일 누출의 보상
③ 온도 변화로 인한 오일의 용적 변화에 대한 보상
④ 펌프에서 토출되는 유압류 맥동 흡수 및 유체간 동력 전달

6. 디젤 엔진에서 등압 팽창이 피스톤 행정의 18 % 동안 일어날 때, 등압 팽창비 σ을 압축비 ε로 대치하면 다음 어느 것이 옳은가?

㉮ $\sigma = 0.18(\varepsilon - 1) + 1$
㉯ $\sigma = \dfrac{\varepsilon - 1}{0.18} + 1$
㉰ $\sigma = \dfrac{1}{0.18(\varepsilon - 1)} + 1$
㉱ $\sigma = \dfrac{0.18}{\varepsilon - 1} + 1$

[해설] $\dfrac{V_3}{V_2} = \sigma$, $\dfrac{V_1}{V_2} = \varepsilon$

$\dfrac{V_3 - V_2}{V_1 - V_2} = 0.18$

$\dfrac{\sigma - 1}{\varepsilon - 1} = 0.18$

$\sigma = 1 + 0.18(\varepsilon - 1)$

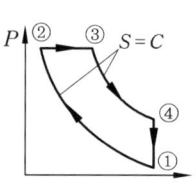

7. 2행정 1실린더 복동 기관에서 제동 평균 유효 압력이 980 kPa, 실린더 안지름이 10 cm, 회전수가 750 rpm, 행정이 12 cm일 때의 출력은(PS)?

㉮ 3.14 ㉯ 1.57 ㉰ 31.4 ㉱ 15.7

[해설] 1 kW = 1 kJ/s = 1.36 PS
2행정 기관은 2 cycle 엔진이므로 매 회전 폭발한다.
출력(kW) = $\dfrac{P_{mbe} ASN}{60}$

$= \dfrac{980 \times \dfrac{\pi}{4} \times (0.1)^2 \times 0.12 \times 750}{60}$

$= 11.5395 \text{ kW} ≒ 11.54 \text{ kW}$
$= 11.54 \times 1.36 \text{ PS} ≒ 15.7 \text{ PS}$

8. 오토 사이클 기관에서 이론적인 열효율을 38.3 %로 하려고 한다. 비열비 $k = 1.3$이라고 할 때, 압축비는 얼마로 하면 되는가?

㉮ 4 ㉯ 5 ㉰ 6 ㉱ 7

[해설] $\eta_{tho} = 1 - \left(\dfrac{1}{\varepsilon}\right)^{k-1}$

$\varepsilon = \sqrt[k-1]{\dfrac{1}{1 - \eta_{tho}}} = \sqrt[1.3-1]{\dfrac{1}{1 - 0.383}} = 5$

9. 그림과 같은 유압 기호는 무슨 밸브의 기호인가?

㉮ 카운터 밸런스 밸브
㉯ 무부하 밸브
㉰ 시퀀스 밸브
㉱ 릴리프 밸브

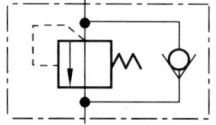

[해설] 도시된 기호는 카운터 밸런스 밸브이다.

10. 유압 펌프(oil pump)의 소요 축동력 산정에 관련된 설명으로 올바른 것은?

㉮ 펌프 송출량이 일정할 때, 송출 압력에 반비례한다.
㉯ 송출 압력이 일정할 때, 펌프 송출량에 비례한다.
㉰ 송출 단면적이 일정할 때, 송출 속도에 반비례한다.
㉱ 송출 압력과 송출량이 일정할 때에는 펌프 효율에 비례한다.

[해설] 축동력(L_s) = $\dfrac{PQ}{75 \times 60 \eta_P}$

정답 6. ㉮ 7. ㉱ 8. ㉯ 9. ㉮ 10. ㉯

내연기관 문제 / 해설

2004년 1월 15일 1판 1쇄
2011년 1월 10일 1판 2쇄

저　자 : 이주형 · 허원회
펴낸이 : 이정일

펴낸곳 : 도서출판 **일진사**
www.iljinsa.com
140-896 서울시 용산구 효창동 5-104
전화 : 704-1616 / 팩스 : 715-3536
등록 : 제3-40호 (1979.4.2)

값 12,000 원

ISBN : 978-89-429-0549-2